KB023385

그린에너지의 이해와 태양광발전시스템

신재생에너지 · 이론 · 설계 · R&D · 시장동향 · 지원정책

공학박사 유 춘 식

연경문화사

그린에너지의 이해와 태양광발전시스템

머리말

화석연료(化石燃料)의 사용에 따른 이산화탄소 배출량의 증가로 지구 온난화의 가속과 생태계 파괴 및 인류의 재앙이 예고되고 있는 가운데 화석연료의 고갈과 지구 온난화 문제 해결을 위해 근래 신재생에너지에 대한 관심과 투자가 우리나라를 비롯해서 전 세계적으로 이뤄지고 있다.

우리정부도 온실가스와 환경오염을 줄이면서 일자리도 창출하고 경제성장도 함께 달성하기 위한 "저탄소 녹색성장"이라는 비젼과 "신국가발전 패러다임"을 제시하고 신생에너지의 연구개발과 산업화를 강력히 추진하고 있다.

우리나라는 현재 여러 가지 여건으로 볼 때 태양광과 풍력 그리고 연료전지 등의 분야가 경쟁력이 있고 산업화에 성공할 가능성이 높다고 판단되어 여기에 주력하고 있다.

특히 실용 가능한 기술수준과 시장 접근성에서 태양광산업이 향후 국가 경제를 견인해 갈 미래 성장동력으로 부각되고 있다.

머리말

그러나 태양광이 다른 에너지원과 경쟁해서 살아남기 위해서는 원가 절감과 효율향상 등을 통한 발전원가(發展原價)를 시급히 낮추어야 하는 과제를 안고 있다.

필자는 본서에서 독자들의 관심이 높은 신생에너지 분야와 미래의 고부가가치산업이자 차세대 전력산업으로 급부상되고 있는 태양광산업에 대하여 이론과 연구개발, 정부시책, 시장동향 등을 기술하였다.

필자로서는 최선을 다해서 독자여러분의 기대에 부응코자 노력했지만 설명이 세련되지 못한 점, 내용이 불충분한 점이나 오류 등이 없지 않을 것이다.

이런 점들에 대해서는 독자들의 기탄없는 질정과 충고를 바라며 후일 재판의 기회에 좀 더 완벽한 책을 만들 것을 다짐한다.

마지막으로 이 책을 저술하는데 많은 조언과 자료를 제공해 주신 호남대학교 전기공학과 교수 여러분과 어려움 속에서도 기꺼이 출판을 맡아 주신 연경문화사 이정수 대표께 충심으로 감사드린다.

저자 씀

목 차

PART Ⅰ 신·재생 에너지 (New and Renewable Energy)

PART Ⅱ 태양광산업 (Photovoltaic Industry)

목 차

PART Ⅲ 태양광발전 시스템의 설계

PART Ⅳ 신·재생에너지 관련사업 및 지원정책

PART I

신·재생 에너지(New and Renewable Energy)

1 신·재생에너지의 일반사항

1.1 신·재생에너지의 개요

현재 인류는 석유, 석탄, 천연가스, 원자력(原子力) 등에서 대부분의 에너지를 얻고 있다. 그런데 이러한 화석(化石) 및 원자력 등에 의한 에너지원들은 가까운 미래에 고갈(枯渴)될 것으로 예측되고 있다. 대체로 화석 및 원자력 에너지 자원의 가채년수(可採年數)는 석유: 30~40년, 석탄: 150~170년, 천연가스: 55~65년, 우라늄: 55~65년 정도로 추정하고 있다. 이러한 추세로 가정한다면 금세기 내에 화석에너지나 원자력 에너지 자원은 고갈되고 말 것이다.

그런데 이러한 화석에너지원은 심각한 대기오염(大氣汚染)의 주범이 되고 있으며, 원자력 에너지원은 방사성(放射性) 폐기물에 의한 위험성을 안고 있다. 그리고 우리나라는 에너지의 자립도(自立度)가 낮고 석유의 해외 의존도가 너무 높기 때문에 국제 정세의 변동에 따라 영향을 많이 받으며 국내 경제가 타격을 받기 쉽다. 따라서 환경을 보존하고 화석 및 원자력에너지 자원의 고갈에 대비한 신·재생에너지의 이용과 개발 및 보급은 필수적이라고 할 수 있다.

1.2 신·재생에너지의 법적 근거에 의한 정의

처음에는 석유를 대체(代替)하는 에너지를 칭하는 것으로서 석탄, 원자력, 신에너지 등을 포함하는 의미로 대체에너지라는 용어가 사용되었다. 그 후 우리 정부에서는 「신에너지 및 재생에너지 개발 및 이용 보급 촉진법 제2조」에서 「신·재생에너지는 석유, 석탄, 원자력 또는 천연가스가 아닌 에너지로서 태양에너지(태양열, 태양광), 풍력, 소수력, 연료전지, 석탄을 액화·가스화한 에너지, 해양에너지, 폐기물에너지, 지열에너지, 수소에너자 그 밖의 대통령령이 정하는 에너지」라고 정의하였다.

여기서 태양열, 태양광발전, 바이오매스(Biomass), 풍력, 소수력(Small hydropower), 지열(地熱), 해양에너지, 폐기물 에너지 등의 8개 분야는 재생에너지(Renewable energy)로, 그리고 연료전지(Fuel cell), 석탄액화·가스화, 수소에너지 등의 3개 분야는 신(新)에너지(New energy)로 분류하고 있다.

특히 11개의 신·재생에너지 분야 중에서 선택과 집중의 개념에 따라 태양광, 풍력, 연료전지 등은 3대 중점지원 분야로, 태양열, 폐기물, 바이오매스 등은 3대 지원분야로 기술개발과 이용, 보급 측면에서 지원이 이뤄지고 있다.

1.3 신·재생에너지의 특성

1. 비고갈성(非枯渴性) 에너지원이다.

신·재생에너지는 태양에너지, 풍력, 바이오매스, 소수력, 수소에너지 등 재생하거나 개발 가능한 에너지원으로 구성되어 있기 때문이다.

2. 환경 친화적인 청정에너지이다.

화석 연료처럼 사용 후 생성물(生成物)로서 이산화탄소(CO_2)와 같은 온실가스를 배출하지 않는다.

3. 지속 가능한 에너지 공급체계를 위한 미래 에너지원이다.

금세기 인류가 의존하고 있는 화석 및 원자력에너지는 머지않은 미래에 고갈될 것으로 예측되기 때문이다.

4. 기술에너지이다.

기존의 에너지는 자국의 자원 매장량에 따라서 주도권이 결정되었던 반면 신·재생에너지는 연구·개발에 의해 자원 확보가 가능하고 시장 창출과 주도권을 잡을 수 있다. 따라서 국가적 차원의 연구와 과감한 투자가 이뤄진다면 우리나라도 세계 에너지 시장을 주도할 수 있을 것으로 판단된다.

그러므로 신·재생에너지는 지속 가능한 에너지의 안정적 공급을 위해서도 반드시 필요하며 국가의 에너지 자립도(自立度)를 확보하기 위해서, 더 나아가 지구와 인류의 미래를 보장하는 수단이 될 것이다. 아울러 신·재생에너지 산업의 육성으로 지속 가능한 경제 발전과 에너지 시스템 구축도 가능할 것이다.

1.4 신·재생에너지의 중요성과 장래 전망

1. 신·재생에너지는 과다한 초기 투자의 장애 요인에도 불구하고 화석 및 원자력에너지의 고갈 문제와 지구 환경 문제의 해결 방안이라는 측면에서 선진 각국이나 우리나라에서도 그 중요성이 급부상되고 있다.
2. 최근 유가(油價)의 급등 및 불안정과 기후변화 협약의 규제 대응 때문에 중요성이 재인식되면서 에너지 공급방식의 다양화가 요구되고 있다.
3. 기존의 에너지원 대비 가격경쟁력 확보 시, 신·재생에너지 산업은 IT, BT, NT산업과 더불어 미래산업 및 차세대 성장동력(成長動力) 산업으로 급신장이 예상되고 있다.
4. 에너지 공급방식이 중앙공급식에서 지방 분산화(分散化) 정책으로 전환되

고 있으며 환경, 교통, 안보 등을 고려한 지역 자원의 활용 측면이 강조되고 있다.

5. 우리나라는 에너지 사용량의 97%를 해외에 의존하고 있으며 화석연료(化石燃料) 의존에 따른 온실가스 배출량이 세계 10위권이라는 달갑지 않은 기록을 보유하고 있다.

따라서 미래의 청정에너지인 신·재생에너지에 대한 국가 차원의 관심이 모아지는 가운데 우리정부는 2011년 총에너지의 5%를 신·재생에너지로 보급한다는 목표 아래 신·재생에너지의 기술개발과 보급사업 등에 대한 지원 강화와 정책을 펴고 있다.

1.5 정부의 신·재생에너지 정책

새로이 출범한 정부는 「저탄소 녹색성장」을 새로운 차세대 성장동력으로 규정하고 현재 1차 에너지 전체 사용량의 2.4%(2007년 기준)에 불과한 태양광, 풍력 등 신재생에너지 비중을 2015년 4.3%에서 2020년까지 6.1%, 2030년까지 11%로 높이는 제3차 신·재생에너지 기술개발 및 이용·보급 기본계획을 2008년 12월말 확정 발표했다. 또 집중적인 기술개발 투자를 통해 2020년 이전에 대부분의 신·재생에너지분야의 발전단가(發電單價)를 화석연료 수준으로 낮춘다는 계획이다.

10kW급 접시형 태양열발전시스템은 2012년, 5MW급 풍력발전기는 2016년, 3세대 태양전지는 2020년까지 각각 경제성을 확보하려고 한다. 구체적인 보급방안으로는 "그린홈(Green home) 100만호 사업"과 2012년 예정인 발전사업자의 신·재생에너지 의무공급제(RPS), 공공건물 및 신도시 등의 신·재생에너지 확대 사용 등이 실시될 예정이다. 태양광의 경우 2007년 0.3%를 2030년 4.5%까지 높일 계획이다.

2 신·재생에너지와 지구 환경

2.1 에너지와 환경

현재 세계경제의 발전은 1차 에너지 자원을 소비 및 이용함으로써 이루어지고 있다. 그러나 에너지 자원은 유한하며 앞으로도 현재의 수준으로 인간 활동이나 경제 활동을 지속해 나가기 위해서는 새로운 종합적 에너지 시스템의 구축이 요구된다.

인류의 활동은 항상 지구환경(地球環境)에 영향을 미치고 있으며 특히 최근의 인구 증가나 에너지의 대량 소비가 지구환경 문제를 보다 심각하게 만들고 있다. 이와 같이 에너지와 환경은 실과 바늘같이 끊을 수 없는 관계에 있으며 에너지 문제는 곧 환경문제로 귀착하게 된다.

2.2 온실가스와 지구 온난화

지구 온난화(溫暖化)를 일으키는 주요 원인으로는 온실(溫室)가스가 꼽힌다. 감축대상 온실가스는 이산화탄소(CO_2), 메탄(CH_4), 일산화질소(N_2O), 수소불화탄소(HFC), 과불화탄소(PFC), 육불화황(SF_6) 등의 6가지이다.

이들은 태양광의 방사에너지를 통과시키지만 지표(地表)로부터 적외선(赤外線)의 방사열을 흡수해서 지구 표면의 온도를 상승시키는 가스이다. 즉 온실가스는 지구 대기중에 존재하면서 지구를 점점 더 덥게 만드는 물질로서 온실 내부를 덥히는 유리처럼 작용하기 때문에 붙여진 이름이다.

이들 중에 최근 그 양이 급증하면서 급격한 지구 온난화의 주범으로 인식되는 것이 이산화탄소(탄산가스)이다. 이산화탄소는 석유나 석탄 등의 화석연료를 연소시킬 때 연소생성물(燃燒生成物)로 다량 발생된다.

대체로 원유(原油: Crude oil)의 원자성분은 그 종류에 관계없이 거의 98%가 탄소와 수소의 두 종류로 구성되어 있으며, 불순물로 취급되는 유황, 질소, 회분, 아스팔트분, 나트륨 등이 2% 내외 함유된다.

여기서 탄소와 수소는 가연성원소(可燃性元素)로서 탄소(C)가 공기 중의 산소(O_2)와 반응해서 연소하게 되면,

① 완전연소시

$$\text{탄소(C)} + \text{산소}(O_2) \rightarrow \underset{\text{(연소생성물)}}{\text{이산화탄소}(CO_2)} + \underset{\text{(발열량)}}{8{,}100\text{Kcal/Kg}} \quad (1.1)$$

② 불완전연소시

$$\text{탄소(C)} + \underset{\text{(불충분한 공기 공급)}}{\text{산소}\left(\frac{1}{2}O_2\right)} \rightarrow \text{일산화탄소(CO)} + 2{,}412\text{Kcal/Kg} \quad (1.2)$$

가 된다.

여기서 알 수 있듯이 석유의 주성분은 탄소이며 석유가 연소하면 이산화탄소가 다량 발생하게 되는 것이다.

원래 지구상의 온도는 우주공간으로 방출되어야 하는 지표의 적외선(赤外線)이 온실가스 효과에 의해 흡수되어 지구상의 보온층이 만들어지는 형태로 균형이 잘 유지되고 있었다. 그러나 근래에는 온실가스 효과의 급격한 증가로 이러한 균형이 깨져 결국은 대기의 온도를 끌어 올리는 현상이 나타나고 있다.

온실효과(溫室效果)는 가스에 따라 다르며 각각의 배출량이 지구 온난화에 미치는 영향 정도도 달라진다. 온실가스 중에서 수증기는 대기 중에 가장 움

직임이 빈번하며 자연의 온실효과 중 75%를 차지한다.

수증기는 인위적으로 제어하는 것이 불가능하며, 그렇기 때문에 온실가스 효과로서 감축 대상에는 포함되지 않는다.

2.3 지구 온난화와 환경변화의 예측

최근 급격한 지구 온난화의 원인은 온실가스의 급격한 증가 때문이라고 과학자들은 지적하고 있다. 엄청난 이산화탄소와 메탄 등이 매년 대기 중에 쌓이면서 온실효과(溫室效果)를 가속시키고 있기 때문이다.

지난 100년간 지구상의 평균온도는 0.6±0.2℃ 상승했으며 지구의 평균 해수면(海水面)은 0.1~0.2m 정도 높아졌다. 또 북극의 빙산(氷山)은 10~15% 정도 사라졌으며 이산화탄소 농도는 280ppm에서 360ppm으로 높아졌다는 통계가 나와 있다. 매우 작은 수치 같지만 지구 전체의 온도가 이렇게 짧은 기간에 변화한 것은 충격적인 일인 것이다.

지구의 평균온도가 0.1℃만 상승하더라도 지구 곳곳에서는 심각한 기상이변(氣象異變)이 나타나기 때문이다. 특히 우리나라는 전 세계에서 온난화현상이 가장 빠르게 일어나는 곳으로 지난 100년간 평균 1.5℃나 상승하여 지구 평균온도 상승폭에 비해 두 배가 넘는다.

만약 이산화탄소 농도가 560ppm 정도로 증가한다면 우리나라의 경우 연평균 기온은 2.0~2.5℃ 상승하게 되고 가뭄과 홍수(洪水)가 빈번히 발생하는 현상이 나타나게 될 것이다.

기상을 연구하는 과학자들은 이런 속도로 지구 온난화가 계속된다면 2100년에는 지구상의 평균온도는 1.4~5.8℃ 상승하고, 해수면은 0.6~0.88m 정도 높아지며 이산화탄소 농도는 540~970ppm 정도가 될 것으로 추정하고 있다.

그리고 이에 따라 지구촌의 광범위한 지역에서 사막화 현상이 가속되고 호우나 태풍 피해 등의 기상 이변이 증가하게 될 것이라고 한다.

또 말라리아와 같은 열대성 질병이 차츰 온대지역으로 확산되고 식량과 물 부족, 기근(饑饉)의 빈발 등의 현상으로 인류는 생존 위기에 직면하게 될 것이라고 경고하고 있다.

[그림 1.1]은 지구 온난화와 환경변화를 풍자한 포스터이다.

(그림ⓐ)

(그림ⓑ)

(그림ⓒ)

〔그림 1.1〕 지구 온난화와 환경변화[1]

1) 2007 stop global warming 포스터전 ⓐ 국민대학교 시각디자인학과 이정은, ⓑ 국민대학교 디자인대학원 윤여경, ⓒ 국민대학교 시각디자인학과 안나래.

2.4 지구 온난화 억제와 국제협력

지구는 지금 온난화로 몸살을 앓고 있거나 병들고 있는 중이다. 때문에 온난화의 주범인 온실가스를 감축하지 않으면 전 세계와 인류가 큰 위험에 빠질 것은 자명하다. 하지만 이것을 해결하는 일이 결코 쉬운 문제만은 아니다.

지금껏 여러 선진국들은 경제부국이 되기 위해, 또 경제를 발전시키기 위해서 많은 화석에너지원을 사용하였고 현재도 사용하고 있다. 이는 곧 이산화탄소의 배출량이 많아짐을 의미한다. 실제로 전 세계에서 가장 많은 이산화탄소를 배출하고 있는 나라는 세계 1위 경제 대국인 미국(美國)이다.

세계의 공장(工場) 역할을 하고 있는 중국(中國) 역시 머지않아 미국을 추월해 1위 자리에 오를 것으로 예상되며, 신흥 경제 대국으로 떠오르고 있는 인도(印度)에서도 이산화탄소 배출량이 급격히 증가할 전망이다. 결국 모든 나라들이 서로 협력하지 않으면 해결할 수 없는 것이 바로 이 지구온난화 문제인 것이다.

이 문제를 해결하기 위해 1992년 「기후변화에 관한 국제연합 기본협약」이 채택되었으며 우리나라는 1993년 12월에 47번째로 가입하였다. 국제 협약이 제정된 이래 1997년 탄생한 교토의정서(Kyoto protocol)가 발효(發效)되면서 호주, 캐나다, 미국, 일본, 유럽연합(EU) 회원국 등, 총 38개 회원국들은 1차 의무 이행 기간을 2008~2012년으로 결정하고 온실가스 배출량을 1990년 수준보다 평균 5.2% 감축하기로 하였다. 그리고 미국: 7%, 일본: 6%, 유럽연합(EU): 8% 등의 국가별로 차별적 감축 목표도 부여하였다.

또 2007년 12월에는 인도네시아 발리에서 전 세계 190여 개국 대표 1만여 명이 모였으며, 이 자리에서 세계 각국은 이산화탄소 배출을 줄이는데 적극적으로 협력하기로 하였다. 중국, 인도, 브라질 등의 신흥 경제 대국들도 이 프로그램에 참여하기로 하였다. 하지만 각국의 의견이 첨예하게 대립되고 있어 이산화탄소 배출을 급격하게 줄이는 것은 쉽지 않을 것으로 예상된다. [표 1.1]은 2002년 기준 에너지 소비와 온실가스 배출량의 국가 간 비교이다.

〔표 1.1〕 에너지 소비와 온실가스 배출량의 국가간 비교

순위	에너지소비 (백만 TOE)	석유수입 (Mt)	석유소비 (백만B/일)	온실가스 배출량 (백만CO_2톤)
1	미 국(2,337)	미 국(557)	미 국(20.7)	미 국(5,800)
2	중 국(1,554)	일 본(206)	중 국(7.0)	중 국(4,733)
3	러 시 아(680)	중 국(123)	일 본(5.4)	러 시 아(1,529)
4	일 본(525)	한 국(114)	러 시 아(2.8)	일 본(1,215)
5	인 도(387)	독 일(110)	독 일(2.6)	인 도(1,103)
6	독 일(324)	인 도(96)	인 도(2.5)	독 일(847)
7	캐 나 다(318)	이탈리아(93)	한 국(2.3)	영 국(551)
8	프 랑 스(262)	프 랑 스(85)	캐 나 다(2.2)	캐 나 다(537)
9	영 국(227)	영 국(63)	멕 시 코(2.0)	이탈리아(462)
10	한 국(225)	네덜란드(60)	프 랑 스(2.0)	한 국(462)

[자료 : Key World Energy Statistics, 2006]

2.5 신·재생에너지원의 선택

최근 들어 심각히 대두되고 있는 화석연료의 고갈 문제와 온실가스 등으로 인한 기상이변현상과 자연 생태계(生態界)의 파괴 등은 곧 다가올 지구의 재앙(災殃)을 예고하고 있다.

기후변화협약과 교토의정서의 발효는 지구온난화로 야기될 인류의 생존 문제를 재인식하는 21세기 새로운 이슈로 등장한 것으로 다행스러운 일이다. 따라서 지구의 미래와 후손들의 생존을 위해 신·재생에너지는 불가피한 선택이 되고 있다.

아울러 지구와 인류가 직면한 위기를 풀기 위해 정치지도자나 과학기술자들은 지혜를 모으고 지구온난화현상을 예방하는 획기적인 에너지 기술의 사용과 개발에 노력해야 할 것이다.

이러한 기술을 개발한 개인이나 국가는 차세대에 엄청난 부(富)를 창출할 것으로 본다.

[주] 교토의정서

지구온난화 규제 및 방지를 위한 국제협약인 기후변화협약의 수정안이다. 이 의정서를 비준한 나라는 이산화탄소를 포함한 6가지 종류의 온실가스의 배출량을 감축하여야 한다. 의정서는 제3차 당사국 총회에서 채택되어 2005년 2월 16일 발효되었다.

2.6 세계 각국의 신·재생에너지 정책

전 세계에 "녹색뉴딜정책(Green new deal)" 바람이 거세지고 있다. 세계 각국은 미국의 금융위기로 야기된 경제위기를 극복하고 일자리 창출을 위해 앞 다투어 녹색산업(綠色産業)을 차세대 경제 성장동력으로 선정하고 녹색시장 선점을 위해 무한경쟁을 펴나가고 있다.

미국의 경우, 오바마 대통령은 앞으로 10년 동안 태양열과 풍력을 비롯한 재생에너지 개발과 이용을 촉진시키기 위해 1,500억 달러를 투입해 경제를 활성화하고 500만개의 새로운 일자리를 창출하겠다는 계획이다. 독일은 2020년까지 재생에너지산업을 자동차산업 규모로 확대할 예정이며, 일본은 2015년까지 환경시장을 100조엔 규모로 확대하고 220만개의 일자리를 만들겠다는 목표이다. 영국은 대체에너지 10대 프로젝트에 100억 파운드를 투자하여 10만개의 일자리를 만들어내며, 중국은 2010년까지 경기부양금액 4조 위안(약 800조원)중 일부를 환경과 에너지 분야에 투입하여 녹색성장을 이루겠다는 계획을 발표한 바 있다.

3

태양광 발전
(Photovoltaic power generation)

3.1 태양에너지(Solar energy)

태양은 지구의 110배의 크기로 직경이 140만km이며 지구로부터 1.5억km의 거리에 위치하고 3.85×10^{23}kW의 에너지를 발산하고 있다. 이러한 태양에너지(Solar energy)는 청정하고 재생 가능하며 무한(無限)한 에너지원이다.

태양에너지는 일반적으로 태양전지로 전기를 발생시켜 이용하는 태양광발전(太陽光發電)과 태양열로 물을 데워 증기를 만들고 이 증기로 터빈을 돌려 전기를 만드는 태양열발전 그리고 태양열로 난방 및 뜨거운 물을 공급하는 급탕(給湯)시스템(일명 솔라시스템 : Solar system) 등에 이용되고 있다.

3.2 태양에너지의 특징

태양에너지는 다음과 같은 특징이 있다.

1. 장점

① 무한한 에너지로서 고갈되지 않는다.
② 청정 무공해 에너지이다.
이산화탄소 배출이 없다.
③ 수요지(需要地)에서 사용할 수 있다. 즉 에너지의 수송이 필요 없다.

2. 단점

① 에너지의 밀도(密度)가 작다.
② 태양에너지는 지역, 계절, 주야, 경사도 등에 따라 차이가 있다.

3.3 태양광의 응용기술

태양광 기술은 태양에너지를 전기에너지로 변환시키는 시스템 기술이다.

이 기술은 에너지의 변환과정에서 기계적이나 화학적인 작용이 없으므로 시스템의 구조가 단순하다. 따라서 유지 보수가 쉬우며 수명이 20~30년 정도로 길고 환경 친화적이다.

또한 발전규모를 주택용에서부터 대규모 발전용까지 다양하게 할 수 있다.

태양광 발전은 반도체 및 디스플레이(Display) 기술과 공통점이 많아 우리나라가 단기간에 기술 경쟁력을 확보할 수 있는 잠재력이 매우 큰 분야이다.

3.4 태양광 발전의 기본원리

태양전지로 전기를 발생시켜 이용하는 것이 태양광 발전이다. 여기서 태양전지(Solar cell)는 반도체에 태양광을 비추었을 때 생기는 광전효과(光電效果 : Photovoltaic effect)를 이용하여 전기를 발생시킨다.

현재는 결정계의 실리콘 전지가 주로 사용되지만 비용절감(cost down)이나 변환효율(變換效率)의 향상을 위해 비결정(amorphous)계 실리콘이나 갈륨(Ga), 인듐(In) 등의 화합물의 개발도 추진되고 있다.

실리콘 반도체에는 전기적 성질이 다른 n형 반도체와 p형 반도체가 있으며, 이 둘을 조합한 pn접합체가 태양전지의 기본 구조로 되어 있다. 이러한 실리콘 반도체에 태양 빛이 닿으면 광전효과에 의해 태양광에너지는 직접 전기에너지로 변환된다.

태양광이 반도체의 표면에 닿으면 n형 반도체에 (−)의 전자(電子: electron) 그리고 p형 반도체에는 (+)의 정공(正孔: hole)이 발생하며 pn접합부에서 나누어져 (−)의 전자는 음극에, (+)의 정공은 양극에 모이게 된다.

이때 양 전극을 도선으로 연결하고 전구나 모터와 같은 부하를 연결하면 n형 반도체의 (−)전자가 도선을 통하여 p형 반도체의 (+)정공을 향해서 이동하므로 전류가 흐르게 된다. 이때 발생한 전류는 직류이며 인버터(Inverter)를 사용하면 교류로 변환된다.

[그림 1.2]는 태양전지의 기본 구조와 작동원리를 나타낸다.

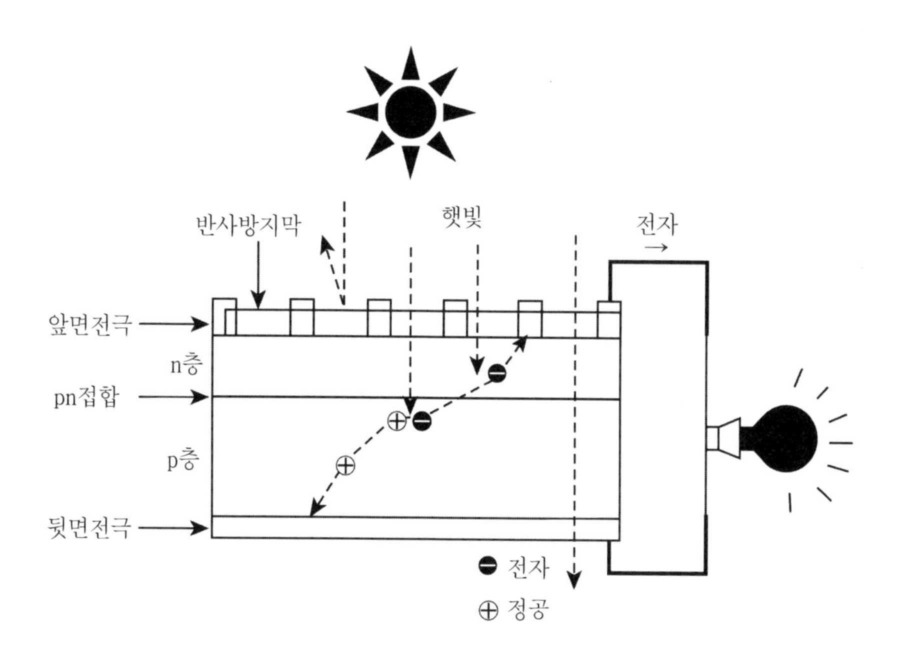

〔그림 1.2〕 태양전지의 기본구조와 작동원리

3.5 태양광 발전의 분류

태양광 발전(Photovoltaic power generation, Solar photovoltaic)에는 전력계통의 연계 유무에 따라 계통연계형(系統連繫形)과 독립형(獨立形)이 있으며 그 외에 복합형이 있다.

1. 계통연계형(Grid-connected type)

태양광 발전시스템에서 생산된 전력을 지역 전력망에 공급할 수 있도록 구성한 형식이다.

이것은 주택용이나 상업용 태양광 발전의 가장 보편적인 형태로서, 초과 생산된 전력을 계통에 보내거나 전력 생산이 불충분하거나 불가한 경우 계통으로부터 전력을 공급받을 수 있도록 되어 있다.

따라서 축전장치가 필요하지 않으며 시스템의 가격이 상대적으로 낮다.

2. 독립형(Stand-alone type 혹은 Off-grid type)

태양광발전시스템이 전력계통과 분리되어 있는 형식이다. 축전지를 이용하여 태양전지에서 생산된 전력을 저장하고, 저장된 전력을 필요시에 사용하는 방식이다.

태양전지에서 생산된 직류전력을 직류용 부하에 그대로 연결하여 사용하거나 인버터(Inverter)를 통하여 직류를 교류로 바꾸어 교류용 가전제품 등에 연결하여 사용할 수 있다.

3. 복합형(Hybrid type)

풍력발전이나 디젤발전 등과 같은 다른 에너지원에 의한 발전방식과 조합한 형태이다.

3.6 태양광 발전시스템의 구성

PARTⅢ 1장에서 상세히 설명하기로 하고 여기서는 간략하게 기술하고자 한다.

1. 태양전지(Solar cell)

태양전지는 태양광발전시스템의 구성요소 중에서 핵심부분이다.

이것은 기본적으로 반도체소자(半導體素子)이며 빛을 전기로 바꾸는 기능을 수행한다.

2. 태양전지 모듈(Solar cell module)

태양전지 하나로 부터 나오는 전압은 약 0.5~0.6V 정도로 매우 낮다.

따라서 태양전지를 여러 개 직렬로 연결하여 수 V에서 수백 V 이상을 얻도록 만든 것이 태양전지 모듈(Solar cell module)이다.

그리고 이 태양전지 모듈을 직·병렬로 여러 개 연결하여 용도에 맞게 설치한 것은 태양전지 어레이(Solar cell array)라 한다.

3. 인버터(Inverter)

인버터는 태양전지에서 생성(生成)된 직류전기를 교류전기로 변환하는 역할을 한다.

인버터는 계통연계형 태양광 발전시스템에서 필수적인 요소로서 주택용 3KWp(Kilo watt peak)급 태양광 발전에서부터 100KWp급 이상의 대규모 태양광 발전시스템까지 광범위하게 사용되고 있다.

여기서 태양광 발전용 인버터는 일반 가전기기를 사용할 수 있도록 하기 위해서 태양전지의 직류 출력을 상용 전압과 주파수의 교류로 바꾼다.

4. 전력변환장치(PCS : Power conditioning system)

전력변환장치는 크게 인버터 부분과 전력제어장치 부분으로 구성된다.

이 장치는 태양전지 모듈에서 최대 출력을 얻고, 태양광 발전시스템이 최적화 된 상태로 운전될 수 있도록 전기적인 감시나 보호 기능을 수행한다.

5. 축전지(Storage battery)

축전지는 독립형 태양광발전시스템에서 필수적인 부분이다. 이것은 일조시간에 태양전지에 의해 충전된 전력을 일몰(日沒) 후나 우천 시와 같이 태양전지로부터 전기를 생산하지 못할 때 부하에 전력을 공급한다.

태양광발전시스템에 사용되는 축전지는 2차 전지로서 주로 연축전지(Lead-acid battery) 또는 니켈-카드뮴 축전지(Nickel-cadmium battery)가 사용된다.

축전지에는 과충전(過充電)이나 과방전(過放電)을 방지하기 위한 축전지 보호회로가 설치되어야 한다.

3.7 태양광발전의 기술개발 동향

1. 국외 기술개발 동향

(1) 미국은 국가적 차원에서, 에너지부(DOE ; Department of energy)의 주도로 National photovoltaic program (5년 주기)을 추진 중이다.

(2) 일본은 정부 주도의 상용화 기술 개발과 보급 촉진 및 수출 시장 확대에 주력하고 있다. 특히 태양전지 원료의 저가화(低價化) 및 새로운 태양전지 개발에 힘쓰고 있다.

(3) 유럽은 분야별 컨소시엄에 의한 기술개발과 실증시험(實證試驗) 등을 공동 수행하고 있다.

태양전지 모듈과 시스템의 실증시험과 규격화 등을 국가별 또는 공동체별로 수행중이며 특히 복합 기능을 갖는 태양전지모듈 개발과 복합 발전시스템의 실용화에 주력하고 있다.

2. 국내 기술개발 동향

최근 들어 태양광산업에 대한 관심이 높아지면서 그동안 대학이나 연구소 등을 중심으로 진행되어 오던 기술개발 사업이 산업체 주도로 전개되고 있다.

아직 국내의 기술 수준이 선진국 대비 70% 정도로 평가되고 있으나 태양광 기술은 반도체나 디스플레이 기술 등과 유사점이 많기 때문에 노력 여하에 따라 기술적 경쟁력을 단기간에 확보할 수 있을 것으로 기대된다.

(1) 기술개발 지원현황

1988년부터 2006년까지 태양광 분야 101개 과제에 대하여 총 1,075억원이 정부와 민간에 의해서 투자되었다.

그 중 710억원은 정부에서 지원되었다. [표 1.2]는 1988년부터 2006년까지 국내의 기술개발 지원현황을 나타낸다.

〔표 1.2〕 국내 기술개발 지원현황

구분/년도		'88~'98	1999	2000	2001	2002	2003	2004	2005	2006	계
과제수	신 규	44	3	3	6	4	7	22	5	7	101
	계 속	70	3	4	6	5	6	2	17	12	125
	계	114	6	7	12	9	13	24	22	19	226
사업비 (백만원)	정 부	10,474	882	1,815	4,917	4,736	5,076	9,140	14,999	19,048	71,027
	민 간	9,893	354	637	1,938	1,899	1,916	3,564	5,372	1,094	36,513
	계	20,367	1,176	2,454	6,855	6,635	6,992	12,704	20,371	29,988	107,540

(2) 기술개발현황

1970년대 초부터 대학과 연구소를 중심으로 기초연구가 시작되었으며 1988년부터는 「대체(代替)에너지 개발 촉진법」에 따라 정부 차원의 본격적인 기술개발을 통한 핵심 요소기술의 확보가 추진되었다.

2003년 12월에는 산업자원부에서 발표한 「제2차 신·재생에너지 기술 개발 및 이용·보급 기본 계획」의 로드맵(Roadmap)에 의거 저가(低價), 고효율(高效率) 태양전지 제조기술 개발과 시스템 이용기술 개발이 병행하여 추진되었으며 사업의 효율성 제고를 위해 2004년 태양광 사업단이 발족되어 기술개발 사업의 기획과 관리를 맡게 되었다.

[표 1.3]은 태양광분야의 단계별 기술개발 기본계획을 나타낸다.

[표 1.3] 태양광분야 단계별 기술개발 기본계획

제1단계(2003~2006) 보급촉진형 기술개발	제2단계(2006~2009) 다량보급형 기술개발	제3단계(2009~2012) 저가상품화 기술개발
① 주택보급형 3㎾급 시스템 개발	① 결정질 초박형 태양전지 기술개발	① 결정질 초박형 태양전지 상용화 기술개발
② 건물, 상업용 10㎾급 시스템 개발	② 차세대 박막 태양전지 기술개발	② 차세대 박막 태양전지 상품화 기술개발
③ 태양전지 저가화, 신뢰성 제품 및 양산체제 확립	③ 태양전지 발전시스템 보급형 유니트화 개발	③ 태양광 발전시스템 보급형 상품화 기술개발

3.8 태양광의 국내외 이용 및 보급현황

태양광 발전시스템은 인공위성(人工衛星), 우주항공 등의 전력에서 도서벽지(島嶼僻地)의 전력원으로 사용되어 왔으며 근래에는 일반주택, 아파트, 빌딩, 공공건물, 공장, 학교 등의 주요 응용 시장으로 확대되고 있다.

일본, 독일, 미국, 유럽공동체 등은 태양전지를 이용한 태양광발전시스템을 이미 오래전부터 주택에 보급하여 왔으며, 특히 일본은 1994년부터 보급을 시작하여 현재는 이러한 프로그램을 완성하는 단계에 와 있다.

일본은 2005년까지 3KWp 주택용 발전시스템 보급사업을 실시하여 누적호수 200,000호에 800MWp를 보급하였다.

독일 역시 태양광 주택 보급사업을 시작하여 "100,000 Roof Program"을 2003년 중반까지 완성하였으며, 2004년 기준 680MWp를 보급하였다. 미국 캘리포니아는 1998년부터 2004년까지 주정부 프로그램에 의해 누적호수 15,000호에 95MWp를 보급한 것으로 되어 있다.

우리나라의 경우 주택보급사업, 발전차액(發電差額) 지원 및 공공건물 신·재생에너지 의무설치제도 등의 다양한 정부지원정책에 따라 2003년 563KWp, 2004년 2,553KWp를 보급하였으며 2003년 수립된 「제2차 신·재생에너지 기술개발 기본계획」에 따라 2012년까지 주택용, 건물용, 산업용 태양광 발전설비 1,300MWp 보급을 목표로 사업을 추진 중에 있다.

4 태양열(Solar Thermal)

4.1 태양열 이용의 개요

태양으로부터 오는 복사에너지를 흡수하여 열에너지로 변환한 다음, 직접 이용하거나 저장했다가 필요시 이용하고 있다.

태양열에너지는 급탕, 건물의 냉·난방, 태양열 발전, 산업공정열, 폐수처리(廢水處理) 등에 유용하게 이용되고 있다.

다음은 태양열에너지 이용 분야이다.

1. 자연 채광형(採光形) 태양열 건물

에너지 절감 차원에서 태양열에너지를 건물에 활용한 것이다.

2. 급탕(給湯)용

목욕탕, 수영장, 골프장 등에 쓰인다.

3. 냉난방(冷煖房)용

하절기에는 냉방용으로 사용하고 그 외에는 난방 및 온수용으로 태양열이 사용된다.

4. 태양열발전(太陽熱發電)용

태양열로 고온의 증기(steam)를 발생시키고 터빈과 발전기를 구동시켜 전기를 생산하는데 쓰인다.

5. 산업공정열(産業工程熱)

산업분야의 공정(工程)상에 필요한 열을 태양열로 이용하는 것이다. 저온에서부터 고온까지 다양하다.

4.2 태양에너지의 국내 자원량(資源量)

태양에너지는 공해(公害)가 없는 무한량의 청정에너지원으로 기존의 화석에너지에 비해 지역적 편중현상이 작은 장점이 있는 반면, 에너지 밀도(Energy density)가 낮은 것이 흠이다.

지구가 태양으로부터 받는 에너지는 상상할 수 없을 정도로 막대한 양이며 이것은 태양이 존재하는 한 지속적으로 유지될 것이다.

우리나라 연평균 1일 수평면의 전 일사량(日射量)은 3,079kcal/m²며 남한 면적(통계청 자료 99,143㎢)의 태양에너지 자원량은 1.11×10^{17}kcal/yr이다.

이것은 석유에너지 11억 TOE[2]에 해당된다. 이중에서 사람이 살 수 있는 거주지 면적으로 환산하면 1.11×10^{17}kcal/yr의 31.5%인 35억 TOE가 된다.

[표 1.4]는 우리나라 주요지역의 1982년부터 2004년까지의 월별 1일 평균 수평면의 전 일사량을 나타낸다.

---

2) TOE(Tonnage of oil equivalent, 석유환산톤) : 에너지를 나타내는 단위이다. 1석유 환산톤(TOE)은 석유 1톤이 연소될 때 발생되는 에너지로서 10^7kcal 혹은 전기 4,000KWh에 해당된다. 열량의 비교를 위한 것으로 타 연료의 열량을 석유(원유) 기준으로 환산한 양이다. 석유 1kg=10,000kcal로 환산하여 기준한 것이다.

〔표 1.4〕 우리나라 지역에 따른 월별 1일 평균 수평면 전 일사량(1982~2004)

(단위 : kcal/m² · 일)

지역명	월					별							연평균
	1	2	3	4	5	6	7	8	9	10	11	12	
춘천	1,759	2,415	3,112	3,921	4,260	4,179	3,465	3,590	3,224	2,540	1,738	1,510	2,976
강릉	2,042	2,575	3,153	3,967	4,271	3,883	3,453	3,250	3,081	2,719	2,014	1,815	3,019
서울	1,699	2,366	2,986	3,760	3,988	3,723	2,820	3,064	3,055	2,606	1,730	1,458	2,771
원주	1,802	2,438	3,071	3,921	4,228	4,095	3,417	3,543	3,252	2,724	1,846	1,593	2,994
서산	1,973	2,694	3,371	4,171	4,535	4,295	3,522	3,736	3,503	2,955	1,950	1,693	3,200
청주	1,897	2,588	3,144	3,989	4,344	4,067	3,528	3,542	3,298	2,825	1,924	1,645	3,066
대전	1,942	2,644	3,288	4,142	4,300	3,977	3,612	3,646	3,290	2,894	2,014	1,747	3,125
포항	2,102	2,682	3,175	4,029	4,321	3,957	3,500	3,460	2,988	2,782	2,200	1,947	3,095
대구	2,006	2,587	3,255	4,008	4,266	3,952	3,514	3,387	3,058	2,778	2,064	1,835	3,059
전주	1,795	2,388	3,015	3,875	4,107	3,829	3,378	3,391	3,154	2,793	1,892	1,591	2,934
광주	1,987	2,637	3,295	4,078	4,310	3,930	3,569	3,692	3,414	3,036	2,108	1,766	3,152
부산	2,200	2,766	3,198	3,872	4,170	3,898	3,636	3,691	3,107	2,926	2,276	2,007	3,146
목포	2,005	2,685	3,438	4,277	4,551	4,232	3,886	4,186	3,605	3,194	2,219	1,776	3,338
제주	1,251	2,004	2,818	3,808	4,227	3,983	4,205	3,859	3,212	2,834	1,901	1,302	2,950
진주	2,346	2,936	3,492	4,174	4,371	3,948	3,723	3,718	3,332	3,108	2,371	2,134	3,142
영주	1,988	2,584	3,300	4,126	4,478	4,144	3,555	3,551	3,321	2,838	2,033	1,780	3,142
평균	1,925	2,562	3,194	4,007	4,295	4,006	3,549	3,582	3,243	2,847	2,018	1,725	3,079

4.3 태양열 응용기술

태양에너지는 그 양이 방대하고 고갈되는 일이 없기 때문에 세계적으로 그 이용에 관심이 높아져 왔다. 그러나 태양열에너지는 에너지 밀도가 낮고, 계절과 시간에 따라 변화가 심하기 때문에 이러한 문제를 극복하기 위해 지난 수십 년 동안 연구개발이 이루어져 왔으며, 특히 집열기술과 축열기술이 가장 기본이 되고 있다. 이러한 태양열 응용기술에는 태양열을 집열(集熱)하는 기술, 축열(蓄熱)하는 기술, 시스템을 제어(制御)하는 기술 그리고 시스템을 설계(設計)하는 기술 등이 있다.

다음은 태양열 응용 시스템 기술 개발에 대한 핵심기술(核心技術)과 요소기술(要素技術)을 나타낸다.

1. 건물 및 상업용 태양열 응용시스템

핵 심 기 술	요 소 기 술
집 열 기 술	· 저가 고효율 평판형, 진공관형, CPC 집열기 등의 개발
축 열 기 술	· 축열조의 코팅기술 · 화학 축열재 개발
시스템 최적화 설계기술	· 중앙집중식 대규모 태양열 시스템 설계

2. 태양열 발전시스템

태양에너지의 이용방법에는 태양광발전, 태양열발전, 태양열 냉·난방 및 급탕 시스템 등이 있다. 태양열발전시스템에 의한 전력생산을 살펴보면 다음과 같다. 태양열반전시스템은 집광집열부, 열전달계통, 축열, 열교환기 및 발전부 등으로 구성되며, 태양열을 집광기로 모아 열에너지로 증기를 발생시키고 터빈을 돌려 에너지를 발전한다. 에너지 밀도가 낮고, 일사량도 계정과 시간에 따라 영향을 받으므로 파일럿 플랜트(Pilot plant)에 의한 연구개발이 여러 나라에서 수행되고 있으며, 일부 일사조건이 좋은 나라에서는 실용화되어 상업발전을 하고 있는 예도 있다.

핵 심 기 술	요 소 기 술
고 집 광 기 술	· PTC, Dish, Power tower 초고온 태양로 개발
동력엔진관련기술	· 태양열 발전용 엔진 개발
복합시스템화기술	· 태양열과 기존 발전시스템의 조합방식 · 태양열, 태양광, 풍력 복합발전 시스템 개발
태양연료생산기술	· 고온 열분해 수소생산 · 태양열 반응 촉매 개발

3. 중·고온 산업용 태양열 시스템

핵 심 기 술	요 소 기 술
집 광 기 술	· 집광기 최적설계 및 구조 해석 · 흡수기 집광 및 열손실 해석
고 반 사 기 술	· 반사경 제조 및 코팅기술
산 업 공 정 열 기 술	· 공정별 최적 설계
태 양 열 담 수 화 기 술	· 증발기 설계 및 제작기술
태 양 추 적 제 어 기 술	· 태양추적센서 · 태양추적 제어 장치 및 S/W개발

4. 보급형 제로에너지 솔라하우스(ZeSH)

국내 총 9.2백만 가구 중 47%가 단독주택이고 연간 주택의 에너지 소비는 국가 총에너지 소비량의 13.8%이며 이중 77%정도가 난방 및 온수 사용에 소비되고 있다. 제로에너지 솔라하우스(ZeSH : Zero energy Solar House, 일명 에너지 자립형 주택)는 기존의 화석연료를 전혀 사용하지 않고 주택에서 소비되는 에너지를 태양에너지 등으로 자체 생산하는 100% 에너지 자립형 주택이다.

핵 심 기 술	요 소 기 술
자 연 채 광 기 술	· 복합창을 이용한 자연채광시스템 개발 · 가동형 차폐장치의 통합제어시스템 개발
공기식 태양열집열기술	· 아파트 발코니 태양 온실화 활용기술 개발 · 모듈식 패키지형 공기식 태양열 집열시스템 개발
시스템통합화 및 설계·시 공 기 술	· ZeSH 통합설계 및 성능평가 · ZeSH 모니터링 및 피드백 기술
대 규 모 단 지 화 기 술	· 대규모 태양열 냉·난방 및 급탕 시스템 개발 · 태양열, 태양광, 풍력 복합 이용 시스템 개발

4.4 태양열 이용시스템의 분류

태양열 이용시스템은 열매체(熱媒體)의 구동장치 유무, 집열 및 활용온도, 태양열 이용 시스템의 적용분야 등에 따라 각각 분류된다.

1. 열매체(熱媒體) 구동장치 유무

자연형 시스템(Passive system)과 설비형 시스템(Active system)이 있다.

자연형은 온실이나 트롬월(Tromb wall)처럼 남쪽의 창문이나 벽면 등 주로 건물 구조물을 태양열 집열에 이용한다. 반면에 설비형 태양열시스템은 집열기를 별도로 설치하고 펌프와 같은 열매체 구동장치를 이용해서 태양열을 집열시킨다. 일반적으로 이 설비형을 '태양열 시스템'이라 칭한다.

2. 집열 및 활용온도

집열 및 활용온도에 따라 저온용, 중온용, 고온용 등이 있다.

저온용에는 자연형과 설비형이 있는데 전자는 60℃ 이하이고, 후자는 100℃ 이하이다. 저온용은 주로 건물의 냉난방이나 온수 및 급탕시설에 이용되고 있다. 중온용은 300℃ 이하이고 고온용은 300℃ 이상이다. 중온용은 산업용에 이용되고 고온용은 발전용에 이용된다.

3. 태양열 이용 시스템의 적용분야

태양열 급탕시스템, 태양열 냉·난방시스템, 태양열 산업공정열시스템, 태양열 발전시스템 등이 있다.

[표 1.5]는 이상의 태양열 이용 시스템의 분류를 종합하여 나타낸 것이다.

〔표 1.5〕 태양열 이용시스템의 분류

구 분	자 연 형 (저온용/태양열건물)	설 비 형		
		저온용(주택용)	중온용(산업용)	고온용(발전용)
활용온도	60℃ 이하	100℃ 이하	300℃ 이하	300℃ 이상
집 열 부	자연형시스템 공기식집열기	평판형집열기 진광관형집열기 CPC형집열기	진공관형집열기 PTC형집열기 CPC형집열기	Dish형 집열기 PTC형집열기 Power tower 태양로
축 열 부	축열벽 트롬월(Tromb wall)	저온축열 (현열,잠열)	중온축열 (잠열, 화학)	고온축열 (화학축열)
적용분야	건물난방	건물냉난방 급 탕 농수산분야 (건조, 난방)	건물냉난방 산업공정열 폐수처리 담 수 화	태양열발전 우 주 용 광 화 학

4.5 태양열 시스템의 구성

태양열시스템은 집열부, 축열부, 이용부, 제어장치 등으로 구성된다. [그림 1.3]은 태양열 시스템의 구성도이다.

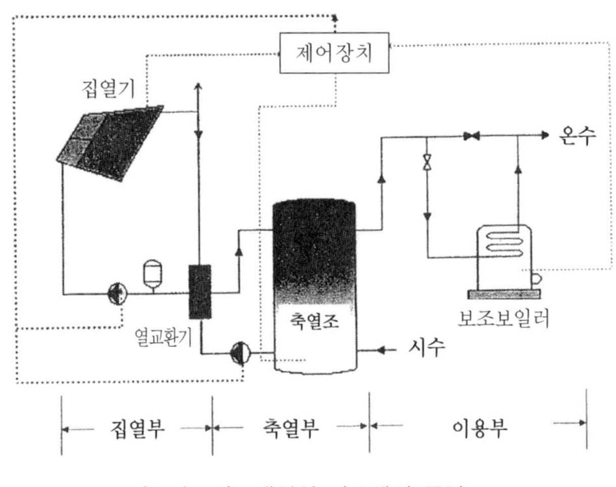

〔그림 1.3〕 태양열 시스템의 구성도

1. 집열부(集熱部 : Collector element)

태양으로부터 오는 열에너지를 흡수하여 열매체에 전달하는 부분이다. 이 부분에는 집열기와 열교환기가 있다.

태양열 집열기에는 공기식 집열기, 평판형 집열기, 진공관형 집열기, PTC형 집열기, CPC형 집열기, Dish형 집열기 등이 있다.

(1) 평판형(平板形) 태양열 집열기

태양열 난방 및 급탕용으로 가장 많이 사용되고 있는 형이다. 평판형태이며 투과체, 집열판, 열매체관, 단열재 등으로 구성된다.

태양의 복사광선이 투과체를 통해서 집열판에 도달하게 되면 집열판은 이것을 흡수하여 열에너지로 변환시킨다. 이 때 집열판에 붙은 열매체관 내의 열매체에 열이 전달되므로 온도가 상승하게 된다.

집열기의 각 부분의 기능은 다음과 같다.

① 투과체(透過體)

태양의 복사광선을 투과시키며 집열기로 부터의 열손실을 줄여주며 흡수관을 보호하는 역할을 한다.

② 집열판(Absorber plate)

복사광선을 최대한 흡수하여 열에너지로 바꾸어 주는 흡수판이다.

③ 열매체관(지관)

열매체가 축열조나 기타 필요한 곳으로 이동하는 관이다.

④ 단열재(斷熱材)

열에너지의 손실을 줄여주는 단열 역할을 한다.

(2) 진공관형(Vacuum tube type) 태양열 집열기

투과체 내부를 진공(眞空)으로 만들고 그 안에 흡수관을 설치한 집열기이다.

진공관의 형태에 따라 단일 진공관과 2중 진공관이 있는데 전자는 유리관의 내부 전체가 진공으로 된 것이고, 후자는 유리관이 2중으로 되어 있어 유리관 사이가 진공상태(眞空狀態)로 된 것이다.

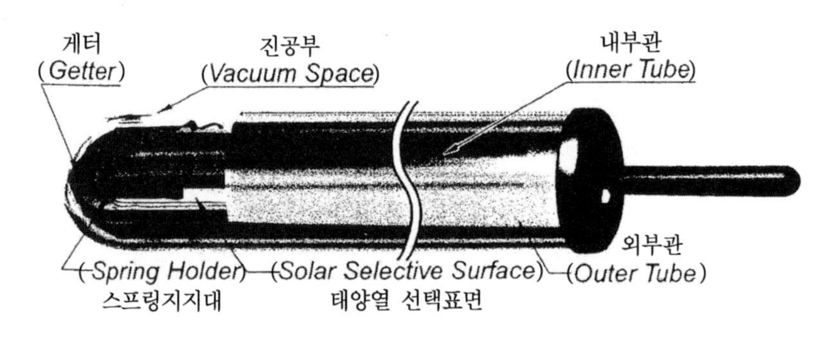

〔그림 1.4〕 진공관형 집열기

여기서 진공관은 내부와 외부의 전도(傳導)나 특히 대류(對流)현상에 의한 열 손실을 차단시켜 주는 역할을 한다. 이 형은 진공기술을 사용한 것이 특징이며 유리관이 파손되더라도 파손된 유리관만을 교체하여 사용할 수 있다. 또한 태양광의 입사각에 관계없이 모든 방향에서 빛을 흡수할 수 있는 구조를 갖는다.

[그림 1.4]는 진공관형 집열기를 나타낸다.

(3) PTC형 태양열 집열기

PTC(Parabolic trough concentrator)형은 태양의 고도에 따라 태양을 추적하기 위한 포물선 형태의 반사판이 있고 그 중앙에 흡수판의 역할을 하는 집열관(集熱管)을 설치한 집열기이다. 반사판에 의해 모아진 일사광선은 집열관에 집광(集光)되어 집열관 내부의 열매체를 가열시키게 된다.

이 형태의 집열기는 일사광선을 고밀도로 집광하며 열손실이 집열관에 국한되므로 200~250℃ 정도의 고온을 쉽게 얻을 수 있는 특징을 갖는다.

(4) CPC형 태양열 집열기

CPC(Compound parabolic concentrator)형은 반사판이 태양을 추적하지 않고 복사광선의 직달일사와 산란일사 모두를 집광할 수 있는 집열기이다.

이것은 태양에너지 흡수면적이 태양에너지의 입사면적보다 작은 집열기로서 100~300℃ 정도의 온도를 얻을 수 있다.

(5) Dish형 태양열 집열기

일사광선이 한 점에 집광될 수 있는 접시(dish)모양의 반사판을 갖는 집열기이다.

이것은 태양을 3차원 추적할 수 있는 추적장치와 작은 면적의 흡수부를 가지고 있다. 이 집열기는 집광비에 따라 집열온도가 달라지는데 300℃ 이상의 온도를 집열하는데 사용된다. 태양열 발전용으로 사용되고 있다.

2. 축열부(Thermal storage element)

가열된 열매체를 저장하는 부분이다. 여기에는 축열조(蓄熱槽)가 있다. 축열조는 태양열에너지를 저장하였다가 야간이나 흐린 날 또는 급탕부하(給湯負荷)가 증가하는 시간대에 적절하게 사용할 수 있도록 설계된 열매체 저장 탱크이다.

3. 이용부(Use element)

축열조에 저장된 열매체를 추출하여 효과적으로 이용하는 부분이다. 여기에는 난방 및 급탕을 위한 팬코일(Fan coil)과 부족한 열원을 공급하기 위한 보조보일러 등이 있다.

4. 제어장치

열매체의 이동을 제어하거나 집열펌프의 자동운전, 열매체의 누출 감지, 동결(凍結)방지 등의 역할을 수행한다. 온도센서나 온도차 제어기 등이 사용된다.

4.6 태양열의 국내외 기술개발 동향

1. 국외 기술개발 동향

태양열 이용 기술개발은 저온분야의 경우 첨단소재 개발을 통한 고효율 및 저가화에 치중하고 있다. 최근에는 중·고온 분야의 태양열발전과 태양열 화학시스템의 응용 개발에 많은 기술개발 투자가 이루어지고 있다.

미국은 태양열 발전을, 유럽은 대규모 집단 난방 및 급탕시스템을 그리고 일본은 태양열 온수기 등을 중점 개발하여 보급화 하고 있다.

이처럼 외국에서는 국가별로 자국의 특성에 맞는 태양열 이용 기술을 중점 개발하여 보급하고 있는 중이다.

그리고 저온 태양열 시스템의 보급 활성화를 위한 인증시험과 평가 및 신뢰성 향상등에도 지속적인 연구를 추진 중에 있다.

(1) 미 국

미국은 DOE를 중심으로 태양열발전시스템(Solar thermal energy system)과 건물용의 온수 및 난방(Solar building technology)등을 구분하여 기술개발을 추진하고 있다. 1970년대에는 저온분야인 태양열 집열기와 온수급탕시스템 그리고 자연형 시스템 개발에 주력하였으나, 1980년대 이후에는 자연형 태양열 건물과 중·고온 태양열시스템 분야의 연구개발에 주력하였다.

1990년대 이후부터는 중·고온분야 중 태양열 집광형 발전분야의 기술개발에 집중적으로 투자하고 있다. 또 태양열 발전 및 산업이용 기술의 상용화에도 노력하고 있다.

(2) 유 럽(EU)

유럽의 기술개발 및 보급의 핵심은 태양열 난방 및 온수기이며, 수출을 목적으로 한 태양열 발전 개발도 지속적으로 추진 중이다.

유럽은 태양열 난방과 온수기, 대규모 태양열시스템, 자연형 태양열 건물 등에 중점을 두어 연구개발 및 보급에 힘쓰고 있으며, 특히 제로에너지하우스(Zero energy house)나 제로에너지타운(Zero energy town) 등 주로 에너지 자립을 위한 태양열 건물 기술개발과 시범 보급이 최근 들어 활발히 이뤄지고 있다.

태양열 건물 이용 기술개발은 EU의 JOULE(Joint Opportunities for Unconvent ional or Long term Energies ; 자연형 태양열시스템)과 THERMIE(대형건물이나 집단주택의 냉난방) 프로그램을 중심으로 이루어지고 있다.

특히 프랑스는 태양열 온수기, 태양열 난방, 자연형 태양열 주택 등의 보급 확대를 위한 특별한 정책과 기술개발에 주력하고 있다.

태양열 온수기는 설치업자가 계약시 성능을 보장해 주는 보증제도를 1988년부터 시행중이며 현재 이탈리아, 스페인, 포르투갈 등으로 확산 시행되고 있다.

태양열 난방은 축열조 대신 PSD라는 국내 바닥 난방과 유사한 방식의 시스템 개발 및 보급에 주력하고 있다.

(3) 일 본

NEDO(New Energy & Industrial Technology Development Organization)를 중심으로 1993년에 시작한 New Sunshine 계획에 의해, 자연 채광형과 대규모 태양열 냉·난방 및 온수, 급탕시스템 등의 태양열 에너지 기술개발이 이뤄지고 있다.

태양열 온수기의 경우 업체 중심으로 개발 및 상용화가 이뤄지고 있으며, 약 40여개 업체가 연간 10만대 규모를 생산하여 보급 및 수출하고 있다.

(4) 호 주

태양열 온수기를 연간 10만대 이상 생산하여 유럽 등지에 수출하고 있다.

(5) 중 국

막대한 자국 시장 수요에 맞춰 국가개발계획(2006~2010, 11차)을 수립하여 기술개발을 수행중이며, 2020년에는 전체 발전의 10%를 신·재생에너지로 대체할 계획이다.

2. 국내 기술개발 동향

1970년대 초부터 대학과 연구소를 중심으로 연구개발을 시작하였으며 1987년「대체에너지 개발 촉진법」을 제정함으로써 정부 차원의 기술개발이 본격적으로 이루어지기 시작했다. 이에 따라 1988년부터 2006년까지 75개 과제에 280억원이 투자되었으며, 그 중 208억원은 정부에서 지원한 것이었다.

2004년을 "신·재생에너지 원년"으로 삼아 기술개발과 보급 추진이 이뤄져 태양열 온수기와 평판형 집열기는 상용화 되었으나, 성능 및 내구성에서 선진국에 비해 다소 뒤지고 있는 실정이다. 집열 및 온수 급탕기술은 상용화되어 약 18만대가 가정용 온수기로 보급되었으며, 그 외에 골프장, 양어장 등의 급탕시설에 쓰이고 있다. 기술개발은 저온 활용분야의 온수 및 급탕기술의 효율과 신뢰성 향상 그리고 중·고온 활용분야 등을 병행하여 추진 중에 있다.

지금까지 추진되어온 내용을 요약하면 다음과 같다.

(1) 저온 활용분야(온수 및 급탕기술)

평판형 집열기 및 단일 진공관형 집열기는 최근에 상용화되어 보급되고 있으나 이중 진공관형 집열기는 중국에서 전량 수입하여 보급되고 있다.

중고온용 집열기인 PTC 및 Dish형 집열기는 국내에서 연구개발은 되었으나 상용화는 아직 되지 못하고 있는 실정에 있다.

평판형 집열기는 성능 및 신뢰성 측면에서 선진국에 비해 뒤지고 있으며 진공관의 경우는 충분한 실증이 요구되고 있다. 자연 순환식 온수기는 상용화 되었으며 강제 순환식 온수기는 패키지(Package)화와 기술개발이 필요한 상태이다.

그리고 제로에너지 솔라하우스(Zero energy Solar House)와 같은 태양열 건물 기술은 한국에너지기술연구소에서 기초 연구를 수행하고 있는 단계에 있다.

(2) 현재 거의 전량 수입에 의존하고 있는 흡열판(Absorb plate)의 국산화를 위해 기술개발이 요구된다.

(3) 냉·난방분야

태양열을 이용한 흡수식 냉방시스템의 실증연구(2006)와 대규모 태양열 지역 냉·난방 및 급탕시스템에 대한 연구개발(2007)이 성공적으로 완료된 상태이다.

(4) 중·고온 활용분야

기술분야가 다양하고 국내 기반기술이 취약한 상태이다.

진공관형, Dish형, PTC형 집열시스템과 잠열 및 화학 축열시스템에 대한 기술개발은 추진 중에 있다.

다음은 태양열분야 기술개발의 단계별 기본계획을 나타낸다.

- **1단계**(2003~2006) / **보급 촉진형 기술개발**
  - ① 보급형 태양열 주택(Solar house) 개발, (열부하 70% 공급)
  - ② 태양열 냉방기 개발 및 상용화
  - ③ 건물 및 상업용 태양열 이용 시스템 개발

- **2단계**(2006~2009) / **대량 보급형 기술개발**
  - ① 보급형 태양열 주택(Solar house) 개발, (열부하 90% 공급)
  - ② 건물 및 상업용 태양열 이용시스템 상용화
  - ③ 중고온 산업용 태양열 이용시스템 개발

■ 3단계(2009~2012) / 저가 상품화 기술개발

① 태양열 발전기술 개발 및 상용화

② 대형 산업용 태양열이용시스템 개발 및 상용화 달성

4.7 태양열 시스템의 국내외 시장 동향

1. 국외 시장 동향

2004년 기준 전 세계적으로 약 1억 1천만m²의 태양열 집열기가 설치되었으며, 약 4천만 가구가 태양열 온수기를 사용하고 있다.

세계 태양열 시장은 향후 연간 17~20%씩 성장하여 2010년까지 2억 5천만 m²의 집열기가 설치될 것이며, 2020년에 이르면 한해에만 1억 6천만m²의 집열기가 설치될 것으로 예측하고 있다.

최근 EREC(European Renewable Energy Council)는 유럽의 태양열 시장이 2020년까지 연간 23%씩 증가할 것으로 전망하고 있다.

2. 국내 시장 동향

우리나라는 1990년대 초 가정용 태양열 온수기의 상업화가 이루어져 1997년 7만 7천여대 규모의 시장이 형성되었으나 IMF 이후 심야전기 온수기의 등장과 사후관리 문제 그리고 정부의 지원 부재 등으로 인해 현재 보급이 거의 되지 않고 있는 실정이다.

따라서 한때 20여개에 이르던 가정용 태양열 온수기 업체들은 대부분 파산되거나 전업한 상태이며, 현재 2~3개 업체가 남아 있는 실정이다.

2004년 기준 국내 태양열 시장 규모는 집열면적 기준으로 15,000m²로 중국의 0.1%, 독일의 2% 수준이다. 전문업체를 통하여 1,200mm(가로)×2,200mm(세로) 크기의 집열판 12장등을 포함한 태양열시스템을 갖추는데 소요되는 비용은 2008년 7월 기준 약 2,500만원 정도이다.

여기서 태양열시스템 설치시 정부에서 50% 보조금을 받으면 실제 들어간 비용은 1,250만원이 소요되는 셈이 된다. 그런데 이러한 태양열시스템으로 온수와 난방을 사용하면 봄부터 가을까지는 기존 연료비중 80%를 절약할 수 있고 겨울에는 60%를 절약할 수 있어 대략 5~6년 정도면 설치비를 회수할 수 있는 것으로 알려지고 있다. 또한 1,200mm(가로)×2,200mm(세로) 크기의 태양열 집열판 20장 등을 포함한 태양열시스템을 설치하면 하루 평균 온수 2,500리터(60°C 기준) 정도를 생산하게 되는데, 이를 온수와 난방에 이용하면 연간 경유 사용량을 1/2정도로 줄일 수 있다.

특히 태양광이나 풍력, 지열 등이 입지조건이나 기술적인 제약 등으로 일반 가정에 적용하는 것이 쉽지 않는데 비하여 태양열은 일반 주택이나 건물 옥상에 간단히 쉽게 설치할 수 있으며 온수와 난방비 절감효과가 있는 장점이 있다.

태양열은 신·재생에너지 가운데 우리 일상생활에 적용된 것이 오래 되었음에도 불구하고 가장 사랑을 받지 못하고 있다. 기술적 측면에서 봤을 때 태양열은 국내 기업들이 자생적인 기술력을 갖추고 있으나 수준은 중급 정도로 평가되고 있다.

태양광은 최근 현대중공업, LG, 삼성, 동양제철화학, 코오롱 등 대기업들이 속속 진출하면서 새로이 각광받고 있는 산업이지만 태양열은 중소기업들이 수십 년 동안 근근이 명맥을 이어오고 있는 실정이다.

태양열이 여러 가지 장점이 많이 있음에도 불구하고 우리 국민들이나 소비자들에게 사랑을 받지 못하고 있는 것은 저급한 기술력 때문에 과거에 시장에서 신뢰를 많이 잃었기 때문이다. 일례로, 날씨가 조금만 추워지면 동파이프가 얼어붙어 온수공급이 중단되고 난방이 되지 않는 경우가 빈번했다.

이러한 문제점들을 해결한다면 태양열시스템은 다시 국민들에게 사랑을 받게 될 것이다.

5 풍력(Wind Power)

5.1 풍력발전의 개요

바람은 오래전부터 우리생활에 이용되어 왔다. 지금도 드물기는 하지만 바람의 힘을 이용한 풍차를 통해 물을 끌어 올리거나 곡식을 가공하는데 쓰이고 있다. 바람의 힘은 전 세계적으로 풍력발전에 가장 활발하게 이용되고 있다.

특히 고유가(高油價), 화석연료의 고갈(枯渴), 온실가스 배출 등이 문제로 대두되면서 풍력(風力 : Wind power)은 신·재생에너지 중에서 각광을 받는 에너지원이 되고 있다. 따라서 여기서는 풍력발전(風力發電 : Wind generation)에 대하여 언급하기로 한다.

풍력발전은 발전용량이 10W 밖에 되지 않는 마이크로급에서부터 2MW에 이르는 대형 발전기까지 아주 다양한 종류가 개발되어 있다. 마이크로급의 발전기는 손으로 들고 다닐 수 있을 정도로 작으며, 2MW급은 회전날개의 지름이 70~80미터, 지지대의 높이가 100미터 가까이 되는 엄청난 규모의 것이다.

풍력발전기(風力發電機)는 설치되는 지역의 바람의 세기와 성질에 따라 크게 좌우된다.

바람의 세기가 약 4m/s 이상인 곳에는 어디든지 풍력발전기를 설치할 수 있다. 그리고 바람은 공중으로 높이 올라 갈수록 강하게 불기 때문에 바람이 약한 곳에서도 풍력발전기를 공중에 높게 설치하면 전기를 생산하기에 충분한 바람을 얻을 수 있다.

풍력발전에 필요한 최적의 바람의 세기는 약 10m/s로 알려져 있으나 그 규모에 따라 다를 수 있다. 참고로 태풍(颱風 : Typhoon)의 바람의 세기는 보통 32m/s 이상으로 알려져 있다.

5.2 풍력발전의 현황

우리나라 풍력발전은 지난 1997년 정부의 시범사업으로 제주도 행원에서 9,795KW가 가동된 이래 2006년 10월, 단일 규모로는 국내 최대인 강원풍력발전의 98MW가 준공되어 2007년 말 기준으로 총 213기에 172MW를 기록하고 있다.

그간 수입에 의존해 오던 풍력발전기도 유니슨과 효성이 750KW급의 국산화 개발에 성공한 후 대용량급 개발에도 박차를 가하고 있다.

풍력발전은 대부분이 발전 사업용으로 설치되고 있으며 200KW를 초과하는 용량이 대다수를 차지하고 있는 것이 특징이다.

전세계적으로 연평균 28%씩 성장하고 있는 풍력시장(風力市場)은 2MW이상의 대용량 개발로 이뤄지고 있으며, 우리나라도 1~3MW급 뿐 아니라 해상풍력발전(海上風力發電)에 까지 범위를 넓혀가고 있다.

2007년 12월 기준 국가전력망(國家電力網)에 연결된 상업용 발전은 강원풍력발전단지외에 경북 영덕에 39.6MW, 제주 행원과 한경에 30MW가 조성되어 있으며 이밖에 새만금, 난지도, 양양, 태백, 울릉도, 포항 등 소규모 단지를 합하면 총 172MW 규모이다.

정부가 2003년 발표한 신·재생에너지 기본계획에 의하면 2011년까지 전체 전력의 1.4%를 풍력에너지로 충당한다는 방침이다.

1. 강원풍력발전단지

강원도 평창 횡계에 위치한 강원풍력단지는 해발 1,100m, 면적 3,300만m² 대관령 초지에 2MW급 대형 풍력발전기 49기가 설치되어 98MW(최대발전용량)를 발전하는 국내 최대 규모의 단지이다.

풍력발전기 한 대의 크기는 높이 60m, 너비 40m에 달한다. 연평균 가동률은 26~27% 수준으로 전체 전력의 4%이상을 풍력발전으로 조달하는 독일의 평균 가동률 24% 수준보다 높은 편이다.

이 풍력단지는 2001년 유니슨과 강원도, 라마이어(독일 엔지니어링 회사)가 양해각서(MOU)를 체결한 뒤, 2005년 4월에 착공해 2006년 1월에 완공되었다.

발전규모로는 4인 가족기준 5만 가구 사용이 가능한 전력을 생산하며 탄소배출로 환산했을 때, 연 15만톤의 탄소배출 절감효과가 있다. 따라서 탄소배출권 판매를 통한 수익도 기대할 수 있다.

2. 영덕풍력발전단지

경북 영덕에 위치한 영덕풍력발전단지는 1.65MW급 대형 풍력발전기 24기가 설치되어 39.6MW(총발전량)를 발전하고 있다.

높이 80m, 날개 40m, 3 블레이드(Blade)형으로 2005년 4월에 준공되었다.

영덕풍력발전단지는 인근 약 2만 가구가 이용할 수 있는 전기를 생산하고 있다. 운전풍속 범위는 3m/s(기동), 15m/s(정격출력), 20m/s(정지) 등이다.

3. 제주 행원, 한경풍력발전단지

제주 행원에는 600KW급 2기, 750KW급 5기, 660KW급 7기, 225KW급 1기 등 총 15기의 풍력발전기가 설치되어 총 9.8MW를 발전하고 있다.

그리고 한경에는 2004년 용량 6MW 규모의 1단계 설비가 준공되었으며 이어 2단계 3MW급 5기가 추가로 준공되어 총 21MW를 발전하고 있다.

따라서 제주풍력발전은 행원과 한경을 합하면 총 발전량은 30.8MW가 된다.

5.3 풍력발전의 특징

1. 에너지원이 고갈되지 않는 무한정, 무공해 에너지이다.

어느 곳에나 산재(散在)되어 있는 바람을 이용할 수 있다.

2004년 말 기준 풍력발전기가 많이 운전되고 있는 나라는 독일, 스페인, 미국, 덴마크, 인도, 이탈리아, 네덜란드, 일본, 영국, 중국 순이며, 전 세계 풍력발전 보급량 중 50% 이상을 차지하고 있는 유럽의 경우 덴마크는 자국 내 전력공급량의 22%를 풍력이 담당하고 있으며, 스페인은 6%, 독일은 5%를 각각 풍력이 담당하고 있다.

2. 공해물질의 저감효과가 크다.

200KW급 풍력발전기 1대를 1년간 운전하여 400,000KWh의 전력을 생산할 경우 약 120~200톤의 석탄 대체효과(代替效果)가 있으며, 이것으로 인해 줄어드는 공해물질의 배출량은 이산화탄소(CO_2): 300~500톤, 아황산가스(SO_2): 2~3.2톤, 질소산화물(NOx): 1.2~2.4톤, 슬래그(Slag) 및 분진(Ash): 16~28톤에 달한다. 또 부유물질은 연간 약 160～280Kg 정도 배출이 억제되는 효과가 있다.

3. 오랜 기술축적으로 인한 가격 경쟁력이 있다.

풍력발전시스템의 경우 설치지역의 풍력자원에 따라 달라지나 현재 운전되고 있는 미국의 대규모 풍력단지들은 약 750$/KWh의 시스템 설치비와 약 5¢/KWh 내외의 발전단가를 나타내 기존 발전방식과 경쟁이 가능한 수준이다.

한편 유럽에서는 1980년대 중반 100KW급 풍력발전기의 경우 약 8.8유로센트(Euro cent)/KWh이던 것이, MW급 풍력발전기가 보급되고 있는 최근에는 4.1유로센트(Euro cent)/KWh 정도이다. 여기서 약 20년 동안에 발전단가가 50% 넘게 하락하였음을 알 수 있다.

발전단가는 풍력발전기의 대형화 및 단지화와 함께 지속적으로 낮아지고 있는 추세이며 앞으로도 투자와 기술개발이 꾸준히 이뤄진다면 풍력발전은 15년 안에 3.9¢/KWh의 발전단가 목표를 달성할 수 있을 것으로 기대하고 있다.

4. 소요면적이 작으며 국토를 효율적으로 이용할 수 있다.

풍력발전기에서 실제로 이용되고 있는 면적은 기초부, 도로, 계측 및 중앙제어실 등으로 이것들은 전체 발전단지의 면적 중 1%에 불과하다. 나머지 99% 면적은 농업이나 목축 등의 다른 용도로 사용할 수 있다.

일반적으로 발전방식에 따른 소요면적을 발전원(發電源)별로 보면 풍력: 1,335m²/GWh, 태양광: 3,237m²/GWh, 태양열: 3,561m²/GWh이다. 따라서 풍력발전은 태양광발전이나 태양열발전보다 작은 면적을 필요로 한다.

5. 그 밖의 에너지 공급체계의 다변화, 에너지 수입 대체효과, 고용증대, 지역산업의 기여, 천연자원 획득을 위한 국가 및 지역 간의 분쟁감소, 안보차원의 에너지 확보 등의 이점을 들 수 있다.

6. 풍력발전은 이상에서 언급한 것처럼 여러 가지 이점이 있는 반면에 풍력발전기를 운전할 때 나오는 소음과 발전기가 돌아가면서 생기는 그림자가 동식물의 생육(生育)에 지장이 있다는 문제가 제기되고 있다.

5.4 풍력발전의 원리

풍력발전은 자연의 바람으로 풍차(風車)를 돌리고, 이것을 증속장치(Gear box) 등을 이용하여 속도를 높여 발전기를 돌려 전기를 얻는 발전방식이다.

즉, 풍력발전은 바람의 운동에너지(Kinetic energy)를 전기에너지(Electrical energy)로 변환하는 에너지 변환기술이다. 풍력발전시스템은 다양한 형태의 풍차를 이용하여 바람에너지를 기계적 에너지로 변환하며 이 기계적 에너지로 발전기를 구동하여 전기를 생산해 전력계통이나 수요자에게 직접 공급하는 시스템이다.

이러한 풍력발전시스템은 무한정의 청정에너지인 바람을 동력원으로 하기 때문에 기존의 화석연료나 우라늄을 이용한 발전방식과 달리 연소 후 생성물(生成物)에 의한 대기오염이나 방사능(放射能) 누출 등에서 발생되는 문제가 없는 무공해, 환경친화적인 발전방식이다.

그리고 풍력발전은 산간이나 해안 그리고 방조제(防潮堤) 등의 부지를 활용함으로써 국토의 이용 효율을 높일 수 있는 이점도 있다.

5.5 풍력발전의 분류

풍력발전은 회전축 방향, 운전방식, 출력제어방식, 전력사용방식 및 설치장소 등에 따라 분류되고 있다.

1. 회전축 방향에 따라

풍력발전기는 지면(地面)에 대한 회전축 방향에 따라 수평형과 수직형으로 나누어진다.

(1) 수평축 풍력터빈(HAWT)

수평축 풍력터빈(HAWT : Horizontal Axis Wind Turbine)의 회전축은 바람이 불어오는 방향에 영향을 받는다. 수평축 풍력터빈은 구조가 간단하여 설치하기가 쉽다. 현재 상용화된 대부분의 중·대형급 풍력발전기는 대부분 수평형이다.

수평형은 바람을 맞이하는 방식에 따라 맞바람 형식(Upwind type)과 뒷바람 형식(Downwind type)이 있다. 전자는 바람이 블레이드를 먼저 만나게 되어 있는 형태이고, 후자는 바람이 타워(Tower)와 나셀(Nacelle)을 먼저 만나고, 그 다음에 블레이드(Blade)를 만나게 되는 형태이다.

맞바람 형식은 타워에 의한 풍속의 손실이 없는 반면, 요잉시스템(Yawing

system)이 필요하고 로터와 타워의 충돌을 고려한 설계를 하여야 한다.

뒷바람 형식은 요잉시스템이 필요 없으며, 별도의 설계 없이도 로터와 타워의 충돌을 피할 수 있게 되어 있다. 또 그로 인한 타워의 하중이 감소되어 가격이 저렴하므로 주로 소형 풍력발전기에 많이 사용된다.

단점으로는 타워와 나셀에 의한 풍속의 손실 발생과 전력선(電力線)이 꼬일 수 있는 점이다. 그리고 수평축 풍력발전기는 블레이드의 수가 세 개인 것과 두 개인 것 그리고 하나인 것이 있다.

블레이드가 두 개인 것은 주로 바다에 세워지는 발전용량 3~6MW급의 초대형 발전기에 적용되며, 지상에 세워지는 풍력발전기들은 대부분 3개의 블레이드(3-blade)를 갖는다.

[그림 1.5]는 기어드형 수평축 풍력발전기의 에너지 전달 블록선도이다.

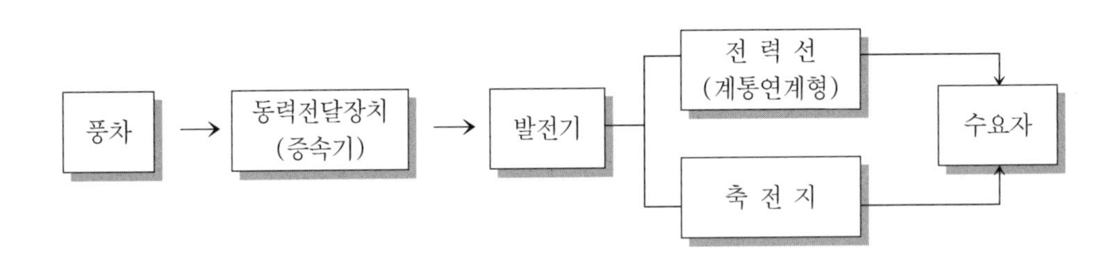

[그림 1.5] 기어드형 수평축 풍력발전기의 에너지 전달 블록선도

(2) 수직축 풍력발전기(VAWT)

수직축 풍력발전기(VAWT : Vertical Axis Wind Turbine)는 회전축이 바람의 방향에 대해 수직인 형태의 풍력발전시스템이다.

즉, 수직축 발전기는 땅위에 세워진 기둥 주위에 볼록한 형태의 큰 블레이드가 붙어서 서서히 돌아가는 형태를 하고 있다.

이 시스템은 바람의 방향에 관계없이 운전이 가능하며 증속기와 발전기가 지상에 설치되어 설치시 건설비용이 적게 들고 점검이나 정비유지 등이 용이한 점이 있다. 따라서 사막이나 평원에 많이 설치하여 이용하고 있다. 아직 상용화된 대형시스템은 없으며 100KW급 이하의 소형에 일부 사용된다.

반면에 풍속이 낮을 때 자기동(自起動: Self-starting)이 불가능하며, 주 베어링의 분해시 시스템 전체를 분해해야 되는 단점이 있다.

또한 타워(Tower)를 지지하기 위해 가이드를 해야 하므로 넓은 전용면적이 필요하고, 시스템의 종합효율이 낮다. 이러한 문제점으로 연구용이나 일부 소형 풍력발전으로 사용되고 있다.

2. 운전방식에 따라

기어드형과 기어리스형이 있다.

(1) 기어드형(Geared type) 풍력발전시스템

① 간접구동형이다.
② 정속운전형(Fixed rotor speed type)이다.
③ 이 시스템은 1,800rpm의 높은 회전수를 갖는 유도발전기(Induction generator)와 낮은 회전수의 로터 사이에 증속기가 연결되어 있다.
④ 발전기의 회전수를 제어할 필요가 없다.
⑤ 증속기가 필요하다. 유도발전기의 높은 정격회전수에 맞추기 위해 로터의 회전속도를 높여주어야 하기 때문이다. 이로 인한 나셀부의 하중이 증가하게 된다.
⑥ 인버터(Inverter)가 필요 없다.
⑦ 설계풍속 이탈시 에너지 변환효율이 감소된다.
⑧ 대부분의 상용 풍력발전기에 많이 적용되는 형태이다.
⑨ 힘과 에너지는 로터 → 기어증속장치 → 유도발전기(정전압) → 정주파수 → 한전계통의 순으로 이동한다.

(2) 기어리스형(Gearless type) 풍력발전시스템

① 직접구동형이다.

② 가변속 운전형(Variable rotor speed type)이다.

③ 동기형이나 영구자석형 발전기에 사용되며, 증속기가 필요 없다.
이 시스템은 다극형(多極形) 동기발전기를 사용하여 증속기(Gear box)가 없이 로터와 발전기가 직결구동(Direct drive)되는 형태로서 로터에서 동력이 발전기에 직접 전달된다.

④ 로터의 공기역학적(空氣力學的)인 토크나 발전기의 부하토크(Load torque)를 일정하게 유지한다.

⑤ 증속기 제거로 인한 제작비용 절감 효과가 있으나, 발전기 자체가 크고 유도발전기보다 고가인 것이 단점이다.

⑥ 한전계통(韓電系統)의 주파수와 맞지 않기 때문에 인버터(Inverter)가 필요하다.

⑦ 힘과 에너지는 로터 → 동기발전기(가변전압/가변주파수) → 인버터 → 한전계통 순으로 이동하게 된다.

이상의 기어형과 기어리스형을 비교하여 나타내면 [표 1.6]과 같다.

〔표 1.6〕 기어형과 기어리스형 풍력발전기의 비교

구 분	기 어 형	기어리스형
장 점	① 제작비가 저렴하다. ② 장기간의 기술적 노하우와 경험의 축적으로 신뢰성이 높다. ③ 유지, 보수가 용이하다. ④ 계통연계가 간편하다.	① 나셀의 구조가 간편하다. ② 증속기어의 제거로 소음저감 및 유지 관리의 이점이 있다. ③ 역률제어가 가능하다.
단 점	① 증속기 사용으로 인한 유지관리, 소음발생, 고장 등의 문제가 있다. ② 저 출력시 추가적인 보상회로에 의한 역률개선이 필요하게 된다.	① 부피가 크고 무겁다. ② 제작비가 많이 든다.

3. 출력제어 방식에 따라

(1) 피치제어형(Pitch control type)

풍력발전기는 풍속에 관계없이 일정한 속도로 회전시킬 필요가 있다.

이런 경우에는 풍속에 따라 풍차 블레이드의 경사각도 즉, 피치(Pitch)를 조정하여 회전속도를 일정하게 유지하는 데 이것이 피치제어형이다.

이 시스템은 유압(油壓)으로 작동되며 장기간 운전 시 유압 실린더(Hydraulic cylinder)와 회전자(Rotor)간의 기계적 연결 부분의 손상이 있을 수 있으며, 빠른 풍속 변환 시 순간적 피크 발생으로 장치 부분의 손상 우려가 있다.

(2) 스톨제어형(Stall control type)

실속(失速 : Stall) 제어 방식이다. 이것은 한계풍속(限界風速) 이상이 되었을 때 양력(揚力)이 블레이드(Blade; 회전날개)에 작용하지 못하도록 제어하는 형이다.

복잡한 공기역학적 설계가 필요하며, 과출력 가능성과 제동효율이 좋지 못한 단점이 있다.

4. 전력사용방식에 따라

(1) 계통연계형(系統連繫形)

한전계통에 연계되는 형으로 동기발전기와 유도발전기가 사용된다.

(2) 독립전원형(獨立電源形)

전력사용이 독립적인 형태로 여기에는 동기발전기와 직류발전기가 사용된다.

5. 설치장소에 따라

(1) 육상 풍력발전

육상에 설치되는 모든 풍력발전기를 나타낸다.

(2) 해상 풍력발전

해안에서 약간 떨어진 20여 미터 깊이의 바다 위에 풍력발전기가 설치되는 것이다. 덴마크나 스웨덴 등 유럽에서 활발히 진행되고 있는 형이다.

5.6 풍력발전시스템의 구성

풍력발전시스템은 크게 기계장치부, 전기장치부, 제어장치부 등으로 구성된다. 세부적으로는

① 블레이드(Blade), 회전축(Shaft), 허브(Hub) 등으로 구성된 로터(Rotor)
② 로터를 적정속도(適正速度)로 증속시켜 발전기를 구동시키는 증속기(Gear box)
③ 전기를 발생시키는 발전기(Generator)
④ 풍력발전기가 무인운전(無人運轉)이 가능하도록 설정하고 돕는 제어장치(Control system)
⑤ 유압 브레이크 장치
⑥ 철탑 등이 있다.

[그림 1.6]은 기어형 풍력발전기의 구조를 나타낸다.

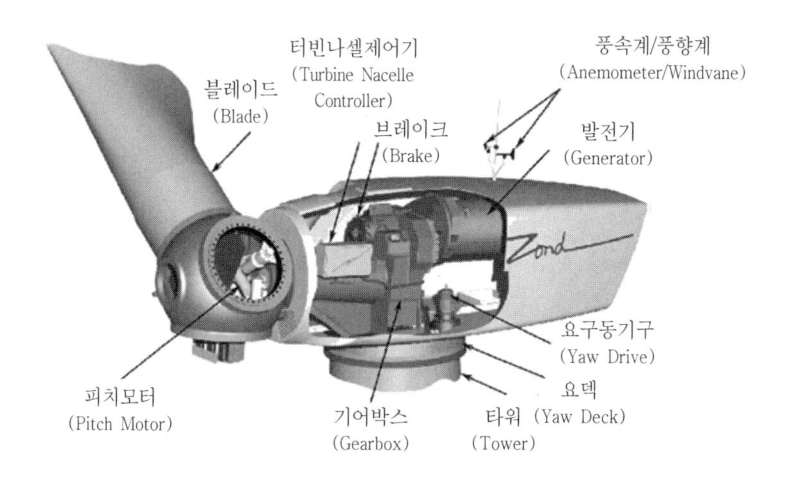

〔그림 1.6〕 기어형(Geared type) 풍력발전시스템의 구조

1. 로터(Rotor)

바람이 가지고 있는 에너지를 회전력(Torque)으로 바꾸어 주는 역할을 한다. 풍력발전기의 성능에 큰 영향을 미치는 부분이다. 따라서 로터의 설계는 중요하며 특히 블레이드의 설계가 아주 중요한 요소로 작용한다.

로터는 블레이드와 축, 허브 등으로 이뤄지며 블레이드 수에 따라 1-blade, 2-blade, 3-blade 형이 있다. 그리고 블레이드에 사용되는 재질은 블레이드에 작용하는 하중(荷重)이나 수명 및 디자인 등을 고려하여 결정되며, 대표적인 것으로는 Glass fiber reinforced plastics(GRP)가 사용되고 있다.

이것은 내식성(耐蝕性)과 높은 강도를 갖는다. 따라서 현재 중형, 대형 풍력터빈에 사용되고 있다. 로터의 크기와 출력관계에서 출력은 Swept area(πr^2)에 비례한다.

여기서 r은 블레이드 길이를 나타낸다. 그러므로 블레이드 길이가 길어지면 질수록 출력과 효율은 증가한다.

특성을 보면 다음 [표 1.7]과 같다.

〔표 1.7〕 블레이드 수에 따른 특성

구 분	블레이드 별 특성	
회 전 속 도	1-blade 〉 2-blade 〉 3-blade	
비 용 및 중 량	3-blade 〉 2-blade 〉 1-blade	
소 음	1-blade 〉 2-blade 〉 3-blade	
기 타	1-blade	불규칙적으로 토크가 발생되며 큰 요잉모멘트가 작용한다.
	3-blade	대부분 중·대형 발전기에서 안정적으로 사용되고 있다.

2. 나셀(Nacelle)

풍력발전기의 심장부에 해당되는 부분이다. 로터에 의해 얻어진 회전력을 전기에너지로 변환시키기 위한 모든 장치들로 구성된다.

기어박스(Gear box), 발전기(Generator), 제어장치 등 거의 대부분의 장치들이 나셀 내부에 포함된다.

이러한 나셀의 형태는 동력전달 형태에 따라 크게 간접구동형(Geared type)과 직접구동형(Gearless type)으로 분류되며 이에 따라 구조적으로나 형태 측면에서 큰 차이를 갖는다.

3. 발전기(Generator)

바람이 가진 에너지가 로터에 의해 회전력으로 변환된 후, 그 회전력을 이용하여 전기를 발생시키는 구성품이다.

발전기의 종류에는 동기발전기와 유도발전기가 있다.

동기발전기(同期發電機)는 로터의 회전속도와 회전자계의 속도가 같은 형태의 발전기이다. 이것은 풍차의 피치제어(Pitch control)를 조금만 하여도 일정한 풍차의 회전속도를 유지 할 수 있는 곳 즉, 평균 풍속이 연중 거의 일정한 곳에 사용된다.

유도발전기(誘導發電機)는 로터가 동기속도(同期速度) 이상으로 회전될 때 기전력(起電力)이 유도되는 성질을 이용한 발전기이다.

이것은 구조가 간단하고 신뢰성이 뛰어나기 때문에 동기발전기보다 가격이 저렴하지만 기어를 사용해서 동기속도를 유지해야 하는 단점이 있다.

여기에는 농형유도발전기(Squirrel cage induction generator), 권선형 유도발전기(Wound rotor induction generator), 영구자석형 유도발전기 등이 있다.

4. 제어장치

제어장치부에서는 요제어, 피치제어, 실속(失速)제어 등을 수행한다.

(1) 요제어(yaw control)

블레이드 방향이 바람방향에서 벗어났을 때 블레이드가 바람 방향을 향하도록 블레이드의 방향을 조절하는 것이다.

(2) 피치제어(Pitch control)

블레이드의 경사각(Pitch)을 조절하여 풍력발전기가 풍속에 관계없이 일정속도로 회전하도록 제어하는 것이다.

(3) 실속제어(失速制御 : Stall control)

한계풍속을 초과하였을 때 양력(揚力)이 블레이드에 작용하지 못하도록 하는 제어이다.

5. 공력 블레이드 시스템(Aerodynamic blade system)

스톨 제어형 풍력발전기에 사용되는 브레이크 시스템이다. 이것은 터빈이나 기계 브레이크에 과부하(過負荷)를 방지하기 위한 시스템이다.

블레이드의 주 코드 방향이 회전면과 수직이 되도록 피치각을 90°로 회전시켜 최대의 공력저항(空力抵抗)을 발생시켜 로터를 제동시킨다.

6. 타워(Tower)

풍력발전기를 지탱해 주는 구조물이다. 수평축 풍력발전기에서는 로터나 나셀 등을 지상으로부터 일정한 높이에 위치시키고 지탱해 주는 역할을 한다.

그리고 수직축 풍력발전기에서는 회전축의 역할까지 담당하는 구조물이다. 타워의 최적 높이는 고도별(高度別), 지역별(地域別) 바람의 특성에 따라 달라지나 대체로 블레이드 지름과 같다.

대형 타워의 경우 내부에 엘리베이터 시스템 등 여러 가지 정비 및 보수를 위한 장치가 설치된다.

다음은 타워의 종류와 특성을 나타낸다.

(1) 강 파이프식 타워(Steel tubular tower)

원뿔 형태의 모양을 갖는다. 20~30m 단위로 용접을 통해 부분 제작되며 각 부분은 플랜지(Flange)와 볼트로 연결하여 길이 방향으로 늘여 나가는 형식이다. 대형 풍력발전기에 적합한 형태이다.

(2) 격자(格子)구조 타워(Lattice tower)

용접에 의해 제작된다. 강 파이프식 타워보다 절반 정도의 재료가 사용된다. 따라서 비용 절감과 타워의 중량을 감소시키는 이점이 있다.

중·소형 풍력발전기에 많이 사용되고 있는 형태이다.

(3) 가이드 폴 타워(Guyed pole tower)

직경이 작고 긴 파이프와 지지 와이어로 구성되는 타워이다.

제작비용과 중량이 감소되지만 안전면적(Safety area)이 필요한 단점이 있다.

주로 소형 풍력발전기에 사용된다.

(4) 복합형 타워(Hybrid tower)

위에서 열거한 타워를 적절히 조합한 형이다.

5.7 풍력발전의 국내외 기술개발 동향

1. 국외 기술개발 동향

1980년대부터 유럽을 중심으로 풍력발전의 제작기술이 급속히 발전하였으며 이에 따라 풍력발전 시스템의 대형화가 이루어져 2MW는 상용화되었고, 3MW급은 Vestas, Enercon, GE Wind등이 기술개발을 완료하여 생산 중에 있으며, 4.5MW는 시험 중에 있다.

특히, 유럽공동체(EC : European Community) 주관하의 THERMIE Program으로 대형 풍력발전 시스템이 개발되어 Vestas V80(2MW), Bonus, NEG-Micon 2750 등이 상용화되었다.

독일의 GL(Germanischer Lloyd)사와 덴마크의 DNV 및 RISO 등에서 설계 인증, 검증, 성능평가 기준을 제시하고 있으며, IEA에서는 풍력발전에 관한 국제 규정을 마련하고 있는 단계에 있다.

현재의 시장 동향과 선진 제작회사들의 움직임 등으로 볼 때, 앞으로 육상용은 2~3MW급이 그리고 해상용은 3.5~5MW급이 시장 추세일 것으로 예상되고 있다. 해상풍력발전 기술은 아직 초기 응용단계로서 기술개발은 덴마크의 베스타스(Vestas)가 2~3MW급을 그리고 미국의 GE가 3.6MW급을 상용화하였다.

최대 이안거리(離岸距離)는 현재 15Km(덴마크)이고, 수심(水深)은 20m까지 조성 중에 있다. 그러나 향후 기술개발을 통해 2010년까지 이안거리는 40Km까지, 수심은 35m까지 조성이 가능할 것으로 전망된다. 해양풍력발전은 덴마크와 스웨덴 등 유럽에서 활발히 진행되고 있다.

(1) 덴마크

풍력발전 산업을 상용화(商用化)하는데 가장 두드러진 역할을 한 국가이다.

1980년대에 걸음마를 시작으로 풍력발전 설비를 집중 개발하여온 덴마크는 현재 세계 풍력발전설비 시장의 33.7%를 점유하여 세계 1위의 자리를 차지하고 있다. 덴마크의 Vestas, NEG-Micon(Vestas에 합병), 노덱스(Nordex) 및 보너스(Bonus)등의 대형 풍력발전 제작회사와 10여개의 소형 풍력발전기 제작회사에서 생산되는 풍력발전기는 세계시장을 지배하는 주요 기종으로 자리 잡고 있다. 현재, 세계에서 생산되고 있는 제품의 40~50%이상이 덴마크의 기술로 생산되고 있다.

또 덴마크는 풍력발전의 대형화 및 해상풍력으로의 국제적 추세(Trend)를 선도해 나가고 있는 중이다.

(2) 독 일

덴마크에 이어 풍력발전 설비 시장의 22% 점유와 연 30억$의 풍력시장을 창출하여 세계 2위의 자리를 유지하고 있다. 독일은 2006년 세계 설비용량의 28%를 보급하였는데, 이것은 약 20,652MW, 18,000기에 해당하는 용량으로 독일 전체 전력수요의 5%에 달한다.

독일은 5MW 풍력발전 설비를 개발하여 시험 중에 있다.

(3) 미 국

1980년대 중반까지 세계 풍력발전 시장을 주도하였다. 그러나 정부가 지원을 줄임에 따라 1980년 후반부터는 주도권을 유럽에 넘겨주게 되었다.

1990년대 초부터는 에너지부(DOE : Department of Energy)의 지원으로 NREL(National Renewable Energy Lab)과 산업체 공동으로 대형화 기술을 개발하고 있다. 미국의 풍력발전협회(AWEA)에서는 2020년까지 미국 전력 수요의 6%를 풍력발전으로 분담한다는 목표를 가지고 있다.

2. 국내 기술개발 동향

우리나라의 풍력발전의 기술개발은 「대체에너지 개발 촉진법」에 따라 1988년부터 기본계획이 수립되어 시작되었다. 이에 따라, 1988년부터 2006년까지 87개 과제에 767억원이 투자되었는데, 그 중 531억원이 정부에 의해 지원되었다.

1990년대 초에는 대학과 연구소를 중심으로 기초연구와 소형 풍력시스템에 관한 연구가 시작되었으며, 1990년대 후반부터는 본격적으로 기술개발이 이뤄졌다. 1단계 사업은 1988년~1991년에 시행되었는데 이때, 전국 64개 기상청 산하 기상관측소 등에서 관측된 풍속과 풍향 자료로부터 풍향자원 특성분석이 이뤄졌다.

또한 1단계 사업기간에는 한국과학기술원에 의해 20KW급 소형 수평축 풍력발전기를 국산화하기 위한 연구개발이 시도되었다. 2단계 사업은 1992년~1996년에 시행되었으며, 이 사업기간에는 한국화이바가 한국형 중형급 수직축 300KW 풍력발전기를 개발하였다.

그리고 한국전기연구원에서는 750KW급 풍력발전 시스템의 제어 및 계통연계장치를 개발 완료하였다. 연도별 기술개발 현황을 보면 다음과 같다.

① 2001년 한국화이바에 의해 750KW급 기어리스형(Gearless type) 수평축 풍력발전기가 개발되었다.

② 2004년부터 2MW급 중대형 풍력발전시스템 개발 및 실증 연구가 수행되었다.

③ 2004년 9월~2006년8월(2년)에는 (주)효성(Geared type)과 (주)유니슨산업(Gearless type)에 의해 750KW급 풍력발전기의 개발 시제품에 대한 실증연구가 수행되었다.

④ 2005년 12월~2009년 12월(4년)에는 해상풍력 실증연구단지 조성연구를 수행 중이다.

⑤ 2006년 8월~2009년 7월(3년)에는 두산중공업에서 3MW급 해상용 풍력발전시스템을 개발 중에 있다.

5.8 풍력발전의 국내외 시장 동향

1. 국외 시장 동향

지난 5년간 풍력시장의 동향을 살펴보면 누적 설치용량 대비 연평균 28%의 높은 성장을 보여주고 있다.

2004년도에만 전 세계적으로 원자력발전소(原子力發電所) 8기에 해당되는 약 8,000MW가 증가하였으며 80억 유로에 해당하는 풍력터빈 시장이 형성되었다.

최근에 들어 연간 설치용량이 다소 감소되고 있는 경향을 나타내고 있는데 이는 미국 시장의 감소와 유럽의 육상 시장의 정체 그리고 해상풍력의 활성화 전 단계가 맞물려 있는 상황에서 비롯된 것으로 분석되고 있다.

유럽은 2004년 한 해 동안 건설된 설치용량의 73%를 차지하였다.

독일은 풍력발전분야에서 선두를 유지하고 있는 국가로서 2004년 세계 도입 실적의 약 35%(16,649MW)에 이르며, 자국내에 Enercon, Nordex, GE Wind등의 주요 제작회사를 보유하고 있다.

캐나다는 2004년 말 기준, 총 설치량이 444MW로 미약한 수준이나 대형 프로젝트를 수행하고 있어 풍력시장이 급속히 증가할 것으로 예상된다.

새로운 시장으로는 호주와 인도, 중국, 일본 등으로 대표되는 아시아 시장이 떠오르고 있으며 호주의 경우 2004년 한 해 동안 2배 가까운 성장률을 이룩하였다.

최근 10년간 풍력발전시스템 제작업체의 공급량을 비교해 보면 단연 베스타스(Vestas)의 독주임을 알 수 있다. Vestas는 2004년도에 세계 5위 업체인 NEG-Micon과 합병하면서 그 해 전 세계 풍력 시장의 약34%를 점유하여 명실상부한 세계 1위의 기업으로 성장하게 되었다.

Vestas의 독보적인 시장 점유율의 뒤를 이어 Enercon, Gamesa, GE Wind가 경쟁을 하고 있다. 다음 [표 1.8]은 2004년말 풍력발전분야 세계 10위 국가의 누적 설치용량을 나타낸다. 순위는 독일, 스페인, 미국, 덴마크, 인도, 이탈리아, 네덜란드, 일본, 영국, 중국 순이다.

〔표 1.8〕 풍력발전 세계 10위국의 누적 설치용량(MW)

국 가	2001년말 누적 설치용량	2002년말 누적 설치용량	2003년말 누적 설치용량	2004년말 누적 설치용량	성장률(%) 2003~2004	3년간 평균(%)
독 일	8,734	11,968	14,612	16,649	13.9	24.0
스 페 인	3,550	5,043	6,420	8,263	28.7	32.5
미 국	4,245	4,674	6,361	6,750	6.1	16.7
덴 마 크	2,456	2,880	3,076	3,083	0.2	7.9
인 도	1,456	1,702	2,125	3,000	41.2	27.3
이탈리아	700	806	922	1,261	36.7	21.7
네덜란드	523	727	938	1,081	15.3	27.4
일 본	357	486	61	991	30.2	40.5
영 국	525	570	759	889	17.1	19.2
중 국	406	473	571	769	34.7	23.7
계	22,952	29,329	36,545	42,736	16.9	23.0

주) Wind Force 12(GWEC, 2005)

2. 국내 시장 동향

신·재생에너지 산업에 특화된 컨설팅회사인 BTM 컨설턴트는 1996년부터 올해 까지 풍력발전의 증가율이 한 해 평균 26%였던 것으로 분석하고 있다.

또 전 세계 소비전력량에서 풍력발전이 차지하는 비중은 1996년 0.09% 이었던 것이 2004년 0.55%를 기록하더니, 2007년에는 1%를 넘어선 것으로 보고 있다. 그리고 2012년에는 2.68%, 2017년에는 5.93% 정도가 될 것으로 전망하고 있다.

이러한 장밋빛 전망에 힘입어 국내 기업들의 풍력산업 시장 진입도 활발히 이뤄지고 있다. 덴마크의 베스타스(Vestas), 미국의 GE Wind, 스웨덴의 가메사(Gamesa)등은 풍력발전 산업의 세계 3대 메이커로서 터빈 등 완제품을 생산하고 있다. 국내 기업들은 이러한 세계 굴지의 풍력발전기 공급업체에 부품을 납품하고 있다.

단조품을 찍어내는 프레스의 틀만 바꾸면 여러 가지 종류의 부품을 생산할 수 있기 때문에 선박에 사용되는 부품과 풍력발전 부품의 변환은 쉬운 편이다.

(주)평산의 경우 풍력발전 산업에 가장 적극적이다.

매출액을 살펴보면, 풍력의 비중이 52%로 단조품 제조업체중 최고 수준이다. 중국 다롄 현지 법인 설립과 독일 야케(Jake)사 인수로 베어링 모듈과 기어박스 등 고부가 가치에 해당되는 부품 생산에 박차를 가하고 있다.

(주)태웅은 세계 1위 업체인 베스타스에 타워 플랜지(Tower flange)를 전체 물량의 50% 정도 공급하고 있으며, GE에는 메인 샤프트(Main shaft)를 50% 공급하면서 전 세계 시장점유율 20% 정도를 차지하는 풍력발전의 단조부품 업체로 위상을 제고해 나가고 있다.

풍력산업은 앞으로도 무한한 성장 잠재력이 있는 분야로서 기술경쟁력이 뛰어난 국내 업체들의 활동 무대가 될 수 있을 것이다.

5.9 풍력발전의 향후 전망

석유, 석탄, LNG등의 화석연료의 가격이 오르면서 이를 이용한 전력생산 비용은 지속적으로 상승하고 있다.

반면에 풍력발전은 일단 설비만 갖추게 되면 원자재 값이 들지 않는 강점이 있다. 따라서 풍력발전은 유가(油價)의 가파른 상승으로 경제성을 빠르게 획득하고 있는 중이다.

최근 10년간 전 세계 풍력시장이 급속도로 발전됨에 따라 유럽 풍력에너지 협회에서는 유럽 대륙 내에서의 풍력발전 보급 목표량을 상향 조정하여 발표하였다.

그 내용을 보면 당초 계획을 상향 조정하여 2010년까지 22.6GW에서 75GW로, 2020년까지는 45.2GW를 180GW(해상풍력 70GW)로 목표치를 수정하였다. 이 보급정책에 따르면 에너지 공급원으로서의 풍력발전의 비율을 2010년도에 5.5%, 2020년에는 12%까지 끌어 올리는 것을 목표로 하고 있다.

이것은 화석연료의 가격 상승으로 인해 풍력발전 원가가 계속 떨어질 경우 2020년경에는 전 세계 에너지 수요의 12%를 풍력이 담당할 수밖에 없을 것이라는 뜻이 내재해 있는 것이다.

이에 반해 풍력발전이 한국의 전체 발전 용량에서 차지하는 비중은 겨우 0.06%에 불과한 실정이다. 그래서 우리나라에서도 2011년에는 국내 기술력을 선진국의 80% 수준까지 끌어 올리는 동시에 전체 발전량의 1.4%를 풍력으로 대체하며, 2020년에는 전체 발전량의 9.4%를 풍력발전으로 보급하겠다는 목표를 세우고 있다.

6 바이오에너지(Bioenergy)

6.1 개요

태양광을 이용하여 광합성 되는 유기물(有機物 : 주로 식물체)과 이 유기물을 소비하여 생성되는 모든 생물 유기체 즉 바이오매스(Biomass)의 에너지를 바이오에너지(Bio-energy)라 한다.

이같이 바이오매스로부터 생산 가능한 바이오에너지는 열이나 전기 뿐 아니라 수송용 연료도 생산할 수 있는 장점을 갖는다. 따라서 고유가 시대에 화석연료의 대체(代替)에너지로서의 효과가 높다고 할 수 있다.

또 바이오에너지를 사용할 때 발생되는 이산화탄소(CO_2)는 바이오에너지의 생산원료인 식물이 자라면서 광합성에 의해 대기로부터 흡수하기 때문에 대기 중으로 배출되는 이산화탄소는 [표 1.9]에서 보는 것처럼 다른 신·재생에너지원에 비해 낮은 것으로 분석되어 온실가스에 의한 지구온난화 방지에도 도움이 되는 에너지로 인식되고 있다.

특히 바이오매스(식물)는 계속 자라거나 생성됨으로서, 석유나 석탄처럼 사용 후 없어지는 화석에너지와는 달리 재생(再生)이 가능하므로 자원 고갈에 대한 문제가 해결되는 특징이 있다.

그리고 바이오매스(Biomass)는 ① 옥수수, 콩, 유채 등과 같은 농업작물이나 ② 볏짚, 왕겨, 간벌목 등과 같은 농임산 부산물 ③ 음식물 쓰레기나 축산 분뇨(糞尿)와 같은 유기성(有氣性) 폐기물 등이기 때문에 바이오매스로부터 얻어지는 에너지는 농업, 임업, 축산업 등과 밀접한 관계를 가지고 있다.

[표 1.9]는 에너지원에 따른 공정(工程)의 전 주기 분석(Life cycle analysis)에 의한 발전시 이산화탄소 등 대기오염(大氣汚染) 물질의 발생량을 나타낸다.

〔표 1.9〕 에너지원에 따른 발전시 대기오염 물질의 발생량

(단위: g/kwh)

에너지원	이산화탄소(CO_2)	유황산화물(SO_X)	질소산화물(NO_X)	발전단가/kwh
석탄	190~220	1,100~1,200	4.0~4.5	-
천연가스	90~120	0	0.5~0.6	-
풍력발전	5~15	0.05~0.1	0.01~0.03	6~8
태양광발전	20~60	1.6~1.9	0.5~0.6	40~65
바이오에너지 (가스화발전)	5~10	0.05~0.1	0.5~0.6	9~10

6.2 바이오에너지 현황

국내의 바이오에너지 이용은 농업작물(유채, 옥수수, 콩 등)과 농임산 부산물(간벌목, 볏짚, 왕겨 등), 유기성 폐기물(음식물 쓰레기, 축산 분뇨 등)을 활용하는 방안이 연구되고 있다.

주요 용도로는 난방연료, 자동차 연료, 지역 냉난방 및 열병합발전용 연료로서 활용이 가능하며 농업의 생산성 증대와 환경에의 기여라는 측면에서 높은 점수를 받고 있다.

고형연료화 기술, 열분해 기술, 안정된 메탄생산 기술 등을 확보하는 것이 관건이며 가솔린 대체연료로서 바이오에탄올과 디젤유 대체연료로서 바이오디젤의 보급이 추진될 예정이거나 보급단계에 있다.

특히 바이오디젤(Bio-diesel)은 대두유, 폐식용유, 유채유 등에서 추출한 기름으로, 경유와 섞어 수송용 연료 등으로 사용되는 친환경 석유대체연료이다. 그 자체로는 자동차 연료 등 수송용 연료로 사용하기 힘들기 때문에 기존 경유와 섞어 활용한다.

최대 5%까지 혼합하는 것은 BD5, 20%까지 섞는 것은 BD20이라고 한다.

바이오디젤 1톤을 사용할 경우 약 2.2톤의 이산화탄소(CO_2) 저감효과가 생긴다.

LFG(Land fillgas, 매립지 가스)는 2002년부터 수도권과 전북 등지에서의 BD20 시범보급사업을 거쳐 2006년 7월부터 BD5의 보급이 이루어져, 연간 9만kl를 공급하고 있다. 2005년 현재 전국 13개 매립지에서 83.2MW의 전기 및 열을 생산하고 있다. 유기성 폐기물과 폐수의 혐기소화(메탄)는 97개 시설이 가동 중에 있다.

6.3 바이오매스

바이오매스(Biomass)는 썩을 수 있는 모든 물질을 지칭한다. 바이오매스는 그 종류도 다양하지만 근원은 역시 식물이다.

이러한 식물은 성상에 따라 크게 당질계, 전분질(澱粉質)계 바이오매스와 셀룰로스(Cellulose, 섬유소)계 바이오매스로 구분되어진다.

1. 당질계, 전분질(녹말)계 바이오매스

주로 사람이 식량으로 사용하는 것이다. 여기에는 고구마, 옥수수, 콩, 사탕수수 등이 있다.

2. 셀룰로스계 바이오매스

사람이 식량으로 사용할 수 없는 것이다. 나무나 볏짚 기타 농임산 폐기물이 여기에 속한다.

다음의 [그림 1.7]은 주요 바이오에너지의 종류와 용도를 나타낸다.

〔그림 1.7〕 주요 바이오에너지의 종류와 용도

6.4 바이오에너지의 특징

1. 장점

(1) 재생성(再生性)을 가진 에너지원이다.
자원 고갈에 대한 염려가 없다.

(2) 열, 전기, 수송용 연료 등을 생산할 수 있다.
수송용 연료에는 휘발유 대체연료인 바이오 에탄올과 경유의 대체연료인 바이오 디젤(Bio-diesel)이 있다.

(3) 환경오염을 경감시킨다.

바이오에너지 사용 시 발생되는 이산화탄소는 식물의 성장과정에서 광합성(光合成 : Photosynthesis)에 의해 거의 흡수되기 때문이다.

(4) 자원이 풍부하고 파급효과가 크다.

(5) 바이오에너지의 생산시스템은 환경 친화적이다.

2. 단점

(1) 자원이 산재(散在)해 있기 때문에 수집과 수송이 불편하다.

(2) 다양한 자원에 따른 응용기술의 개발에 어려움이 있다. 이러한 이유 때문에 바이오에너지 기술개발은 자국의 실정에 맞는 바이오에너지원을 개발하여 이용하고 있다.

(3) 과도하게 이용 시 환경 파괴의 가능성이 있다.

(4) 단위 공정에 대해 대규모 설비 투자가 요구된다.

6.5 바이오에너지 기술

바이오에너지에 관한 기술에는 바이오 액체연료 생산기술, 바이오매스 가스화 기술, 바이오매스의 생산 및 가공 기술 등으로 크게 분류할 수 있다.

1. 바이오 액체연료 생산기술

바이오에너지는 다른 신·재생에너지원이 갖지 못하는 수송용 연료인 바이오 에탄올과 바이오 디젤을 생산할 수 있는 장점을 갖는다.

(1) 바이오 에탄올(Bio ethanol) 생산기술

휘발유 대체연료로 사용되는 바이오 에탄올은 사탕수수나 옥수수와 같은 바이오매스를 원료로 하여 생산이 이뤄진다.

이 바이오 에탄올은 환경오염 물질의 배출도 적기 때문에 미국, EU, 브라질 등의 여러 국가들에서 보급량이 증가되고 있다.

미국이나 브라질은 사탕수수나 옥수수의 생산이 풍부하므로 자국의 풍부한 바이오매스인 사탕수수나 옥수수를 원료로 바이오에탄(Bio-ethane)을 생산하는 기술을 개발하였다.

사탕수수로부터 추출한 액은 효모(酵母 : Yeast)에 의해 에탄올로 전환되며 다시 농축과정을 거쳐 99%이상의 연료용 알코올로 제조되어 휘발유와 혼합하거나 바이오 에탄올만으로 휘발유 대체연료로 사용된다.

하지만 식량문제로 지구촌에서 굶어 죽는 사람이 많은 현실을 감안할 때, 당질계 또는 전분질계 바이오매스를 원료로 사용하는 이 바이오 에탄올 생산은 도덕적 문제와 식량수요가 증가할 경우 원료 수급에 문제가 있다는 어려움에 직면해 있다. 또 바이오 에탄올은 원료비가 휘발유에 비해 고가이므로, 세금 감면 등의 지원책이 요구된다.

(2) 바이오 디젤 생산기술

바이오 디젤은 바이오매스로부터 생산 가능한 경유 대체용 친환경연료이다. 이러한 바이오디젤은 바이오매스의 한 종류인 식물성 기름으로부터 만들어진다. 그런데 식물성 기름은 고분자 물질이어서 점도(粘度 : Viscosity)가 너무 높아 디젤기관에 직접 사용하기가 곤란하므로 화학반응에 의해 분해하여 저분자화함으로써 점도를 디젤유와 비슷한 수준으로 낮추어야 한다.

식물성 기름에 촉매를 넣고 알코올과 반응시키면 알킬에스터와 글리세린으로 전환되는데 이때 생성된 알킬에스터를 바이오 디젤(Bio diesel)이라 칭한다.

바이오 디젤은 약 10%의 산소를 포함하고 있는 연료로서 연소 시 완전연소가 일어나기 때문에 대기오염 물질이 40~60% 이상 적게 배출된다.

그런데 바이오 디젤은 바이오 에탄올과 마찬가지로 생산원료로 식용유 등이 사용되므로 보급이 전 세계적으로 활성화될 경우 원료의 가격 상승과 수급 불안 문제가 발생될 수 있다.

따라서 폐식용유나 독성이 있어 식용으로 사용하기 불가능한 유지 식물의 기름을 사용하는 연구개발이 이뤄지고 있다.

(3) 바이오 액화기술

바이오매스 액화 및 연소 그리고 엔진에 이용하기 위한 기술이 진행되고 있다.

2. 바이오매스 가스화 기술

(1) 메탄 생산기술

축산분뇨, 음식쓰레기, 산업 또는 생활하수로부터 메탄을 생산하는 기술은 이미 실용화되어 사용되고 있다.

현재 음식쓰레기는 사료나 퇴비화에 따라 일부 재활용 되고 있으나 그 수요처가 제한되어 있어서 소각 또는 메탄으로 전환하는 감량화 기술이 국내 실정에 더 필요하다.

그런데 국내에서 버려지는 음식쓰레기에는 수분 함량이 약 90%로 매우 높아 소각 기술은 적용이 어렵고 메탄으로 전환하는 기술이 적합한 것으로 알려져 있다.

이 기술은 현재 상용화 공장이 설치되어 가동 중이나 시설 설치비가 높아 보급이 부진한 실정이다. 다만 2005년부터 음식쓰레기의 매립이 금지되면서 활용 전망이 기대되고 있다.

(2) 바이오매스 가스화 기술

고형연료를 공기(산소)가 희박한 조건에서 열분해(熱分解) 및 가스화하여 일산화탄소(CO), 수소(H_2), 메탄(CH_4) 등과 같은 가스연료로 만들어 내는 기술이다. 여기서 생산된 가스는 열과 전기를 동시에 생산하는 열병합발전(熱併合發電)에 사용되거나 응축시켜 액상의 연료로 사용할 수 있다.

열병합발전기술은 상용화 되었으나 액상의 연료로 활용하는 기술은 연구단계에 있는 실정이다.

(3) 바이오 수소 생산 기술

3. 바이오매스의 생산 및 가공 기술

(1) 바이오 고형 연료화 기술

사람들은 오래전부터 나무 등의 셀룰로스계 바이오매스를 땔감으로 사용해 왔으며 우리나라에서도 왕겨탄, 신탄 등이 가정이나 식당 등에서 이용된 바 있다.

핀란드나 스웨덴 같은 임산자원이 풍부한 북구(北歐)의 여러 나라들은 조림에 의해 생산된 목재를 칩(Wood chip)이나 펠렛(Pellets)으로 가공하여 지역난방 등에 사용하고 있다.

또한 미국이나 독일에서는 미활용 임산 폐기물이나 폐목재 등을 펠렛화 하여 화력발전소에 석탄과 함께 사용해 석탄 사용량을 줄임으로써 공해물질 배출을 경감시키고 지구 온난화 방지에도 기여하고 있다.

(2) 에너지 작물 기술

에너지 작물의 재배, 육종, 수집, 운반 및 가공에 관한 기술이 여기에 포함된다.

(3) 생물학적 CO_2 고정화 기술

바이오매스 재배, 산림녹화, 미세조류 배양기술 등이 있다.

6.6 바이오에너지의 국내외 기술개발 동향

1. 국외 기술개발 동향

미국, EU, 일본, 브라질, 캐나다 등의 해외 선진국 들은 고유가와 온실가스 배출 규제 강화에 따라 자국 특성에 맞는 바이오에너지 기술개발에 적극적으로 대응하고 있다.

개발 중인 기술들을 크게 분류하면 다음 세 가지이다.

첫째, 환경오염 등의 문제 때문에 우선적으로 반드시 처리되어야할 유기성(有氣性) 폐기물들을 에너지화 하는 기술이다.
특히 매립지 확보의 어려움으로 EU와 일본에서는 도시배출 유기성 폐기물과 각종 슬러지(Sludge, 침전물)등으로 메탄을 생산하여 열에너지 원이나 발전연료로 사용하는 기술을 개발하여 보급하고 있다.

둘째, 환경에는 무해하지만 재활용해야 할 필요가 있는 농임산 부산물인 미활용 바이오매스를 에너지원으로 활용하는 기술이다.
과거에는 고형연료를 사용하여 지역난방 등의 열원(熱源)으로 주로 사용하였으나 최근에는 열분해 가스화 또는 액화(液化)하여 발전연료로 사용하는 기술개발이 상용화 되고 있다.

셋째, 수송용 바이오연료인 바이오 디젤과 바이오 에탄올을 생산하는 기술개발이다. 수송용 바이오 연료의 생산단가를 낮추기 위해 값싼 연료인 목질계 바이오매스로부터 바이오연료를 생산하기 위한 기술개발도 꾸준히 이뤄지고 있다.
1980년대에 미국과 EU는 폐기물의 단순처리 목적으로 소규모 매립장을 다수 설치하였으나, 메탄 방출에 의한 지구 온난화 등 환경문제가 심각할 정도로 나타나게 되었다.
따라서 1990년대에는 매립장에서 발생하는 메탄가스를 회수하여 에너지원으로 활용하는 공정을 상용화 하게 되었으며 대규모 매립장을 대상으로 설치하여 전기를 생산하게 되었다.

(1) 미 국

정부 주도의 상용화 기술개발과 보급을 추진중에 있다.
현재는 바이오 디젤과 연료용 알코올 보급 및 매립지 가스(LFG)에 주력하고 있다.

또한 부시 대통령의 연두교시에서 제기된 석유 의존도 완화를 위해서 2007년 3월 AEI(Advanced Energy Initiative)에 따라 2017년까지 바이오 연료를 미국의 전체 수송용 연료의 15%에 해당하는 350억 갤런(Gallon)까지 끌어 올린다는 목표를 세우고 추진 중이다.

(2) 유 럽

온실가스를 줄이기 위해서 EU 차원의 기술개발 및 실증시험이 이루어져 오고 있다. EU는 쓰레기 소각열 발전으로 2.1 GW 그리고 나무를 이용한 지역 열병합 발전으로 년 2.2억 TOE의 전력설비를 가동하고 있다.

축산 분뇨, 하수 슬러지, 음식 쓰레기등 고농도 유기성 폐기물의 메탄가스화 기술이 개발되어 1988년 이후 EU 지역에만도 약 100기의 메탄가스화 장치가 보급되어 약 240MWe의 분산형 전력 및 열을 공급하고 있다. EU는 2010년 까지 1,000MWe의 메탄가스 발전을 보급할 계획이다.

독일은 바이오 디젤의 보급이 가장 활성화된 국가로서 바이오 디젤의 보급을 늘이기 위해 100% 바이오 디젤 전용차량의 개발 및 BD100에 대한 세금 감면 정책을 시행하고 있다.

(3) 일 본

잉여농산물이 상대적으로 적은 일본은 바이오에너지의 기술개발 및 보급에 소극적이었다. 그러나 환경오염 방지와 이산화탄소 배출량 감축을 실현하기 위해서는 바이오에너지의 보급 활성화가 중요하다는 사실을 인식하고, 2002년 12월 "Biomass Japan"을 정부 강령으로 채택하여 시행중이다

2010년까지 유기성 폐기물의 80%와 농임산 부산물의 25%를 처리 및 활용할 수 있는 기술개발 및 바이오에너지 보급체계를 구축한다는 내용이다.

2. 국내 기술개발 동향

바이오에너지는 여러 가지 신·재생에너지 자원중에서도 자원의 잠재량이 많고 비교적 경제적이며 선진국에서도 활발히 기술개발과 보급이 이뤄지고 있는데 비해서 상대적으로 우리나라에서는 미흡한 수준이다.

우리나라에서는 1970년대 초부터 대학과 연구소를 중심으로 연구를 수행하다가 1988년부터 「대체에너지 개발 촉진법」에 따라 정부 차원의 기술개발이 본격적으로 시작되었다. 1988년부터 2006년까지 바이오 분야에 110개 과제, 553억원을 투자하였으며 그 중 367억원을 정부에서 지원하였다.

이에 따라, 음식쓰레기를 처리하여 효율적으로 메탄으로 전환하는 공정이 국내기술에 의해 개발되어 파주 등 3개 지역에서 가동 중에 있으며, 매립지가스(LFG : land fill gas) 활용기술의 경우 현재 전국 13개 매립지에서 매립지 가스 에너지화 이용 사업이 추진되고 있다.

더불어 경유 차량에 의한 대기 환경오염이 심각해지고 고유가가 지속됨에 따라 수송용 바이오 연료 생산기술에 대한 연구도 수행되고 있으며, 2002년말 국제적인 규모의 바이오 디젤 생산공장이 준공된 바 있다.

또 응용연구로서 목질계 바이오매스로부터 바이오 메탄올을 생산하는 기술개발과 도시 배출 유기성 폐기물의 가스화에 적용 가능한 차세대 가스화 기술인 IGCC(Integrated gasification combined cycle, 가스화 복합발전)의 시험공정(Pilot process) 개발 등이 추진되고 있다.

다음은 우리나라의 바이오 기술개발의 단계별 계획을 나타낸다.

(1) 1단계(2007년~2009년)

유기성 폐기물의 에너지화 기술개발

(2) 2단계(2010년~2012년)

바이오가스와 목질계 원료 활용을 위한 기술개발 및 바이오연료 생산기술 확보

(3) 3단계(2013년~2015년)

모든 처리 등 효율 개선 기술과 요소 기술 개발

6.7 바이오에너지의 국내외 시장 동향

1. 국외 시장 동향

바이오에너지 보급량은 1980년 기준 전체 신·재생에너지중에서 48.5%을 차지하였다. 2001년에는 55%에 해당되었는데 이는 신·재생에너지중에서 가장 높은 비율이었다.

이때 보급량은 약 1억 5천만 TOE로 에너지 소비량의 3%에 해당되었다.

EU는 현재 프랑스를 중심으로 바이오디젤의 보급이 활발하며 매립지 가스(LFG)이용과 메탄가스 발전시설(10개소, 240MW, 2000)등의 실적으로 2010년 "EU 도약의 캠페인(EU Campaign for Take-off)"에 총 대체에너지의 70% 이상을 바이오에너지로 공급한다는 계획이다.

메탄 및 바이오 에탄올의 시장 규모는 소규모 이지만, 1990~1997년 기간 동안 연평균 10%의 성장률을 나타냈으며 지구온난화와 연계하여 앞으로 급격히 성장할 것으로 예상된다.

미국과 EU는 모두 현재 1차 에너지 소비의 3%내외를 차지하는 바이오매스 에너지 공급을 2010년까지 3배로 증가시키겠다는 계획이다.

그리고 EU는 연간 약 140만톤의 채종유를, 프랑스는 밀가루 전분 150만 kl의 알코올을 그리고 브라질은 180억kl의 사탕수수 알코올을 이용한 바이오디젤을 자동차용 연료로 공급하였다.

현재 바이오에너지에 의해 형성되고 있는 시장현황을 살펴보면 다음과 같다.

(1) 바이오매스에 의한 열에너지 활용 시장

(2) 고형물 바이오매스로부터 전기를 생산하는 시장

1990년 기준, 고형물 바이오매스에 의한 발전량이 60.5TWh였으며, 2001년에는 84TWh로 이 기간 동안 연 평균 3%증가 추세를 보여 주었다.

1990년 이후 약10여년 사이에 바이오매스에 의한 발전비율이 가장 높은 나라는 핀란드로 전체 발전량의 11%를 공급하였으며, 가장 높은 발전 용량을 설치한 미국은 전체발전량의 1.1%를 바이오매스 발전으로 보급하였다

(3) 바이오가스 생산에 의한 발전 시장

2001년 기준 바이오매스를 연료로 사용한 발전량은 13.6TWh로 1990년대 대비 270% 증가하였다.

1990년대 초반에는 거의 모든 바이오가스 발전이 미국에서 이뤄졌으나 최근 수년간 바이오가스에 의한 발전량 증가는 EU에서 발생하였다. EU에서 바이오가스 발전이 가장 활발한 국가는 영국으로 2001년 기준 2.9TWh를 생산하였으며 그 다음으로 독일이 2TWh를 생산했다.

미국은 IEA국가 중에서 가장 많은 4.9TWh를 생산했었다.

(4) 수송용 바이오 연료 시장

수송용 바이오연료 생산은 1995년 430만톤에서 2001년에는 580만톤으로 증가하였으며 2004년에는 최대 바이오 에탄올을 생산하는 브라질을 포함시 약 2,000만톤이 생산된 것으로 보고되고 있다.

이러한 바이오연료 생산량의 90%이상을 브라질과 미국이 생산하고 있으며, 연료의 대부분은 바이오 에탄올이다.

바이오디젤은 유럽에서 생산되고 있으며 독일과 프랑스 등이 대부분을 생산하고 있다.

2. 국내 시장 동향

2005년도 국내 바이오에너지 보급현황을 보면, 고형연료 9개 업체에 용량은 42,000 TOE/년이며, 유기성 폐기물, 폐수의 혐기소화(메탄)는 97개 시설에 41,000 TOE/년이고 LFG는 13개소, 83.2MW이었다. 그리고 바이오디젤은 3개 업체에 30,000 TOE/년 이었다.

바이오디젤의 경우 바이오디젤 20%와 경유 80%를 혼합한 BD-20을 일반차량에 적용하는 시범보급사업이 2002년부터 수도권과 전라북도 등지에서 시행되어 2006년 6월말 사업이 종료되었다. 바이오디젤 활용 형태는 바이오디젤 5% 혼합경유(BD-5)와 바이오디젤20% 혼합경유(BD-20)를 이원화하여 BD-5는 일반 주유소에서 그리고 BD-20은 자가 정비시설을 갖춘 운수업체에서 사용되도록 할 예정이다.

휘발유 대체 연료에 해당되는 바이오 에탄올은 도입이 검토되고 있다.

저탄소 녹색성장을 내세운 정부는 지난 2006년 8월부터 2년 동안 연구 및 시범주유소 운영 등을 토대로 휘발유에 에탄올 부피기준 3%, 5%를 혼합한 E3와 E5를 연내 보급을 시작해서 혼합비율을 매년 0.5%포인트씩 늘려가려는 계획을 하고 있다. 에탄올 보급이 활발한 브라질이나 스웨덴에서는 E85가 주류를 이룬다.

「바이오디젤 중장기 보급계획안」에 따르면, 정부는 고유가와 환경오염문제에 대처하기 위해 2007년 기준 경유의 0.5%에 불과한 바이오디젤 보급량을 2008년 1%, 2009년 1.5%, 2010년 2% 수준으로 높이기로 했다.

정부가 3년이라는 짧은 기간 내에 바이오디젤 보급량을 4배로 늘리겠다는 로드맵을 작성한 것은 고유가와 환경오염 문제에 적극 대처하겠다는 의지를 반영한 것으로 볼 수 있다. 현재 국내 바이오디젤 생산업체는 16곳으로 연간 약 67만kl에 이르고 있다.

7 연료전지(Fuel Cell)

7.1 연료전지의 개요

연료전지는 1839년 영국의 그로브(W. R. Grove)가 수행한 실험에서 시작되었다. 그 후 약 120년이 지난 때부터 실용화를 향한 연구개발이 이뤄져 1959년에는 베이컨(Francis. T. Bacon)에 의해 농후 수산화칼륨 수용액을 전해질로 사용한 알칼리 전해질형 수소·산소연료전지(AFC)가 시험 제작 되었고, 그라브라에 의해서는 양이온 교환막을 사용한 양이온 교환막형 수소·산소 연료전지(SPFC)가 개발되었다.

베이컨의 시제품(試製品)은 1969년 아폴로(Apollo) 11호 우주선에, 그리고 그라브라의 시제품은 제미니(Gemini) 5호에 탑재되어 우주개발에 활용되었다.

여기서 우리는 연료전지가 최초로 우주개발(宇宙開發)에 활용된 점에 흥미를 느끼지 않을 수 없다.

연료전지가 우주개발에 활용된 것은 로켓(Rocket)의 연료가 수소와 산소로 구성되며 연료전지의 연료와 같아서 로켓 추진용과 발전용의 연료를 따로따로 싣지 않아도 되었기 때문이었다.

또한 일반적으로 발전기를 운전하게 되면 연소생성물로서 이산화탄소나 질소산화물(NO_X) 등이 생기는데 연료전지의 경우 수소와 산소의 반응에 의해 물(H_2O)이 생성되며 이것은 우주선 탑승원들의 음료수로 사용할 수 있었기 때문이기도 하였다.

7.2 연료전지의 현황

연료전지 시장은 전 세계가 시장 선점을 위해 가장 심혈을 기울이고 있는 분야이다. 주거용, 난방용, 발전용 연료로서 이용 가능한 수소는 화석연료와는 달리 청정화에 기여하고 태양에너지를 이용, 물을 분해하여 수소를 얻을 수 있다는 점에서 수소경제사회(水素經濟社會)를 실현할 수 있는 총아(寵兒)로 등장하고 있다.

연료전지는 수소를 산소와 전기화학적으로 반응시켜 전기를 생산하는 장치로서 노트북, 휴대용, 수송용(예를 들면, 자동차), 가정용, 발전용에 이르기까지 활용할 수 있는 폭이 방대하다.

미래의 자동차는 연료전지를 탑재할 것으로 보이며 이를 위해 세계 유수의 자동차 메이커들이 시작품을 속속 선보이고 있다. 우리나라는 현대자동차가 연료전지자동차 개발에 참여하고 있다.

가정용 연료전지는 GS퓨얼셀, 퓨얼셀파워, 대구도시가스 등이 제품을 개발해 실증 모니터링사업에 참여하고 있으며, 259KW급 발전용 3기가 실제 가동중에 있고 2006년 10월 국내 최초 상업운전 연료전지발전소가 설치되었다.

휴대기기용 연료전지도 빠른 속도로 기술이 진보하고 있어 조만간 시중에 나올 전망이다.

7.3 연료전지의 원리

연료전지(Feul cell)는 전지(電池)라는 용어 때문에 전기를 축적하는 장치로 생각하기 쉬우나 전기를 저장하는 장치가 아닌 일종의 발전기(發電機 : Generator)이다.

디젤발전기나 화력발전소는 화석연료가 가지고 있는 화학에너지를 전기에너지로 변환시키기 위한 장치이다.

디젤발전기나 화력발전소는 연료를 연소시켜 열을 발생시키고 그 열에 의해 원동기(原動機 : 디젤기관 또는 증기터빈)를 움직이며 발전기를 돌려서 전기를 발생시키고 있다.

즉, 화학에너지 → 열에너지 → 기계적에너지 → 전기에너지와 같이 여러 단계의 에너지변환 과정을 거쳐 전기를 만들고 있다.

이것에 비해 연료전지(燃料電池)는 물의 전기분해 원리를 정반대로 이용한다. 물의 전기분해(電氣分解) 원리는 수용액(水溶液) 안에 한 쌍의 전극을 넣고 그 사이에 전압을 가하면 양극에는 산소가 그리고 음극에는 수소가 발생하는 현상이다.

반면에 연료전지는 수소와 공기 중의 산소가 전기화학 반응에 의해 직접 전기를 발생시키고 동시에 열도 얻는다.

즉,

$$H_2 + 1/2O_2 \rightarrow H_2O + \text{전기·열} \tag{1.3}$$

이다.

연료전지의 기본적인 최소단위는 셀(Cell)이다. 이 셀은 연료극(Anode)과 공기극(Cathode)이라고 부르는 한 쌍의 전극과 이 한 쌍의 전극 안에 끼워져 있는 얇은 전해질(층)로 이뤄진다.

그리고 다수의 셀을 적층(積層)하여 스텍(Stack)을 구성함으로써 바라는 전압과 전류를 얻는다. 여기서 전해질(電解質)은 이온의 통로이며 전자는 통과할 수 없다. 또 전해질의 종류에 따라 연료전지의 종류가 달라지게 된다.

연료전지는 연료극(Anode)에 수소가 공급되면 전극반응에 의해 수소원자로부터 전자(e^-)가 분리되어 수소이온(H^+)을 생성하며 분리된 전자는 외부회로를 거쳐 공기극(Cathode)에 도달한다.

한편 수소이온(H^+)은 전해질층을 통과해서 공기극으로 이동하며, 공기극(Cathode)에서는 수소이온(H^+), 전자(e^-) 그리고 외부로부터 공급된 산소(공기)와 결합하여 물(H_2O)이 생성된다.

여기서 전자의 외부 흐름이 전류를 형성하므로 전기가 발생된다. 위에서 한 쌍의 전극에서의 반응과 전체반응을 정리하면 다음과 같다.

① 연료극(Anode)반응	$H_2 \rightarrow 2H^+ + 2e^-$	(1.4)
② 공기극(Cathode)반응	$1/2O_2 + 2H^+ + 2e^- \rightarrow H_2O$	(1.5)
③ 전체 반응	$H_2 + 1/2O_2 \rightarrow H_2O$	(1.6)

최종적인 반응은 수소와 산소가 결합하여 전기와 물과 열을 생성하는 것이다. [그림 1.8]은 연료전지의 원리도이다.

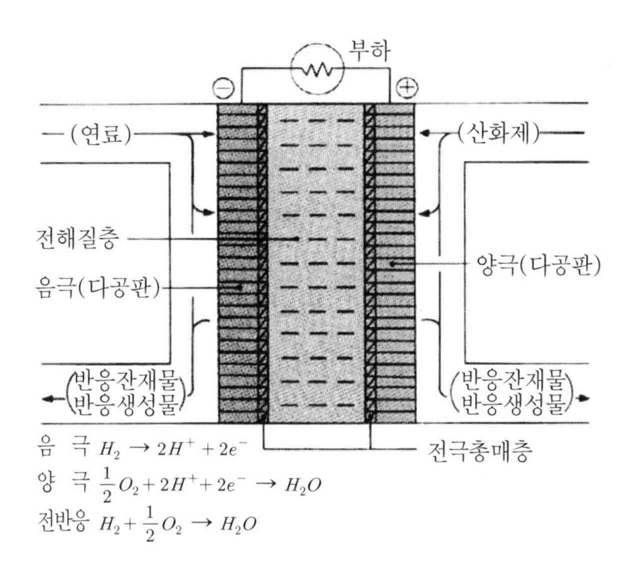

〔그림 1.8〕 연료전지의 원리도

7.4 연료전지의 종류 및 발달과정

연료전지는 이온(Ion)의 통로가 되는 전해질(電解質 : Electrolyte)의 종류에 따라 몇 가지로 분류된다.

알칼리형(AFC), 인산형(PAFC), 용융탄산염형(MCFC), 고분자전해질형(PEMFC), 직접 메탄올형(DMFC), 고체산화물형(SOFC) 등이다.

연료전지는 전해질의 종류에 따라 작동온도가 크게 다르며 또 작동온도에 따라 출력규모, 이용분야 및 수요처가 달라지게 된다.

1. 알칼리형 연료전지(AFC : Alkaline fuel cell)

1960년대에 우주선(아폴로 11호)용으로 개발된 것으로 순 수소와 순 산소를 사용한 연료전지이다.

2. 인산형 연료전지(PAFC : Phosphoric acid fuel cell)

① 1970년대에 민간 차원에서 개발된 1세대 연료전지이다.
② 병원이나 호텔 등에서 분산형 전원으로 쓰이고 있다.
③ 현재 기술이 가장 앞서 있는 것으로 미국, 일본 등에서 실용화 단계에 있다.

3. 용융탄산염형 연료전지(MCFC : Molten carbonate fuel cell)

① 1980년대에 개발된 2세대 연료전지이다.
② 대형발전소, 대형건물, 대형 아파트 단지 등의 분산형(分散形) 전원에 적용되고 있다.
③ 미국과 일본 등에서 기술개발이 완료되어 성능평가를 진행 중에 있다. 미국은 1999년도에 280KW급 모듈과 2MW급 발전시스템의 실증을 완료하였으며, 일본도 현재 1MW 실증시험을 완료한 상태이다.

4. 고체산화물형 연료전지(SOFC : Solid oxide fuel cell)

① 1980년에 기술개발이 이루어진 3세대 연료전지이다.
② 최근에 가정용이나 자동차용 등의 소용량의 연구가 대용량과 함께 선진국을 중심으로 연구가 진행되고 있다. 250KW급 발전시스템이 실증시험 중에 있다.
③ MCFC보다 효율이 우수한 연료전지이다.
④ 대형발전소, 대형건물, 아파트 단지의 분산형 전원에 적용되고 있다.

5. 고분자 전해질형 연료전지(PEMFC : Polymer electrolyte membrance fuel cell)

① 1990년에 기술개발이 이루어진 4세대 연료전지이다.
② 미국과 캐나다가 기술을 선도하고 있으며, 가장 활발하게 연구되고 있는 분야로서 실용화 및 상용화도 빠르게 진행되고 있다.
③ 7.5KW급 가정용과 100KW급 이하의 자동차용이 실증시험 중에 있다.

6. 직접 메탄올형 연료전지(DMFC : Direct methanol fuel cell)

① 1990년대 말부터 개발된 연료전지이다.
② 핸드폰이나 노트북 컴퓨터(Notebook computer)와 같은 휴대용 전원에 이용된다.
③ 고분자 전해질형 연료전지(PEMFC)와 함께 가장 활발하게 연구가 이뤄지고 있는 분야이다.

[표 1.10]는 연료전지의 종류와 그에 따른 특성을 비교하여 나타낸 것이다.

[표 1.10] 연료전지의 종류와 특성비교

구분	저온형 연료전지				고온형 연료전지	
	알칼리형 (AFC)	인산형 (PAFC)	고분자전해질형 (PEMFC)	직접메탄올형 (DMFC)	용융탄산염형 (MCFC)	고체산화물형 (SOFC)
작동온도 (℃)	50~120	150~250	상온~80	상온~100	600~1,000	1200이하
전 해 질	수산화칼륨 (KOH)	인산수용액 (H_3PO_4)	이온교환막	이온교환막	용액탄산염 ($LiCO_3$)	지르코니아, 세라믹
연 료 (원연료)	H_2 (메탄올)	H_2 (메탄올 천연가스 LPG)	H_2 (메탄올 석탄가스)	H_2 (메탄올)	H_2, CO (천연가스 석탄가스 메탄올)	H_2, CO (천연가스 석탄가스 메탄올)
발전효율 (%)	-	35~45	40~50	30~40	45~60	50~65
용 도 (용 량)	우주선용 전원	소,중용량 발전 (200KW)	가정용전원 자동차용전원 휴대용전원 (1~10KW)	휴대용전원 (휴대폰, 노트북) (500W)	중·대용량발전 대형건물의 전원 (MW이상)	소·중용량발전 (MW이상)

7.5 연료전지의 특징

연료전지는 다음과 같은 여러 가지 특징을 갖는다.

1. 셀 스택(Cell stack)으로 구성된다.

연료전지의 셀(Cell)은 이론적인 기전력이 1.23V로서 낮은 직류전압을 갖는다.

따라서 실용적인 전압을 얻기 위해서는 많은 셀을 직렬로 접속해야 한다. 셀을 적층(積層)한 것을 셀 스택(Cell stack)이라 한다.

2. 저공해로서 환경 친화적이다.

연료전지는 기본적으로 수소와 산소를 전기화학적으로 반응시켜 전기를 만드는 발전장치로서 디젤발전기나 화력발전에서와 같은 연소과정은 없다.

다만 수소를 발생시키는 개질과정(改質過程)에서 이산화탄소를 발생시키나 전기 출력당 발생량은 상대적으로 매우 적으며, 질소산화물(NO_X)의 발생은 전혀 없고 유황산화물(SO_X)의 배출도 거의 없다.

연료전지는 수소와 산소의 전기화학반응에서 전기와 물 그리고 열이 발생할 뿐이다. 그러므로 연료전지는 점점 심각해져 가고 있는 지구의 환경문제를 해결하는 하나의 훌륭한 수단이 되고 있다.

3. 소음과 진동이 없다.

연료전지는 수소와 산소의 반응이 전기화학반응이므로 열기관(Heat engine)처럼 고속으로 움직이는 부품이 없고 폭발현상이 없어 소음과 진동이 없고 조용하다. 여기서 열기관이란 디젤기관이나 가솔린기관과 같은 내연기관이나 증기터빈과 같은 외연기관을 의미한다.

4. 열병합발전(Cogeneration)에 적합하다.

연료전지는 전기발생과 함께 필연적으로 열이 발생한다. 그러므로 연료전지의 셀스택에서 발생한 열을 회수하여 온수를 만들어 공급할 수 있으므로 열병합발전(熱併合發電 : Cogeneration)이 가능하다.

규모가 작고 상온에서 운전이 가능한 고분자전해질형 연료전지(PEMFC)는 가정의 전력수요와 열탕에 이용되며, 200℃ 정도에서 동작하는 인산형 연료전지(PAFC)는 병원, 호텔, 슈퍼마켓 등에서 열병합발전용으로 많이 사용되고 있다. 상온에서 동작하는 용융탄산염형 연료전지(MCFC)나 고체산화물형 연료전지(SOFC)는 발생되는 열을 터빈 등의 다른 열기관의 열원으로 사용할 수 있다.

5. 발전효율이 높다.

연료전지의 발전효율은 열병합발전 등을 고려할 때 80% 이상이 가능하나 실제효율은 30~60% 정도이다.

디젤기관, 가솔린기관, 가스터빈 등은 출력규모가 클수록 발전효율이 높아지는 경향이 있으나 연료전지는 출력에 관계없이 일정하게 높은 효율을 얻을 수 있다.

6. 다양한 연료를 사용할 수 있다.

연료전지는 수소(水素)로 동작하며, 수소는 개질과정(改質過程)에 의해 생성된다. 메탄올, 에탄올, 가솔린, 천연가스, 프로판, 석탄가스, 바이오가스 등 다양한 연료를 사용할 수 있다.

7. 소규모 발전에 유리하다.

연료전지는 출력규모가 매우 낮은 셀로 구성되므로 출력규모가 낮은 영역에서도 높은 성능을 유지할 수 있기 때문이다.

8. 부하변동에 따라 신속히 반응한다.
9. 설치형태에 따라 현지설치형, 분산배치형, 중앙집중형 등의 다양한 용도로 사용할 수 있다.
10. 초기 설치비용의 경제성, 기술적 신뢰성, 내구성, 수소 공급, 저장 등 인프라 구축의 문제점이 있다.

7.6 연료전지 발전시스템의 구성요소

연료전지 발전시스템은 개질기, 단위전지(Unit cell), 스택, 전력변환기, 기타 주변 보조기기 등으로 구성되며 [그림 1.9]는 연료전지 발전시스템의 구성도를 나타낸다.

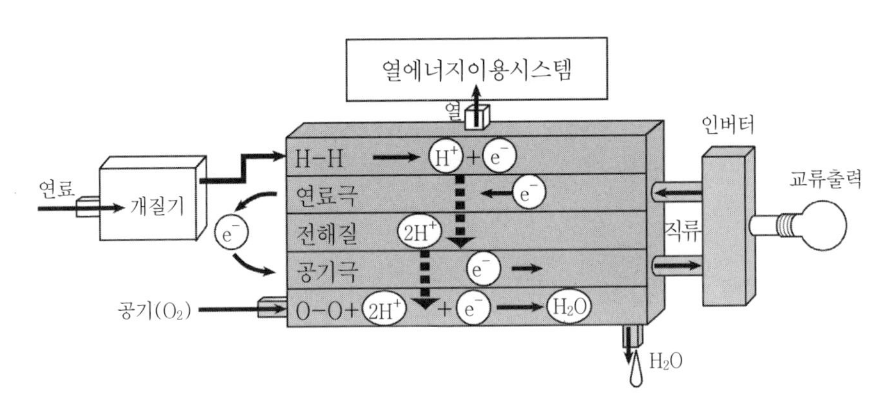

[그림 1.9] 연료전지 발전시스템의 구성도

1. 개질기(改質器 : Reformer)

천연가스, 메탄올(메틸알코올), 석탄, 석유 등과 같은 화석연료로부터 수소를 발생시키는 장치이다.

2. 단위전지(Unit cell)

단위전지는 기본적으로 연료극(Anode), 공기극(Cathode), 이 한 쌍의 전극안에 끼워져 있는 얇은 전해질(층)로 이뤄진다. 이 단위전지에서 통상 0.6~0.8V의 낮은 전압이 얻어진다.

3. 셀 스택(Cell stack)

바라는 전기출력을 얻기 위해 단위전지를 수십장 또는 수백장 직렬로 쌓아 만든 본체를 셀 스택이라 한다. [그림 1.10]은 고분자 전해질형 셀 스택의 구성요소를 나타낸다.

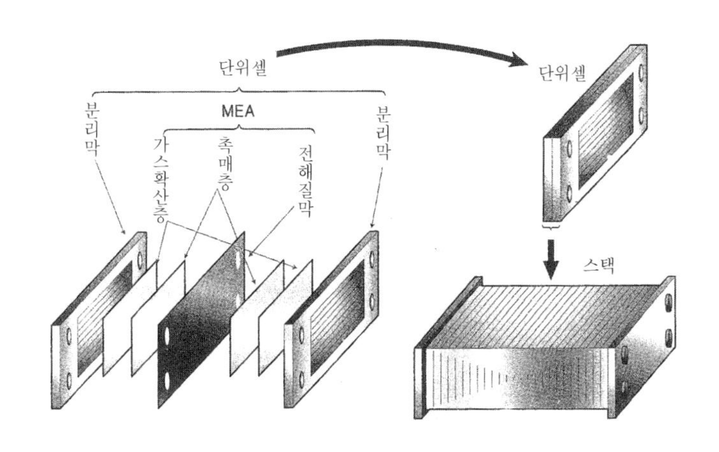

[그림 1.10] 고분자 전해질형 셀스택의 구성

4. 전력변환기(Inverter)

연료전지에서 발생된 직류전기를 교류로 변환시키는 장치이다.

5. 주변 보조기기(BOP : Balance of plant)

연료, 공기, 열회수(熱回收) 등을 위한 펌프류, 송풍기(Blower), 센서(Sensor) 등을 주변 보조기기라 칭한다.

7.7 연료전지의 국내외 기술개발 동향

1. 국외 기술개발 동향

(1) 유형별 기술현황

① 용융탄산염형

미국은 99년도에 280KW급 모듈과 2MW급 발전시스템 실증을 완료하였고, 250KW급의 기술개발 및 실증단계를 거쳐 전세계에 보급하고 있으며 MW급 발전소의 실용화를 추진중에 있다. 일본은 1MW급 실증시험을 완료하였고 독일은 MTU사에서 250KW급 판매를 시도 중이다.

② 인산형

1990년대 중반부터 2000년까지 미국의 ONSI에서 북미, 아시아, 유럽에 200KW급 발전시스템 206대를 보급하였으나 현재는 가격 및 성능면에서 다른 연료전지보다 불리하여 중단되었다.

일본은 50~200KW급 모델을 시판하고 7.5MW급을 실증 연구 중이다.

③ 고체산화물형

미국에서 250KW급 발전시스템이 개발되어 실증시험 중이다.

④ 고분자 전해질형

미국과 캐나다가 기술을 선도하고 있으며 100KW급 이하의 자동차용과 7.5KW급 가정용을 연구개발하여 실증시험 중이다. 일본은 1KW급 가정용을 모니터링 사업으로 200대 이상 보급하였다.

자동차용, 가정용, 분산 전원용등으로 이용 범위가 광범위하여 향후 가장 먼저 실용화가 예상되는 분야이다.

가정용 1~5KW급은 실증단계(實證段階)를 거쳐 실용화 단계에 있다.

[그림1.11]은 고분자전해질형 연료전지를 활용한 연료전지차의 구조를 나타낸다.

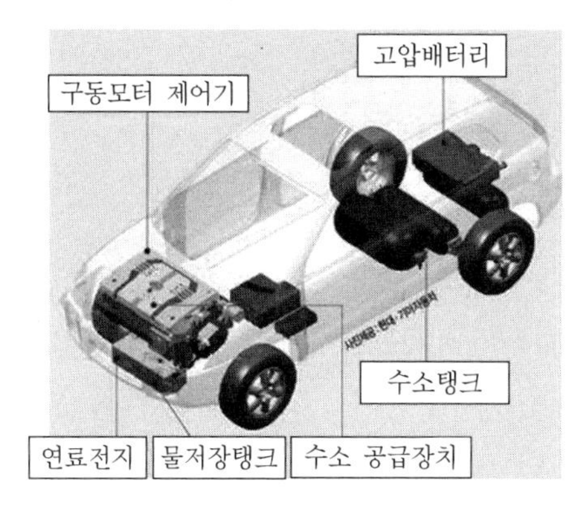

〔그림 1.11〕 연료전지차의 구조

⑤ **직접 메탄올형**

수십W급이 개발되어 노트북이나 핸드폰 등에 실증연구 중이다.

2. 기술수준

연료전지는 1839년 영국의 그로브(W. R. Grove)가 발명하였고, 1952년 베이컨(F. T. Bacon)이 베이컨전지를 개발하여 특허를 취득한 후 미국이 1969년 아폴로 11호에 탑재하였다. 미국은 1970년대, 일본은 1980년대 초부터 개발에 착수하여 현재 실증연구 및 실용화 단계에 와 있다.

연료전지는 자동차용, 발전용(가정용 또는 중·대형 발전기용), 휴대용등의 응용분야별로 기술개발 현황을 보면 다음과 같다.

(1) 수송용 연료전지

포드(Ford)는 2000년 10월 고압수소형 FCV 'P2000' 그리고 2002년 3월 고압수소형 하이브리드 FCV 'Focus'를 발표하였다. 또 다임러 클라이슬러(Daimler Chrysler)는 1994년과 1996년 각각 최초의 연료전지 차량인 NECAR Ⅰ과 NECAR Ⅱ를 개발하여 발표하였고, 2002년 10월에는 350 바(bar)의 고압 수소형 연료전지 차량 F-Cell를 발표하였으며 2005년까지 약 60대를 세계 시장에 내 놓았다.

도요타(Toyota)자동차는 2001년 하이브리드 연료전지 자동차인 FCHV-3,4,5를 차례로 발표하였고, 2005년 6월에는 혼다(Honda)와 더불어 세계 최초 형식 승인을 인정받아 양산화의 기틀을 마련하여 앞서 나가고 있다.

(2) 가정용과 발전용 연료전지

일본의 환경기술 업체인 '에바라'와 '발라드파워시스템(Ballard power systems)'에서 설립한 합병회사인 '에바라발라드'는 2000년부터 가정용 1KW급 연료전지를 개발하여 2005년 2월 도쿄가스와 함께 세계 최초로 가정용 연료전지 실용화를 이뤄냈다.

마츠시타 전기에서는 1991년도부터 고분자전해질형 연료전지(PEMFC)를 개발하기 시작하여 2005년 2월 도쿄가스와 함께 가정용 연료전지를 상용화하여 판매하고 있다.

(3) 휴대용 연료전지

미국의 모토롤라(Motorola)에서는 휴대폰 충전기와 PDA용 직접 에탄올형 연료전지(DMFC) 전원을 개발하였으며, 헤리스 & 마이크로 퓨얼셀(Harris Corporation & MTI Micro Fuel-Cells)에서는 소형 무전기용 마이크로 연료전지 시스템의 시제품을 개발하였다.

그리고 독일의 프라운호퍼 연구소는 랩탑(Laptop, 영어권 국가에서는 노트북보다는 랩탑으로 부르는 것이 보편적임 -저자 주) 및 캠코더(Camcorder)용 고분자 전해질형 연료전지 전원을 개발하였으며, 스마트 퓨얼셀(Smart Fuel-Cell)은 카메라, 랩탑, PDA(Personal digital assistant, 개인정보단말기) 등과 같은 휴대기기용 직접 에탄올형 연료전지(DMFC) 전원을 개발하였다.

최근 개발한 노트북용 직접 메탄올형 연료전지는 셀 카트리지 크기가 카세트 테이프와 비슷하고 150ml의 연료저장이 가능하며 8~10시간 정도 노트북(Notebook computer)에 전원을 공급할 수 있다.

2. 국내 기술개발 동향

국내에서는 1988년부터 연료전지에 대한 연구에 착수하였다. 1996년부터 고분자 연료전지에 관한 연구가 시작되었고 2001년에는 가정용 5KW급 고분자 연료전지의 스택과 시스템을 개발하였다.

2004년부터는 프로젝트형(Project type)의 기술개발로 자동차용, 가정용, 발전용, 소형 이동전원용등의 다양한 분야에 대한 기술개발을 추진 중에 있다.

우리나라는 1988년부터 2006년까지 연료전지 개발에 총 65과제, 2,059억을 투입하였으며 그 중 1,074억원은 정부에서 지원하였다.

유형별 기술개발 동향은 다음과 같다.

① 용융탄산염형은 현재 한국전력의 전력연구원에서 100KW급 발전시스템 기술개발을 완료하고, 250KW급 기술개발을 추진 중이다.

② 인산형은 GS-Caltex에서 50KW급 발전시스템의 실용화를 위해 연구 추진 중이다.

③ 고체산화물형은 현재 1KW급 가정용 기술개발이 완료되고 5KW급 기술개발 추진 중이다. 이 형은 효율이 가장 우수한 연료전지이나 다른 연료전지에 비해 기술이 뒤 떨어져 있다.

④ 고분자 전해질형은 1~3KW급 기술이 개발되어 초기 시장 형성을 위한 대규모 모니터링사업이 진행 중으로 가장 먼저 실용화가 예상되는 분야이다.

그리고 연료전지의 응용 분야별 기술개발 현황은 다음과 같다.

(1) 수송용 연료전지

1996년 한국에너지기술연구원은 5KW급 연료전지 시스템을 개발하였고, 2000년에는 한국과학기술연구원(KIST)에서 5KW급 고분자 연료전지 스택을 개발하여 골프카(Golf-car)에 탑재하여 시운전 중이다.

현대자동차에서는 1998년부터 본격적인 연료전지 개발에 착수하여 2000년

11월 75KW급 스택을 탑재한 싼타페 연료전지차를 UTCFC사와 공동 개발하였으며, 2001년 6월에는 세계 최초로 350기압의 압축수소탱크를 탑재한 연료전지차를 개발하여 현재 미국 캘리포니아에서 상용화를 위한 여려가지 시험 및 평가를 수행 중에 있다. 또 2004년 12월에는 '투싼' 연료전지차를 UTCFC 및 퓨얼셀과 공동 개발하여 2005년 12월부터 미국에서 본격적인 실증운전에 들어가 있는 상태이다.

(2) 가정용과 발전용 연료전지

GS 퓨얼셀은 2003년 9월 국내 최초로 1KW급 가정용 연료전지 시스템을 개발하였으며, 2004년 4월에는 전기효율 32%, 열효율 44%, 종합효율 최대 74%에 달하는 고효율 초소형 1KW급 가정용 연료전지 열병합시스템을 개발하여 현재 실증시험 중이다.

포스코는 2005년 4월 미국의 퓨얼셀에너지(Fuel Cell Energy)와 공동으로 250KW급 연료전지발전시스템을 포항공대에 설치하여 운전 중에 있다.

(3) 휴대용 연료전지

LG화학은 최근 국책과제인 휴대용 연료전지 개발 프로젝트를 수행중이며 노트북용 연료전지를 상용화할 계획으로 기술개발을 추진 중이다.

삼성 SDI는 2005년 휴대용 부탄 캔으로 전기에너지를 발생시키는 연료전지와 노트북용 연료전지를 각각 개발하여 발표하였다.

7.8 연료전지의 국내외 시장 동향

일본의 日經 Electronics(2004)에 의하면 연료전지 자동차는 5만대 정도 판매될 것으로 예상되며 2020년에는 500만대, 2030년에는 1,500만대가 판매되는 황금시장(黃金市場)을 예상하고 있다.

그리고 2010년에는 가정용 연료전지 약 120만대가 보급되고 수소 스테이션(Hydrogen refueling station)은 약 500개소, 2030년에는 약 8,500개소가 되고, 연료전지 시장 규모는 1,500억 달러가 될 것으로 추산하고 있다. 이때 시장에는 자동차 71%, 가정용 18%, 휴대용 11%순이 될 것으로 전망하고 있다.

삼성경제연구소(2004)에 의하면 2030년 연료전지 시장 규모는 자동차용은 1,000억 달러, 가정용은 250억 달러, 그리고 휴대용은 150억 달러가 될 것이라고 예상하고 있다.

이에 따라 우리 정부에서도 이러한 시장 전망에 부응하기 위해서 2012년까지 연료전지 자동차 3,200대, 버스 200대, 3KW이하 가정용 연료전지 1만대(누적), 10～50KW 상업용 연료전지 2,000기, 250～1,000KW급의 분산전원용 300기(누적)를 보급하기 위한 목표를 세우고 추진 중이다.

연료전지 시장은 고유가, 화석에너지 자원의 고갈, 온실가스, 지구환경문제 등으로 향후 크게 성장할 것이라는 전망에는 아무도 이견이 없는 듯하다.

7.9 연료전지 자동차(사례)

GM 시퀄은 2006년 11월 6일 중국 상하이 자동차 전시센터에서 “2006 GM 테크투어(Tech Tour)”를 열고 수소연료전지 자동차 ‘시보레 시퀄’을 선보였다. 시퀄은 수소가 공기중의 산소와 결합해 발생하는 전기로 달리는 차량으로 기존 차량의 유해한 배기가스 대신 수증기만을 배출한다.

GM이 공개한 시퀄은 한 번 충전으로 480km를 갈 수 있고 정지상태에서 출발하여 10초 안에 시속 100km에 도달할 수 있다고 한다.

회사측은 “시퀄이 상용화 단계에 거의 근접한 수소연료전지 차량으로 일반 휘발유 자동차와 거의 비슷한 성능을 낼 수 있다”고 설명한다.

GM은 이러한 연료전지자동차를 북미시장을 시작으로 전 세계에 선보일 계획이다.

8 석탄가스화/액화(Liquefaction/Gasification of coal)

8.1 개요

석탄(石炭)가스화 및 액화(液化)는 석탄가스화 및 액화를 통해서 석탄(중질잔사유)을 환경에 적합하게 처리하면서 전기를 생산하거나 화학물질, 액체연료, 수소 등을 만드는 등 신·재생에너지원의 하나로 활용하는 신기술이다.

유럽이나 미국 등에서는 100~250MW급 대용량 석탄가스화 복합발전 시스템이 개발되어 운전 중에 있다.

1. 석탄(중질잔사유) 가스화(Gasification of coal)

석탄가스화는 저급연료인 석탄이나 중질잔사유를 고온 고압의 가스화기에서 수증기와 함께 한정된 산소로 불완전연소시켜 일산화탄소(CO)와 수소(H_2)가 주성분인 혼합가스로 만들고 이것을 다시 정제공정(精製工程)을 거친 후 가스터빈이나 증기터빈을 구동하여 전기를 만들어 낸다.

여기서 중질잔사유는 원유를 정제하고 남은 최종 잔재물(殘滓物)로서 아스팔트, 코크스(Coke), 타르(Tar), 피치(Pitch) 등이 포함되며 석탄과 함께 가스화에 이용되고 있다.

2. 석탄액화(石炭液化 : Liquefaction of coal)

고체연료인 석탄을 휘발유나 디젤유 등의 액체 연료로 전환시키는 기술이다. 석탄액화 방식에는 직접액화와 간접액화 방식이 있다.

전자는 고온 고압 하에서 석탄에 수소를 첨가하는 방식이고 후자는 석탄을 가스화 한 후에 액체연료로 바꾸는 방식이다.

8.2 석탄가스화 / 액화 현황

석탄가스화/액화기술은 석탄이나 중질잔사유와 같은 저급연료를 산소 및 증기에 의해 가스화시켜 얻은 합성가스를 정제하여 전기, 화학물질, 액체연료 및 수소 등의 고급에너지로 전환시키는 종합기술이다.

현재 국내 상황은 기술개발 및 해외의 사례 정보 등의 내역을 파악하는 수준으로 이 분야에서의 고부가가치 창출을 위한 노력이 부족한 실정이다.

가스화 복합발전(IGCC : Integrated gasification combined cycle) 설비의 대부분이 국내 기술에 의해 제작이 가능하나 아직은 상세설계 능력과 경험의 축적이 요구되고 있다.

석탄액화기술은 2010년 이후 석탄과 중질잔사유를 원료로 하는 300MWe급의 가스복합발전소 건설이 예상되고 있으며, 이들 플랜트에서 생산되는 일부 합성가스를 액화하여 디젤유와 디메틸 에테르(DME ; Dimethyl ether)를 생산, 보급한다는 계획이 추진되고 있다.

8.3 석탄가스화 및 액화기술의 분류

석탄의 가스화 및 액화기술의 주요 내용으로는 가스화 기술, 합성가스 정제기술, 합성가스 전환기술 등이 있다.

1. 석탄가스화 기술

가장 중요한 부분으로 석탄의 종류나 반응조건에 따라 생성가스의 성분이 달라진다. 석탄가스화의 대표적인 활용기술로는 가스화 복합발전(IGCC : Integrated gasification combined cycle)이다.

이 기술은 석탄을 고온, 고압의 가스화기에서 불완전연소(Incomplete combustion)시켜 일산화탄소(CO)와 수소(H_2)가 주성분인 혼합가스를 생성하고, 다시 이 혼합가스를 정제공정을 거친 후 1차로 가스터빈(Gas turbine)을 돌려 발전하고, 2차로는 배기가스열을 이용한 보일러 운전으로 증기를 발생시켜 증기터빈(Steam turbine)을 구동하여 전기를 생산한다.

[그림 1.12]은 석탄가스화 기술과 생성된 혼합가스를 나타낸다.

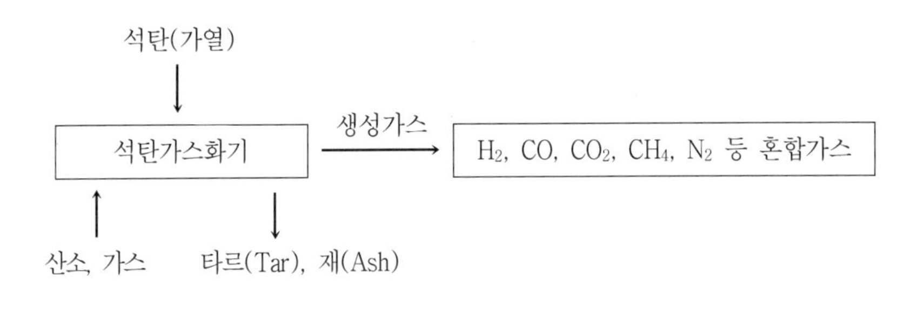

[그림 1.12] 석탄가스화 기술과 생성된 혼합가스

2. 합성가스 정제기술

가스화에 의해 생성된 혼합가스를 고효율의 청정에너지로 활용할 수 있도록 생성가스 중에 포함되어 있는 황화합물(H_2S), 질소화합물(NH_3), 할로겐화합물(HCl), 분진 등의 불순물을 제거하는 기술이다.

황화합물은 수십 ppm까지는 아민흡수법, 1 ppm이하는 알코올 흡수법 등의 습식법에 의해 제거 가능하며, 분진은 세라믹 필터나 금속필터에 의해 제거된다. [그림 1.13]는 합성가스 정제공정에서의 블록선도를 나타낸다.

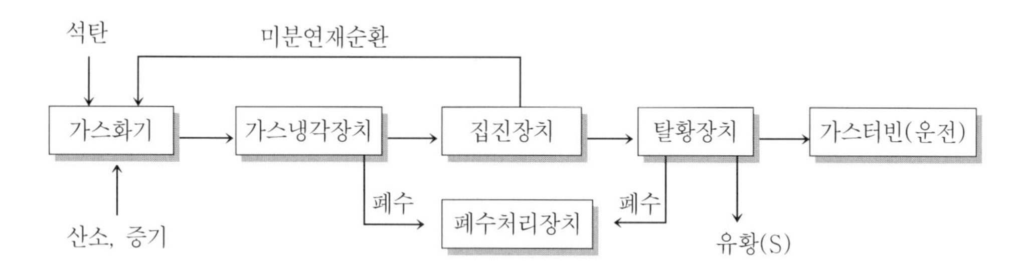

〔그림 1.13〕 합성가스 정제공정의 블록선도

3. 합성가스 전환기술

전기 생산, 액체연료, 화학원료, 수소, DME(Dimethyl ether) 등으로 전환하는 기술을 합성가스 전환기술이라 한다.

합성가스를 연소에 사용하는 대략 200~300MW급 터빈(GE와 Siemens)과 합성가스를 디젤이나 가솔린 등 액체연료로 바꾸는 F-T(Fischer-Tropsch)공정(Sasol과 Shell사) 그리고 암모니아 비료제조 공정 및 초산제조 공정 등은 이미 상용화 되었다. 다만 DME은 가정용으로는 LPG 대용이 되고, 수송용으로는 디젤 대용이 가능하여 개발이 진행 중이다.

8.4 석탄가스화 및 액화의 특징

석탄가스화 및 액화기술은 다음과 같은 장점과 단점을 가지고 있다.

1. 장점

① 석탄가스화 반응에서는 공해물질인 유황산화물(SO_X)과 질소산화물(NO_X)이 거의 발생하지 않는다. 가스화 반응이 산소가 불충분한 상태에서 이뤄지는 불완전연소이기 때문에 화학반응 자체에서 이들이 발생하지 않으며 시

료(試料)내의 유황(S)이나 질소(N)성분은 황화수소(H_2S)와 암모나아(NH_3)로 대부분 발생된다.

② 석탄, 중질잔사유, 폐기물 등과 같은 다양한 저급연료를 사용할 수 있다.

③ 발전, 액화연료 생산, 화학 플랜트 활용 등 여러 가지 형태의 고부가 가치 창출이 가능한 신·재생에너지원의 하나이다.

④ 가스화 복합발전(IGCC) 방식으로 석탄을 활용하면 환경 친화적이면서 기존에 비해 15~25%의 이산화탄소(CO_2) 저감효과를 얻을 수 있고 유황산화물(SO_X)은 95%이상 감소시킬 수 있으며, 질소산화물(NO_X)은 90%이상 경감시킬 수 있다.

⑤ 석탄 내에 유황 성분이 많을수록 기존의 연소반응보다 경제성이 유리하다. 유황성분은 가스화 반응에 의해 황화수소(H_2S)로 발생되는데 이것은 Claus 공정을 통하면 유황이나 황산을 생산해 낼 수 있으며 이들 유황이나 황산은 유상판매(有償販賣)가 가능하므로 경제적으로 유리한 이점이 있다.

⑥ 1,300°C 이상의 고온반응이므로 다이옥신(Dioxin : 제초제등에 포함된 발암물질) 생성이 억제된다.

2. 단점

① 소요 면적이 넓은 대형 장치산업으로 초기 투자비용이 많이 든다.

② 시스템 구성과 제어가 복잡하다.

③ 설비 최적화와 저비용, 고효율화가 요구된다.

8.5 석탄가스화 · 액화 시스템의 구성

석탄가스화 및 액화 시스템은 가스화부, 가스정제부, 발전부, 수소 및 액화연료부 등의 4가지 주요 빌딩 블록(Building block)으로 구성된다.

전기 생산이 목적인 석탄가스화 복합발전(IGCC : Integrated gasification com bined cycle)은 수소 및 액화 연료부를 제외한 3가지 빌딩 블록으로 이뤄진다.

[그림 1.14]는 석탄가스화 시스템의 구성도를 나타낸다.

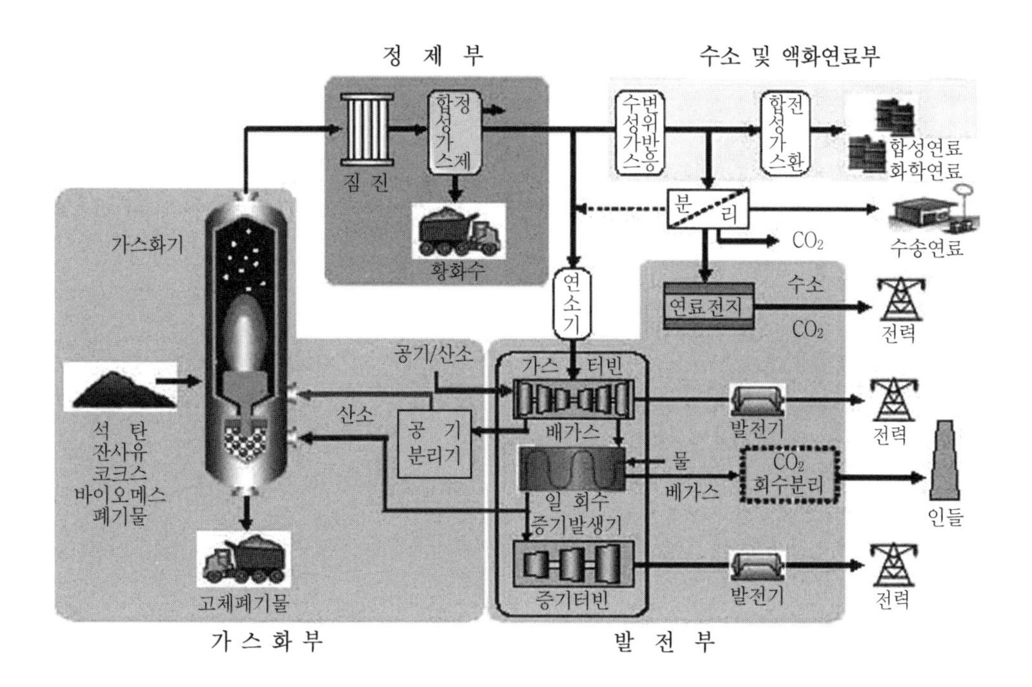

〔그림 1.14〕 석탄가스화 · 액화 시스템의 구성도

8.6 석탄가스화/액화의 국내외 기술개발 동향

1. 국외 기술개발 동향

가스화 복합발전은 미국, 독일, 네덜란드, 일본 등이 자국의 정부 지원에 힘입어 차세대 환경 친화적 발전기술로서 상용화 바로 직전 단계인 실증 플랜트의 설계, 건설, 운전 단계에 이르렀으며 300MW급 5기(미국 3기, 네덜란드 1기, 스페인 1기)의 실증 플랜트가 운전 중이다.

유럽, 미국 등의 나라에서는 100～250MW급 대용량 석탄가스화 복합발전시스템을 개발, 운전하여 얻은 경험을 축적으로 중국 및 인도 등의 나라에서 활발히 사업화중이며 일본은 자체 기술개발을 통한 플랜트 운영 중이다.

(1) 미 국

상용급 가스화 복합발전(IGCC) 플랜트에 대해 건설비와 운영비를 지원하여 기술개발을 촉진시키는 "Vision 21 Program"에 힘입어 세계적으로 가장 활발하게 IGCC의 상용화를 추진 중이다.

1984년～1989년에 거쳐 상용급 IGCC 플랜트 실증연구를 실시했으며, 현재 석탄 IGCC발전소 300MW급 3기를 운영 중에 있다. 2003년～2018년까지 10억 달러를 투입하여 "FutureGen Project"를 수행중인데 이 프로그램은 수소경제(水素經濟)의 대비와 이산화탄소 저감을 위한 석탄 IGCC를 포함한 무공해 발전, 수소 생산, CO_2 분리 및 저장을 위한 기술을 개발하는 것이다.

(2) 유 럽

유럽에서는 독일, 네덜란드, 스페인, 이탈리아 등을 중심으로 IGCC 실용화 플랜트의 기술개발과 건설 및 운영이 이뤄지고 있다. 네덜란드의 Shell사는 1972년부터 건식 가스화 기술을 개발하여 253MWe급을 운전 중이며, 기술이전을 조건으로 중국과 인도 등에 진출을 시도하고 있다.

이탈리아는 280MW, 450MW, 510MW, 550MW 규모의 중질잔사유 IGCC플랜트를 건설하여 운영 중이며,스페인은 "Elcogas Project"를 통해 상용 규모 300MW급 실증 플랜트를 운영 중이다.

(3) 일 본

일본은 "Sunshine Project"의 일환으로 1983년부터 정부로부터 많은 예산을 지원받아 기술개발을 추진 중이다. 이 프로젝트에 의해 200톤/일 규모의 가스화 복합발전 시험플랜트(IGCC pilot plant)에 대해 90%의 정부지원이 이뤄졌다.

NEDO 주관하에 9개 전력회사, 전원개발, 전력중앙연구소 등 11개 법인으로 구성된 "석탄가스화 복합발전기술 연구조합"을 발족시켜 1986년부터 국가 보조사업으로 250MW급 IGCC 플랜트를 2007년 준공 예정으로 사업을 추진하였다.

(4) 중 국

중국은 외국의 선진 기술을 도입하여 석탄가스화 플랜트로 2,000톤/일 급 3기와 900톤/일 급 1기를 2004년과 2005년에 준공하여 운전 중이며, 석탄가스를 암모니아 가스로 합성하여 비료를 생산하거나 합성가스를 가공하여 화학연료로 사용하고 있다. 비료 생산용 990톤/일 급 석탄가스화 플랜트는 2000년부터 운전중에 있다.

2. 국내 기술개발 동향

가스화 복합발전은 고도의 기술이 요구되며 연구개발에 소요되는 비용이 막대하여 장기적인 기술개발이 필요하나 국내의 여건상 기술개발에 대한 투자가 부족했던 분야이다.

1980년 초부터 대학과 연구소를 중심으로 연구개발을 시작하였으며, 1988년부터 대체에너지 개발 촉진법에 따라 정부 차원의 기술개발이 이루어지기 시작했었다.

1988년~2006년까지 IGCC 분야의 기술개발에 48개 과제, 647억원을 투입하였으며 그중 365억원을 정부가 지원하였다. 1~3톤/일 급 파일럿 설비의 기술개발 정도가 이뤄졌다. 공정 및 단위장치의 전산해석 분야는 선진국 수준이나 대형 플랜트의 설계 및 운전 경험과 보급 실적은 현재 없는 실정이다.

2004년까지의 국내 IGCC 기술개발 내역을 보면 1993년~2004년에 3톤/일 건식 가스화 설비 및 1톤/일 습식 가스화 설비가 연구개발 되었고, 2001년~2004년에는 1톤/일 액상 시료 가스화 설비가 그리고 1995년~2004년에는 10m³/hr의 고온 탈황설비 등이 연구개발 되었다.

현재는 2012년 태안에 300MW급 석탄 IGCC 1호기 준공을 목표로 기술개발과 실증 프로젝트가 진행 중에 있다.

IGCC 기술개발을 위한 단계별 기본계획은 다음과 같다.

(1) 1, 2단계(~1996년까지)

가스화 복합발전(3t/day) 및 벤치규모 액화공정(24kg/day) 기반기술 확보

(2) 3단계(1997년~2002년)

가스화 복합발전의 요소기술 확보 및 벤치급 액화공정의 기반기술 개발

(3) 4단계(2003년~2009년)

① 가스화 복합발전의 실증 및 실용 액화공정의 기반기술 개발
② 300MW급 IGCC 시스템 설계 기술확보
③ 석탄가스화기로부터 발생된 혼합가스를 사용한 화학원료 전환기술 개발

8.7 석탄가스화/액화의 국내외 시장 동향

1. 국외 시장동향

미국은 에너지부에서 초청정 액화유를 생산하기 위해 2개의 대형 "CTL (Coal-To-Liquid) Project"를 지원하고 있다.

중국은 석탄액화분야에서 내몽골 지역에 세계에서 가장 큰 석탄 직접액화 플랜트를 건설하기 위해 20억 달러를 투자하여 미국 기술로 2007년 하반기에 운전시작을 목표로 추진해 왔다. 이것은 하루 13,000톤의 석탄을 사용하여 5만 배럴의 저유황 디젤과 휘발유를 생산하는 것이다.

남아프리카공화국의 SASOL사에서는 현재 저급 석탄으로부터 하루 15만 배럴 이상의 액화연료를 생산하고 있으며 자국 내의 버스, 트럭, 택시 등의 연료

로 사용 중이다.

일본은 18년에 걸쳐 개발한 NEDOL 석탄 직접액화공정(NEDOL Process)을 만주와 내몽골 지역의 상용 플랜트 건설에 적용하여 추진하고 있다.

선진국들이 많은 자금을 1980년대 초반부터 투입하고도 석탄 가스화발전의 상용화가 지연되고 있다. 그 이유는 기술적인 문제도 있었으나 경제적으로는 LNG발전이나 기존 미분연소발전에 비해 건설비가 높았기 때문이었다.

그러나 IGCC 발전소의 건설단가가 1996년의 $2,000/KW 에서 2002년에는 $1,250/KW 정도로 낮아진 상태이기 때문에, 경제성 측면에서 문제점이 점차 해결되어가고 있는 중이라 사료된다.

2. 국내 시장 동향

IGCC 플랜트 설비의 대부분은 국내에서 제작이 가능하나 고부가가치 설비 제작을 위한 상세설계 능력과 경험이 없는 상태이다. 특히 1기당 4,000~8,000억원에 이르는 상용급 IGCC발전 플랜트사업은 대형 플랜트 산업으로서의 시장성과 산업적으로 파급효과가 크기 때문에 국내 중공업 및 건설회사의 기술확보가 필요한 시기이다.

9 폐기물에너지(Waste Energy)

9.1 개요

20세기 산업화시대의 고도성장과 경제발전은 우리에게 물질적으로 풍요로운 삶을 가져다주었지만 그 부작용으로 인하여 우리 국토와 강산은 심각한 환경오염으로 몸살을 앓고 있다.

폐기물(廢棄物)에너지는 일상생활이나 산업활동으로 인하여 필연적으로 발생되는 폐기물을 단순 소각이나 매립처리하지 않고 적절한 기술로 처리하여 연료를 만들어 활용하거나 소각 시 발생되는 폐열을 이용하는 재생에너지분야의 한 형태이다.

국내 신·재생에너지 공급율을 살펴보면 2004년도 2.1%로서 이중 72%가 폐기물에너지였다. 그리고 2011년 국가 신·재생에너지 공급목표량은 5%이며 이중에서 57%를 폐기물에너지가 공급해야 하는 것으로 나타나 있다.

여기서 폐기물에너지가 국내 신·재생에너지 공급에 있어서 가장 많은 기여를 하고 있음을 알 수 있다. 그러나 아직까지 활용 가능한 폐기물에너지의 1/3 정도가 재활용(再活用)되고 있을 뿐이다.

9.2 폐기물에너지 현황 및 개념도

폐기물에너지는 2004년도 신·재생에너지 공급비율 2.1% 중 72%를 차지하고 있을 정도로 막대한 기여를 하고 있다.

그러나 재활용은 아직까지 활용 가능한 폐기물에너지의 1/3 정도에 지나지 않아 많은 폐기물에너지가 낭비되고 있는 실정이다.

폐기물 연료는 형태에 따라서 고체상의 성형 연료화(RDF), 액체상의 유화 및 기체상의 가스화로 나눌 수 있으며 폐기물의 종류에 따라 적합한 기술을 적용할 수 있다.

9.3 폐기물에너지의 종류

1. 폐기물 고형연료(RDF : Refuse derived fuel)

매립, 소각 등으로 최종처리 되는 가연성 폐기물을 이용하여 고형 연료화 하여 매립 및 소각량을 저감시키고 폐기물을 재생에너지로 활용하는 것이다.

폐지, 나무 조각, 합성수지, 폐플라스틱 등의 가연성(可燃性) 폐기물을 파쇄(破碎), 분리, 건조, 성형 등의 공정을 거쳐 석탄과 비슷하게 만든 고체연료이다.

2. 고분자 폐기물 열분해 연료유

폐플라스틱, 합성수지, 폐타이어, 폐고무 등의 고분자 폐기물을 무산소 조건 하에서 열분해하여 만든 청정 연료유이다.

3. 폐유 정제유(精製油 : Refined oil)

자동차의 폐윤활유 등의 폐유를 이온정제법, 열분해정제법, 감압증류법 등의 공정으로 정제하여 만든 재생유(再生油)이다.

4. 폐기물 소각열

가연성(可燃性) 폐기물을 소각 시 발생되는 열이다.

증기(steam)생산, 발전, 철광석 소성로 등의 열원(熱源)으로 이용된다.

여기서는 가연성 폐기물을 일산화탄소(CO), 수소(H_2), 및 메탄(CH_4) 등의 혼합 가스 형태로 전환하여 증기를 생산하거나 복합발전을 통한 전력생산 및 화학 원료 합성 등으로 이용한다.

9.4 폐기물에너지 기술

사업장이나 가정에서 발생되는 가연성 폐기물 중 에너지 함량이 높은 폐기물을 열분해 등의 가공처리 방법을 통해 고체연료, 액체연료, 가스연료, 폐열 등으로 생산하여 다시 활용하고 있다.

1. RDF(Refuse derived fuel) 기술

폐기물 고형연료(RDF) 기술은 폐기물을 파쇄, 분리, 건조, 성형 등의 공정을 거쳐 석탄과 비슷한 고체연료로 만드는 기술이다.

생활폐기물을 재료로 해서 만든 폐기물 고형연료(RDF)는 발열량(發熱量)이 3,500~5,000kcal/kg 정도로 석탄과 비슷하며, 사업장에서 발생되는 폐플라스틱을 재료로 해서 만든 RDF는 발열량이 7,000~8,500kcal/kg 정도로 석탄보다 훨씬 높은 발열량을 나타낸다.

미국은 RDF와 석탄 혼소발전소가 30여 곳에서 가동되고 있으며 일본에서는 20MW급 RDF전용 화력발전소가 건설 중에 있다. 그리고 유럽은 RDF를 제품화하여 국가간 거래를 하고 있는 중이다. 유럽표준위원회에서는 RDF라는 용어 대신에 SRF(Solid recovered fuel)라는 명칭을 공식화 하였으며 유럽 공통의 SRF품질규격을 제정 중에 있다.

2. 폐기물의 액체 연료화 기술

폐기물의 액체 연료화 기술은 폐유(廢油), 폐고무, 폐타이어, 폐비닐, 폐플라스틱 등의 고분자(高分子) 폐기물을 무산소(無酸素) 상태에서 350~450℃ 정도의 열을 가하여 저분자로 만드는 열분해 반응과정을 통하여 액체연료를 만드는 기술이다.

폐기물이 보유한 에너지를 연료유의 형태로 80%이상 회수 가능한 환경 친화적이고 경제성이 높은 재활용 기술이다.

3. 폐기물과 가스화 기술

폐기물과 가스화는 탄화수소로 구성된 폐기물에 산소나 수증기를 첨가하거나 무산소 상태에서 수소(H_2), 일산화탄소(CO), 탄화수소 등으로 구성되는 혼합 가스를 만들어 메탄올을 합성하거나 또는 복합발전에 이용하여 전기를 생산하거나, 증기 생산에 응용하는 기술 분야이다.

이 가스화 기술에서는 생활쓰레기 종말 처리품, 폐목재류를 포함한 농수산 폐기물류, 고분자 폐기물 등의 다양한 종류의 폐기물을 처리할 수 있다.

9.5 폐기물에너지의 특징

1. 폐기물의 에너지 자원으로서의 재활용(再活用) 효과가 크다.
   폐기물 처리를 통하여 연료의 생산, 발전 및 증기를 얻을 수 있다.
2. 폐기물의 청정처리(淸淨處理)로 환경 문제가 해소된다.
   가정이나 산업체에서 발생되는 가연성(可燃性) 폐기물을 처리하여 환경을 깨끗하게 유지할 수 있다.
3. 기술개발을 통한 상용화 기반이 조성되어 있기 때문에 단기간에 상용화가 가능하다.

9.6 폐기물에너지의 국내외 기술개발 동향

1. 국외 기술개발 동향

폐기물 에너지의 기술분야별 개발동향은 다음과 같다.

(1) RDF(Refuse derived fuel) 기술

① 유럽에서는 최근에 유기성 폐기물의 매립이 엄격히 통제됨에 따라 RDF 기술과 연계된 MBP(Mechanical biological process)가 증가하고 있다.
폐기물중의 유기물은 생물학적 처리에 의해서 퇴비를 만들고 가연성분(可燃成分)은 RDF를 만드는 방식의 복합플랜트가 유럽의 RDF플랜트의 주류가 되고 있다. 유럽에서는 RDF를 제품화하여 국가 간 거래를 하고 있는데, 2005년에는 1,300만톤의 거래가 있었다.

② 미국에서는 1972년 최초로 300톤/일 규모의 공장 가동을 시작으로 RDF와 석탄 혼소발전소가 30여곳에서 가동중이다

③ 일본에는 70여기의 생활폐기물 RDF플랜트가 가동중이며, 5곳의 RDF 전용발전기가 운전 중이다.

(2) 폐플라스틱 열분해(熱分解) 기술

① 독일은 BASF공정으로 15,000톤/년 및 DBA공정으로 40,000톤/년 그리고 Otto Noel공정으로 40,000톤/년의 폐플라스틱을 열분해 처리하는 기술을 개발하여 상용화 하였다.

② 중국은 Royco 공정을 개발하여 년간 1,000~3,000톤의 폐플라스틱을 열분해 처리하고 있다.

③ 일본에서는 「용기 포장 리사이클(Recycle)법」이 1977년부터 발효되어 2000년부터 PET(Polyethylene terephthalate : 폴리에틸렌 수지, 특히 식품 팩에 쓰임)를 제외한 모든 폐플라스틱을 기름으로 전환시켜 연료유 또는 화학공업

원료로 재활용되도록 법제화 되어 있는 상태이다. 그리고 후지 리사이클, 이화학연구소 등 15개 기관에서 폐플라스틱 열분해 기술을 개발하여 상업화 규모의 플랜트를 가동하고 있다.

다음 [표 1.11]은 주요 국가의 폐플라스틱 열분해 기술개발 현황을 나타낸다.

〔표 1.11〕 주요 국가의 폐플라스틱 열분해 기술개발 현황

구분 / 국가	공정 명칭	반응기 형태	온도(℃)	용량(톤/년)	생성물
독 일	BASF Process	Tubular Reactor	450	15,000	Feed stock
	DBA Process	Rotarty kiln	450~500	40,000	Fuel oil
	Otto Noel Process	Rotarty kiln Reactor	650	40,000	Oil, Gas
미 국	Tosco-II Process	Rotarty kiln Reactor	550	Pilot plant	Fuel, Carbon black
중 국	Rotarty Process	Continuous Stirred Tank Reactor	350~400	1,000~3,000	Light oil

(3) 폐유정제(廢油精製) 기술

미국은 열분해(熱分解) 및 증류공정(蒸溜工程)을 통한 고급정제유 생산기술을 개발하여 9,000톤/년 규모의 플랜트를 실용화 하고 있으며 일본은 정제유를 생산하여 연료유로 활용하고 있다.

(4) 소각열(燒却熱) 이용 기술

프랑스, 독일, 싱가포르, 일본 등은 폐기물 소각율(燒却率)이 높은 나라로서 고도의 소각기술을 보유하고 있으며 중대형 소각시스템이 상용화 되고 있다.

(5) 연료유화 및 가스화 기술

1990년대 초부터 독일을 중심으로 상업화 공정이 가동중에 있다.

2. 국내 기술개발 동향

1970년대 초부터 대학과 연구소를 중심으로 연구개발이 시작되었으며 1988년부터 2006년까지 폐기물에너지의 개발에 64과제 총537억원이 투입되었고, 그 중 305억원은 정부가 지원하였다.

기술개발은 1990년대 초까지는 폐기물의 소각열 이용기술을 중심으로 시도되었고 1990년대 이후에는 RDF 및 고분자 폐기물의 열분해 등이 주요 분야로 추진되었다.

(1) RDF 제조기술은 1996부터 생활폐기물을 대상으로 연구를 수행한 결과 안정적인 RDF 제조공정이 개발되었다. 2009년까지 전용 화력발전 파일럿 개발을 완료하고 2012년까지 RDF전용 화력발전의 상용화를 추진할 예정이다. 1MW 규모의 RDF 전용발전 보일러 개발도 진행 중이다.
(2) 폐플라스틱의 열분해 시험 플랜트(Pilot plant) 제작 및 운전기술을 보유하고 있다.
(3) 소각열 이용기술은 1990년대에 집중적인 기술개발로 중·소규모 산업폐기물 소각열 이용 기술이 개발 완료되었다.
(4) 가스화 기술은 200톤 이상의 대형 설비는 해외 기술을 도입하여 수개소 건설중이며, 중·소형은 국산기술로 건설하여 시험 가동 중이다.
(5) 폐유정제기술은 열분해(熱分解)에 의한 고급재생유 생산공정의 개발이 완료된 상태이다.

9.7 폐기물에너지의 국내외 시장 동향

1. 국외 시장 동향

유럽 각국에서 2001년 생활폐기물을 원료로 생산한 RDF(Refuse derived fuel) 량은 연간 약 300만톤이었으며, 국가별로는 스웨덴, 네덜란드, 독일, 이탈이아 등에서 많이 생산한 것으로 나타났다. 2005년 유럽의 RDF 생산량은 약 1,300만톤 정도로서 에너지량으로는 약 540만 TOE 였다.

이것은 4년 사이에 RDF 생산량이 약 4.3배 정도 급증한 것으로서 최근 유럽에서 RDF가 매우 중요한 재생연료로 인식되고 있음을 알 수 있다.

일본에서는 생활폐기물이 연간 약 5,000만톤 정도 배출되고 있는데 75%를 소각하고 15% 정도를 매립 처리하고 있다.

2. 국내 시장 동향

2006년기준 국내 최초로 원주시에서 80톤/일 규모(16시간 운전기준) 생활 폐기물 RDF 플랜트가 가동되고 있다.

생산되는 RDF는 약 6,000 TOE/년이며 시멘트공장과 건물 냉·난방 및 보일러 연료 등으로 사용 중이다.

2003년 환경부는 폐플라스틱 재활용율 향상을 위해서 「폐플라스틱 고형연료제품 기준 및 사용처 등에 관한 기준」을 고시하였고 그에 따라 연간 20,000 TOE 정도의 RPF(Refuse plastic fuel)가 생산되고 있으며 시멘트공장, 제지공장, 화훼집단 난방보일러 등의 연료로 사용되고 있다.

국내 가연성 폐기물의 발생량은 연간 약 300만톤으로 추정되고 있는데 이것을 가스화 응용기술에 의해 10%만 가스 자원으로 이용한다면 2,300Kcal/Nm³의 발열량 생산이 가능할 것으로 판단된다. 이를 원유로 환산한다면 185만 배럴에 해당되며 약 5,000만달러의 수입대체 효과가 예상된다고 볼 수 있다.

10 지열에너지(Geothermal energy)

10.1 개요

우리나라에서는 고유가에 대비하고 지구 온난화 등의 국제적인 환경문제에 능동적으로 대처하기 위한 방안의 일환으로 신·재생에너지 보급에 노력하고 있으며 이와 관련하여 태양광, 풍력, 연료전지 등과 더불어 지열에 높은 관심을 가지고 있다.

지열에너지(Geothermal energy)는 물, 지하수 및 지하의 열 등의 온도차(溫度差)를 이용하여 냉방(冷房) 및 난방(煖房)에 활용하는 에너지이다.

태양열의 약 47%가 지표면을 통해 지하에 저장되며, 이렇게 태양열을 흡수한 땅속의 온도는 지형에 따라 다르기는 하지만 지표면 가까운 땅속의 온도는 대략 10~20℃ 정도 유지되어 열펌프(Heat pump)를 이용하는 냉난방시스템에 이용되고 있다.

지열원(地熱源)을 이용하는 열펌프(Ground source heat pump)의 우수성은 이미 1940년대부터 실용화를 추진해 온 미국 등 선진국에서 많은 연구 결과를 통해 입증되었다.

미국의 환경보호청(EPA)에서는 현존하는 냉·난방 기술 중에서 가장 에너지 효율이 좋으며, 환경친화적이고 비용에 대비하여 효과가 높은 공기조화시스템(Air condition -ing system)으로 지열원 열펌프를 소개하고 있다.

이런 이유로 미국과 유럽에서는 과거 10년 동안 지열원 열펌프의 설치 대수가 매년 12% 정도 증가하고 있는 것으로 보고되고 있다.

10.2 지열의 분류

지구는 하나의 거대한 축열매체(蓄熱媒體)의 역할을 한다.
지열은 보유개체와 에너지가 저장된 깊이에 따라 분류되고 있다.

1. 보유개체에 따라서

토양열과 수열로 구분된다.
수열은 지하수, 하천, 강, 해수 등을 말한다.

2. 에너지가 저장된 깊이에 따라서

천부지열(淺部地熱)과 심부지열(深部地熱)로 구분한다.

(1) 천부지열(淺部地熱)

지표면(地表面)으로부터 150~200m에 저장된 지열이다. 온도는 대략 10~20℃ 정도이다.
천부지열은 온도의 안정성과 부존량(賦存量)의 무한성 등의 측면에서 열펌프의 열원으로 이용되고 있다.

(2) 심부지열(深部地熱)

지표면으로부터 200m 이하에 저장된 에너지이다. 온도는 대략 40~1500℃ 정도이다. 우리나라 일부지역의 심부(지중 1~2km) 지중온도는 80℃ 정도로 직접 냉난방 이용이 가능하다. 그러나 우리나라에서 심부지열은 온천으로 사용되어 왔으며 냉난방 열원으로 직접 이용한 예는 없다.

10.3 지열시스템의 구성요소

이 시스템은 지중 열교환기, 열교환기, 열펌프(Heat pump) 등으로 구성된다.

1. 지중열교환기(Ground heat exchanger)

냉방사이클로 작동할 때는 열펌프가 실내에서 열을 흡수하여 그 열을 지중열교환기를 통해 지중으로 방출한다. 난방사이클에서는 지중열교환기는 지중에서 열을 흡수하여 실내로 공급한다.

2. 열교환기(Heat exchanger)

지열을 회수하는 파이프로 회로 구성에 따라 폐회로(Closed loop)와 개방회로(Open loop)가 있다.

일반적으로 폐회로가 적용된다. 폐회로는 밀폐형으로 구성되며 파이프 내에는 지열을 회수하기 위한 열매체(熱媒體 / 물 또는 부동액)가 순환된다.

폐회로시스템은 루프의 형태에 따라 수직형과 수평형으로 구분되며 수직으로 100~150m, 수평으로는 1.2~1.8m 정도 깊이로 묻히게 된다. 이것은 상대적으로 냉난방 부하가 적은 곳에 사용된다.

개방회로는 수원지, 강, 호수, 우물 등에서 공급받는 물을 운반하는 파이프가 개방되어 있는 것으로 풍부한 수원지가 있는 곳에서 적용이 가능하다.

개방회로는 파이프 내에서 직접 지열이 회수되므로 열전달 효과가 높고 설치비용이 저렴한 이점이 있으나 운전이나 유지 보수에 주의가 필요하다.

3. 지열원 열펌프(Ground source heat pump)

지열이나 배열과 같은 저온의 열원으로부터 열을 흡수하여 일상생활에서 이용이 가능한 유효에너지로 온도를 높이거나, 건물에서 발생하는 열을 저온열원으로 배출하여 에너지 절약을 위한 냉난방이 가능하도록 구성된 냉·난방사이클 등에 응용되는 장치이다.

열을 빼앗긴 저온측은 여름철에 냉방에, 반대로 열을 얻은 고온측은 겨울철 난방에 이용할 수 있는 설비이다.

지열원 열펌프(Ground source heat pump : GSHP)는 열원(熱源)의 종류에 따라 토양 이용 열펌프(Ground coupled heat pump : GCHP), 지하수 이용 열펌프(Ground water heat pump : GWHP), 지표수 이용 열펌프(Surface water heat pump : SWHP), 복합 지열원 열펌프(Hybrid ground source heat pump) 등이 있다.

10.4 지열원 열펌프 시스템의 원리

지열원 열펌프 시스템은 지중열교환기(Ground heat exchanger)와 열펌프(Heat pump)로 구성된 냉·난방 겸용 시스템이다.

1. 냉방사이클(Cooling cycle)

지열원 열펌프가 냉방사이클로 작동될 때 열펌프는 실내에서 열을 흡수하고 그 열을 지중 열교환기를 통해 방출한다.

고온고압의 열매체는 과열증기 상태로 압축기(Compressor)를 나와 4방향밸브(4-way valve)를 거쳐 응결기(Condenser)로 유입된다.

응결기에서 고온의 열매체는 상대적으로 온도가 낮은 지중 열교환기의 순환유체인 물 또는 부동액(不凍液)과 열교환 한다. 이 과정에서 순환유체의 온도는 상승하며 열매체는 기체상태에서 액체상태로 된다. 온도가 상승한 순환유체는 지중열교환기 내를 순환하면서 열을 지중으로 방출하게 된다.

한편, 응결기로부터 배출된 고온의 액체상태의 열매체는 팽창밸브(Expansion valve)를 지나면서 압력과 온도가 떨어져 저압, 저온 상태가 된다. 그리고 이 액상 열매체는 증발기(Evaporator)에 들어가 실내 공기에 의해 기화되어 기체상태의 열매체가 되며 실내공기는 냉각하게 된다. 증발기를 나온 저압, 저온의 기체상태의 열매체는 4방향밸브(4-Way valve)를 지나 압축기에 들어가 압축과정을 거치면서 다시 고온, 고압의 열매체가 된다.

이 시스템에서 응결기 입구의 순환유체의 온도(Entering water temperature : EWT)는 약 15℃이며, 응결기 출구에서의 온도(Leaving water temperature : LWT)는 열펌프의 열매체로부터 열을 흡수하여 약 5~6℃ 정도 상승하게 된다.

이렇게 온도가 상승한 순환유체는 지중열교환기의 관(pipe) 내를 순환하면서 약 12℃정도로 열교환 된다.

지열원 열펌프시스템에는 물-공기(water-to-air)방식과 물-물(water-to- water)방식이 있다.

[그림 1.15]는 지열원 열펌프에 의한 냉방사이클을 나타낸다.

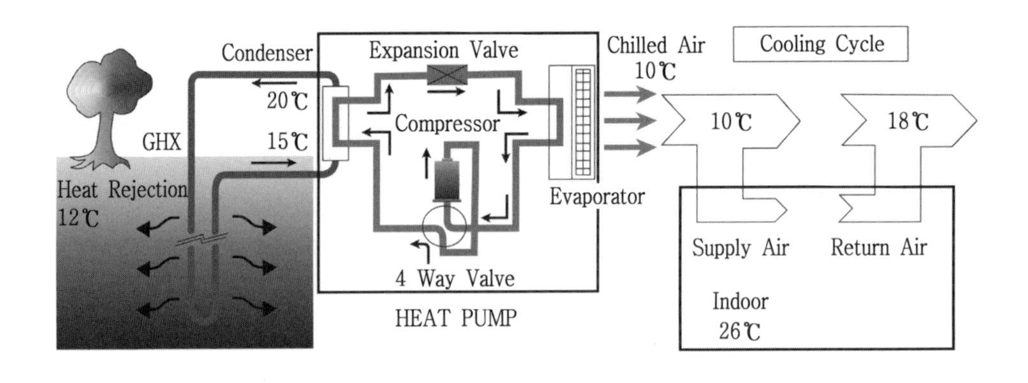

〔그림 1.15〕 지열원 열펌프에 의한 냉방사이클

2. 난방사이클(Heating cycle)

지열은 냉방사이클에서와는 반대로 난방에너지원으로 이용된다. 먼저 압축기(Compressor)로부터 배출된 고온, 고압의 열매체증기는 4방향밸브(4-Way valve)를 거쳐 응결기로 유입된다.

응결기로부터 배출된 고온의 열매체(증기)는 실내의 순환공기(물-공기 방식) 또는 물(물-물 방식)과 열교환이 이뤄지면서 액체 상태로 변한다.

이때 실내(Indoor)를 순환하는 공기 또는 물은 열매체가 가지고 있던 열에 의해 온도가 올라가게 된다. 온도가 올라간 공기 또는 물을 분배장치를 통해서 강제 순환시켜 난방을 하거나 온수를 공급하게 된다.

응결기(Condenser)를 통과하면서 액상으로 변한 열매체는 팽창밸브(Expansion valve)를 지나면서 온도와 압력이 감소하여 증발기(Evaporator)로 들어가게 된다. 증발기에 들어간 열매체는 지중 열교환기를 순환하는 고온의 순환유체에 의해 증발되며 4방향밸브(4-Way valve)를 거친 후 압축기(Compressor)로 흡입된다.

지중 열교환기를 순환하는 순환유체는 증발기에서 열매체를 증발시키고 이 과정에서 보통 5~6℃ 정도로 온도가 떨어지게 된다. 이 때 순환유체의 입구온도는 10℃ 정도, 출구온도는 5℃ 정도가 된다. 이렇게 온도가 낮아진 순환유체는 지중 열교환기 내를 순환하면서 열교환되어 설정온도로 된다.

[그림 1.16]은 지열원 열펌프에 의한 난방시스템이다.

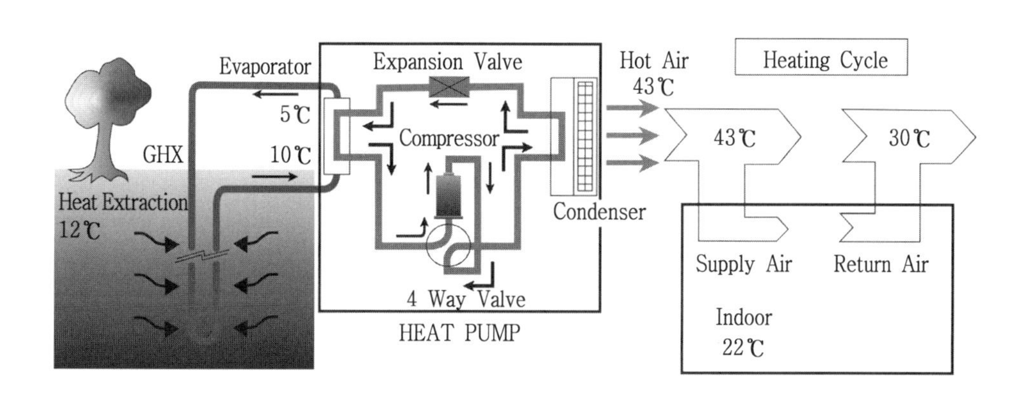

[그림 1.16] 지열원 열펌프에 의한 난방시스템

10.5 지열에너지의 국내외 기술개발 동향

1. 국외 기술개발 동향

(1) 1912년 스위스의 하인리히 젤리(Heinrich Zoelly)가 처음으로 지열원 열펌프시스템에 관한 특허를 출원한 것이 지열에너지 이용의 시작이었다.

(2) 1976년 미국의 오클라호마 주립대학에서 파이프를 지중에 매설하는 지중열교환기를 개발하여 실용화의 기반을 구축하였으며 1996년 동 대학에서 슬린키 방식(Slinky type)의 지중열교환기를 개발하여 건물 냉난방에 적용하였다. 그리고 미국은 지열 열펌프시스템에 대한 실제 적용가능성을 검증 후 매년 고성능 다기능의 지열 열펌프 및 지중 열교환기 설치 방법 등을 개발해오고 있다.

(3) 1997년 스위스에서는 말뚝형 지중 열교환기를 개발하여 스위스 공항에 시범 적용하였다.

(4) 미국과 북유럽 국가들은 2000년을 기준으로 약 51만 2천대의 지열원 시스템을 설치하였으며, 특히 지난 10년 동안 매년 9.7% 정도의 설치 증가율을 보였다고 학자 Lund J. W. & Freeston, D. H.은 밝히고 있다.

(5) 현재 전 세계적으로는 자국의 지중 및 기후조건에 적합한 지열이용 시스템을 개발하여 보급하는데 많은 투자를 하고 있다. 특히 냉각탑이나 태양열 집열기 등을 지열시스템과 조합하여 중·대규모 건물에 적용하는 복합시스템(Hybrid system)의 개발과 건축물의 하부구조를 활용하는 지중열교환기 개발에 주력하고 있다.

2. 국내 기술개발 동향

(1) 우리나라는 일부 지역에 대한 지중온도를 측정한 결과 연중 13~15°C의 일정한 온도를 유지하고 있어 지열 열펌프시스템의 열원으로서 우수한 것으로 나타났다.

(2) 1991년부터 2006년까지 지열에너지에 대해 23개 과제에 142억원이 투

자되었으며 그중 102억원이 정부에서 지원된 것이었다. 해마다 이 분야의 연구개발에 대한 투자가 증가되고 있는데 그 내용을 보면 주로 기초연구와 실증연구에 집중되어 있는 실정이다.

(3) 지열분야 기술개발 내용을 보면 1993년~2001년에는 제주도나 경상도 등지의 지열이용 유망지역에 대한 조사가 있었으며, 2002년~2005년에는 지열 냉·난방시스템의 중·소규모 실증연구와 열펌프(Heat pump), 지중열교환기, 시공기술 확보 등의 분야별 산업기술 기반구축이 이뤄졌다. 그리고 2006년~2009년까지는 지열 냉난방시스템의 대규모 단지 실증연구와 열펌프, 지중열교환기등의 고효율화 및 시공비 저가화 등을 위한 연구개발이 이뤄지고 있다.

우리나라에서의 최근 지열에너지 이용 및 연구개발을 연도별로 보면 다음과 같다.

① 2001년부터 정부지원을 통한 실제적인 기술개발이 시작되었으며, 내용은 중·저온성 지열자원의 확보 가능성이었다.

② 2002년에는 지열원 열펌프시스템이 본격으로 국내에 보급되기 시작하였다. 이때 지열 냉난방시스템 실증연구에서 높은 에너지 절약효과가 있다는 것이 입증되었다.

③ 2003년에는 열펌프를 국산화하기 위한 연구가 수행되었고, 지열원 열펌프의 성능평가 기법과 기술기준 구축사업이 수행되었다.

④ 2004년에는 지열원 열펌프의 단점으로 부각되고 있는 초기 투자비를 낮추기 위해 열원을 다양화한 복합형(Hybrid type)의 열펌프 기술개발과 지중열교환기의 설치비를 절약하기 위한 저가형 지중열교환기 개발과 설계과학화를 위한 지중열교환기 설계 프로그램 개발이 시도되었다.

⑤ 2005년에는 지열원 열펌프의 수밀과 밀폐형 지중열교환기의 시공 성능을 향상시키기 위한 고성능 천공기술 개발이 시작되었으며, 용량 가변형 지열원 다중 공간 냉난방시스템의 연구도 시작되었다.

10.6 지열에너지의 국내외 시장 동향

1. 국외 시장 동향

전 세계적으로 다양한 분야에서 지열에너지를 활용하고 있는데 가장 광범위하게 지열원 열펌프시스템을 이용하고 있는 것은 건물 냉난방시스템이다.

2000년도까지 공급된 지열 이용 열펌프시스템의 보급대수는 전 세계적으로 약 512,000여대로 추정되며 미국, 스위스, 스웨덴, 독일, 덴마크, 노르웨이, 일본 등이 대표적인 사용국들이었다.

2005년 기준, 지열에너지 이용 시설용량 중 54.4%(15,384 MWt)가, 그리고 지열에너지 이용량중 32%(87,503 TJ/yr)가 지열 열펌프시스템이었다.

세계적으로 지열원 열펌프의 보급률은 지난 10여년간 매년 10%이상으로 증가하고 있다. 특히 근래에는 석유가격의 급등으로 신·재생에너지의 중요성이 높아지고 있으며, 냉난방을 위한 열펌프 열원으로서 지열의 우수성이 입증되고 있기 때문에 추후 더욱 높은 신장세를 보일 것으로 예상된다.

미국의 경우 지금까지 세계시장을 주도해 온 경험을 바탕으로 매년 11%이상의 신장이 가능할 것으로 예측된다.

중국은 최근 미국이나 유럽의 지열원 열펌프 관련 전문기업들의 진출이 가장 활발한 나라가 되고 있다. 중국은 이러한 기업들의 치열한 경쟁과 올림픽 특수에 따른 신축 건물의 급증과 대기환경의 개선 요구 증대 등으로 더욱 높은 보급의 증가가 예상되고 있다.

일본은 그동안 지열원 열펌프에 대한 보급에 등한시 해 왔으나 일본의 환경에 매우 적합한 것으로 알려지면서 NEDO를 중심으로 활발하게 보급을 추진하고 있다. 2005년 약 5,800대에서 2010년 14만대를 보급한다는 목표를 세우고 사업을 추진하고 있다.

2. 국내 시장 동향

국내의 경우 지열 열펌프시스템의 보급은 10여개 업체가 주로 외국과 기술제휴를 맺고 열펌프를 수입하여 시공 및 보급하고 있는 단계이다.

2006년까지 에너지관리공단에 신·재생에너지 전문기업으로 등록된 전체 60여개 업체 중 지열관련 업체는 약 24개 업체로 40%를 점유하였다.

정부에서는 2011년까지 신·재생에너지 보급 목표의 1.2%인 16.1만 TOE를 지열로 충당한다는 계획을 가지고 있으며 보급대수로는 주택용 5만대 등 총 6.2만대를 목표로 하고 있다.

2004년에 발효된 공공기관의 신축 건물에 대한 신·재생에너지 이용 의무화 제도의 시행과 함께 특히 신행정·복합도시 개발, 공공기관의 지방 이전에 따른 혁신도시 개발, 기업도시 개발 등 대규모의 건축공사들이 계획되어 있어 보급이 급증할 것으로 예상되고 있다.

10 해양에너지(Ocean energy)

11.1 개요

해양에너지는 태양광, 풍력 등 다른 신·재생에너지원에 비해 대규모 발전이 가능한 것으로 평가되고 있으며, 세계적으로 우리나라를 비롯해 영국, 프랑스, 캐나다, 일본 등 해양을 접한 국가에서 많은 관심을 가지고 있는 것으로 알려지고 있다. 최근 들어 지구온난화를 우려하는 목소리가 더욱 높아지고 있으며, 이에 따라 지구온난화를 대비하기 위한 세계 각국의 발걸음이 분주한 가운데 청정에너지인 해양에너지 개발에 국제적 관심 또한 증폭되고 있다.

11.2 해양에너지의 특징

1. 장점

(1) 청정하고 무한정 에너지원이다.
(2) 지구환경 보존에 유익하다.
(3) 공해가 없다.
(4) 한번 설치하면 거의 영구적으로 사용이 가능하다.

2. 단점

(1) 입지 선정이 까다롭다.
(2) 현재의 기술수준으로는 초기 투자비가 많다. 화력발전의 2배 정도이다.

(3) 출력변동이 심하다.

(4) 해수에 부식되지 않는 재료선택이 필요하다.

해양(海洋)은 지구상의 마지막 에너지의 보고(寶庫)로서 그 가치가 점차 높아지고 있다. 또 지구 환경오염 문제에 효과적으로 대처할 수 있는 방안의 하나로서 중요성이 인식되고 있다.

해양에너지는 해양의 조수(潮水 : Tidewater), 파도, 해류(海流), 온도차 등을 변환시켜 전기(電氣) 또는 열을 생산하는데 이용할 수 있다.

전기를 생산하는 데는 조력(潮力 : Tidal energy), 파력(波力), 온도차 등이 이용된다. 그런데 조력, 파력, 해양 온도차 에너지의 경우 몇몇 선진국에 의해 일부 실용화 단계까지 기술이 개발되고 있는 실정이며, 지속적이고 장기적인 연구개발 노력이 필요한 분야이다.

해양에너지는 무한정, 무공해 청정에너지라는 장점이 있는 반면에 석유, 석탄, 원자력 등의 현재 사용 중인 에너지원에 비해 에너지 추출비용이 상대적으로 높고 또 전력을 생산할 경우 출력 변동과 육상으로의 송전 비용 등 실용화하기 위해서는 경제적 측면에서 개발 비용의 저렴화와 이용 측면에서 안전성과 신뢰성 확보가 요구되고 있다.

11.3 해양에너지와 발전

1. 조력발전(潮力發電 : Tidal power generation)

달이나 태양의 천체의 인력작용(引力作用)으로 해수면이 1일 2회 주기적으로 변하는 상승 하강 운동을 이용하여 전기를 생산하는 발전 기술이다.

우리나라의 서해를 비롯해서 지구상의 몇몇 해역에서는 조석 현상이 아주 강하게 발생하여 밀물과 썰물의 수위차를 이용하는 조력발전 방식을 통한 대규모의 전력 생산이 가능하다. 세계 최대의 조력발전소는 프랑스의 랑스에 있는 발전소로서 시설용량은 240MW이다.

2. 파력발전(波力發電 : Wave activated power generation)

바다에서 바람에 의해 나타나는 파도에 의한 해면의 상하운동을 이용한다.

입사하는 파랑에너지를 터빈(Turbine)과 같은 원동기(原動機 : Prime mover)의 구동력으로 바꾸어 발전하는 것이다.

파랑의 운동에너지와 위치에너지를 기계적에너지로 1차 변환하고 기계적에너지를 전기에너지로 2차 변환하여 전기를 생산한다. 에너지 변환효율 제고가 핵심요소이다. 영국, 노르웨이, 스웨덴 등 북유럽에서 연구가 이뤄져 왔다.

3. 온도차발전(溫度差發電 : Ocean thermal energy conversion)

해양 표면층의 온수(약 25~30℃)와 심해(深海) 500~1,000m 정도의 냉수(약 5~7℃)와의 온도차를 이용하여 열에너지를 기계적에너지로 바꾸어 발전하는 것이다. 해면 가까이의 표층수(表層水)로 암모니아나 프레온 등의 비등점이 낮은 액체를 가스화하여 그 증기압이 높은 가스로 터빈을 돌리는 것이다. 터빈을 돌리고 나온 가스는 심해의 냉수로 냉각하여 다시 액체로 되돌려진다.

4. 조류발전(潮流發電)

자연적인 조류의 흐름을 이용해 설치된 수차발전기를 회전시켜 전기를 얻는 발전방식이다. 댐이 없이 발전이 가능하지만 적절한 지점을 선정하는데 어려움이 있으며 조력발전(潮力發電)에 배해 자연적인 흐름의 세기에 따라 발전량이 좌우된다는 단점이 있다.

조력발전은 수력발전과 유사한 반면, 조류발전은 풍력발전(風力發電)과 매우 유사하나 풍력발전에 비해 조류발전(潮流發電)은 크기가 훨씬 작다는 차이가 있다.

우리나라에서는 울돌목 5만~10만KW, 장죽수도 10만~20만KW, 맹골수도 20만~30만KW 정도 등 동서, 남해역에 약 100만KW정도의 조류에너지가 부존하는 것으로 추산되고 있다.

조류발전의 최적지로 평가되고 있는 울돌목을 대상으로 현장실험을 통한 기술개발이 진행 중이며 1,000KW급 시험조류발전소 건설이 추진되고 있다.

11.4 해양에너지 발전시스템의 구성과 흐름

1. 해양에너지

파랑, 조석, 수온, 해류

2. 기계에너지

해양에너지를 1차 변환하여 기계적에너지로 바꾼다.

3. 발전 및 열

터빈에 의해 기계적에너지를 전기에너지로 바꾼다.

4. 수요처 공급

양식장, 해수순환, 조명

11.5 발전방식의 특성 비교

다음 [표 1.12]는 조력발전, 파력발전, 온도차발전의 특성을 비교해 나타낸 것이다.

〔표 1.12〕 조력발전, 파력발전, 온도차발전의 특성

구 분	조력발전	파력발전	온도차발전
입 지 여 건	• 댐식 발전과 유사 • 평균조차 : 3m 이상 • 폐쇄된 만의 형태 • 해저 기반 견고 • 에너지 수요처와 근거리 • 대규모 방조제 조성 • 10m이상의 간만의 차가 있는 곳에 설치	• 자원량이 풍부한 연안 • 육지에서 거리 30Km미만 • 수심 300m미만의 해상 • 항해, 항만 기능에 방해되지 않을 것	• 해수표면과 심해의 온도차로 저온 비등 매체를 순환시켜 발전 • 연중 표·심층수와의 온도차가 17℃이상인 기간이 많을 것 • 어업 및 선박 항해에 방해가 안될 것

11.6 해양에너지의 국내외 기술개발 동향

1. 국외 기술개발 동향

(1) 조력발전

프랑스는 1966년 북서부 연안 랑스(La Rance) 하구에 시설용량 240MW급 조력발전소(1만KW용량의 발전기 24대 설치)를 건설하여 현재까지 성공적으로 운영 중이다.

이 발전소는 가역(可逆)터빈이 장착된 땜으로, 밀물 때에는 바다에서 저수지로, 썰물 때에는 저수지에서 바다로의 유입이 가능하도록 설계된 댐이다.

총 발전량의 7/8 정도는 썰물을 이용하고 있다. 밀물 때에는 수문을 열어 저수지를 채우고 만조(滿朝) 시에 수문(水門)을 닫았다가 썰물 때 터빈을 작동시킬 만큼 충분한 낙차(落差)가 생길 때 물을 방출하여 터빈을 돌려 발전한다.

캐나다는 1984년 대서양 연안에 시설용량 2만KW급의 시험 조력발전소를 건설하여 운영 중이다. 1969년 소련은 백해(白海)부근에 약 1,000KW용량의 조력발전소를 건설하였다.

(2) 파력발전

파력발전에 대한 연구개발은 주로 영국, 노르웨이, 스웨덴 등의 북유럽 국가들에 의해 이뤄져 왔다.

영국에서는 2MW급 상용 파력발전장치(Osprey)를 개발하여 상업운전중이며 포르투갈에서도 파력발전장치를 운영 중이다. 2MW급 부유식 파력발전장치를 연구개발중에 있다.

(3) 조류발전

영국은 "Seagens Project"를 통해 2008년까지 1MW급 상용발전을 목표로 정부와 기업공동 펀드를 조성하여 사업을 추진 중이다. 조류발전은 영국, 미국, 이탈리아, 캐나다 등을 중심으로 시스템 개발을 완료하고 해상에서 실증을 통해 상용화 진입을 모색하고 있다.

(4) 복합발전시스템

영국의 웨이브젠(Wavegen)사는 연안 고정식 파력발전과 풍력발전장치를 조합한 3.5MW급(WSOP 3500) 발전장치를 제안하고 있으며, 일본은 초대형 해양구조물 상부에서는 태양광발전과 풍력발전을 설치하고, 수면에서는 파력발전을 그리고 수면하에서는 조류발전을 하는 복합발전시스템을 제안하고 있다.

2. 국내 기술개발 동향

1988년부터 기본계획을 수립하여 2006년까지 14과제에 44억원을 투입하여 기술개발에 힘쓰고 있으며 그중 32억원은 정부에서 지원하였다.

2004년까지 조력과 파력에너지 분포 등의 해양에너지 자원을 정밀조사하고 분석하였다. 현재 조력에 대한 핵심 요소기술의 실용화 연구개발을 수행중이며 2009년까지 저가 고효율 발전시스템의 개발, 시범 플랜트 설치와 실증실험 및 복합발전시스템 기술개발을 추진 중이다.

그리고 첨단 IT기술과 다양한 센서를 이용하여 차세대 종합 해양 특성조사 시스템을 수립 중이다.

조류발전은 2008년에 1만KW급 시험발전소를 울돌목을 대상으로 완공하여 실용화 연구를 추진할 계획이다.

11.7 해양에너지의 국내외 시장 전망

1. 국외 시장 전망

현재 건설되어 가동중인 대표적인 조력발전소는 프랑스의 랑스(Rance, 시설용량 240MW), 캐나다 아나폴리스(Annapolice, 시설용량 20MW), 중국 Jianxia(시설용량, 3,200KW), 러시아 Kislaya Guba(시설용량, 400KW) 등을 들 수 있다.

국가별 조력발전 시장규모는 프랑스 525억원, 캐나다 44억원, 중국 7억원 등 합계 577억원 정도이다. 영국은 가까운 장래에 시설용량 약 2,000MW 정도의 조력발전 건설을 계획하고 있으며, 중국도 약 500MW 정도의 추가 건설 계획을 가지고 있어 이를 바탕으로 추정하면 향후 2015년 이후에는 전 세계적으로 연간 약 7,500억원 정도의 시장이 형성될 것으로 추정된다.

그리고 미국, 호주, 스페인, 인도, 러시아, 아르헨티나 등에서도 조력발전 건설 계획을 추진하고 있어 시장 규모는 더욱 확대될 것으로 전망된다.

2. 국내 시장 전망

해양에너지를 이용해 전력을 생산하고자 하는 노력은 오래전부터 있었으나 발전시설은 없는 상태이다. 한국수자원공사는 2005년 4월부터 2009년말까지 총 공사비 약 3,550억원을 투입하여 시화호에 25.4만KW(552백만KWh/년) 발전량의 시화조력발전소를 추진하고 있다.

그리고 해양에너지개발 중장기 목표(해양수산발전기본계획, 해양수산부, 2004년)에 의하면 3단계로 나누어 조력에너지, 조류에너지, 파력 및 온도차 에너지를 포함하여 1단계 2010년까지는 81만KW, 2단계 2020년까지는 157만KW, 그리고 3단계 2030까지는 259만KW를 발전할 계획이다.

또 9만KW급 울돌목 조류발전소(상용)를 2010년까지 실시설계 및 건설할 계획이다. 이상을 종합해 보면 시화 조력발전소가 상업생산을 시작하는 2010년에는 약 350억원 그리고 가로림 조력발전소(충남 태안군)와 울돌목 조류발전소가 상업발전을 시작하는 2013년에는 약 1,425억원 정도의 해양에너지 시장이 형성될 수 있을 것으로 전망된다.

PART II

태양광산업(Photovoltaic Industry)

1 태양광산업의 개요

태양광산업(太陽光産業)은 태양광을 이용하여 전기를 만드는 태양광 발전에 관련된 산업을 일컫는다.

태양광발전시스템 기반기술과 관련된 산업으로는 전기·전자산업(축전지, 인버터, 계측기기 등), 기계산업(셀 및 모듈 제조설비), 건축·건설산업(주택, 아파트, 빌딩, 공장 등), 화학산업(태양전지 제조 공정), 비철금속산업(실리콘 원료, 금속재료), 요업산업(강화유리, 요업, 건자재) 등이 있다.

위와 같은 다양한 관련 산업 중 태양광산업과 직접적으로 관련된 분야들을 구체적으로 구분하면 소재 및 부품분야, 태양전지분야, 모듈 및 시스템분야, 전력변환분야, 관련 장비 분야 등으로 나눌 수 있다.

[표 2.1]은 태양광산업의 분류를 나타내며 [그림 2.1]은 태양광발전의 산업구조가 역피라미드형(逆 Pyramid) 구조의 공급체계임을 나타낸다.

〔표 2.1〕 태양광산업의 분류

구 분	내 용
소재 및 부품분야	Si원료, 잉곳, 웨이퍼, 유리기판 등
태 양 전 지 분 야	실리콘, 화합물, 벌크형, 박막형
모듈 및 시스템분야	집광시스템, 추적시스템, 충진재[1](EVA), 패시베이션[2](passivation)
전 력 변 환 분 야	인버터(pcs), 축전지, 전원설비
관 련 장 비 분 야	증착장비, 잉곳성장장비, 식각장비

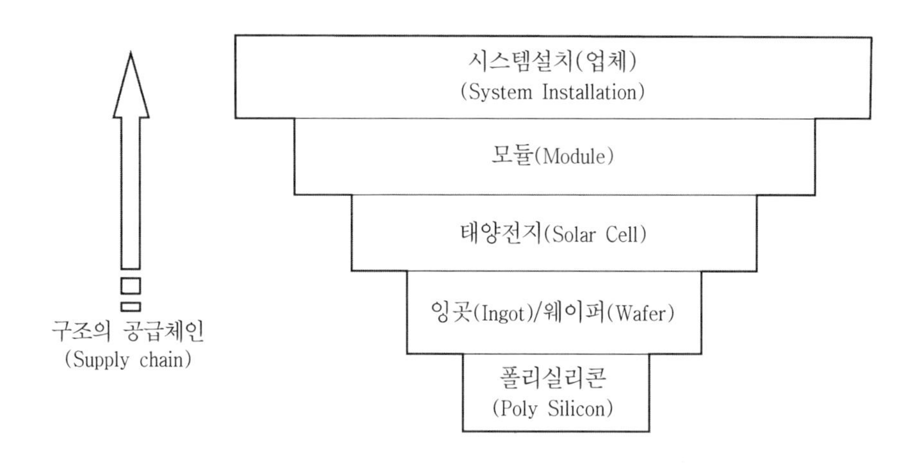

〔그림 2.1〕 태양광발전 산업 구조도

1) 충진재(EVA ; Ethylene vinyl acetate, 에틸렌 비닐 아세테이트) : 깨지기 쉬운 태양전지 소자를 보호하기 위해 셀 전면과 유리, 셀 후면과 백 시트(back sheet) 사이에 삽입하는 물질이다. 태양전지의 파손을 방지하는 완충재 역할과 전면유리와 백 시트를 접착해 봉입하는 역할을 한다.

2) 패시베이션(Passivation) : 반도체 칩(chip) 표면에 보호막을 씌우는 것이다.

2 태양광산업의 보급현황

태양광발전시스템은 인공위성이나 우주항공용(宇宙航空用)의 전력에서 섬이나 오지(奧地)에서의 전력원으로 사용되어 왔다.

근래에는 일반주택, 아파트, 빌딩, 공공건물, 학교, 공장 등에 이르기까지 광범위하게 그 응용분야가 확대되어 가고 있는 추세에 있으며, 국제 유가의 폭등과 지구온난화 문제 등으로 이에 대한 관심이 국내외적으로 집중되고 있다.

〔표 2.2〕 국가별 태양광발전 보급현황

국 가 명	누적설치용량(kW)			'05년 설치용량(kW)	
	독립형	계통연계형	계	계통연계형	계
독 일	29,000	1,400,000	1,429,000	632,000	635,000
일 본	87,057	1,334,851	1,421,908	287,105	289,917
미 국	233,000	246,000	479,000	70,000	103,000
호 주	51,841	8,740	60,581	1,980	8,280
스 페 인	15,800	41,600	57,400	18,600	20,400
네덜란드	4,919	45,857	50,776	1,547	1,697
이탈리아	12,300	25,200	37,500	6,500	6,800
프 랑 스	20,076	12,967	33,043	5,900	7,020
…	…	…	…	…	…
합계(OECD)	513,475	3,183,325	3,696,800	1,039,917	1,092,851

1995년부터 2004년까지 최근 10년간 주요국의 태양광발전의 보급 추이를 보면 독일 70%, 일본 44%, 미국 30% 정도의 연평균 증가율을 보이고 있다.

주요국의 계통연계형 태양광발전의 보급현황은 2005년 기준 독일, 일본, 미국 등 3개국이 세계 태양광발전의 82%를 차지했으며 설치용량은 독일 1,429MW, 일본 1,412MW, 미국 479MW의 순이었다.

[표 2.2]는 세계 주요 국가별 계통연계형과 독립형의 태양광발전시스템의 누적 설치용량과 2005년 설치용량을 비교해 나타낸다.

그리고 [표 2.3]은 1995년부터 2004년까지의 독일, 일본, 미국의 연도별 태양광발전 보급량(MW)을 나타낸다.

[표 2.3] 독일, 일본, 미국의 년도별 태양광발전 보급량(MW)

국가	'95	'96	'97	'98	'99	'00	'01	'02	'03	'04
독일	5.3	10.1	14.0	12.0	45.6	44.3	80.9	83.4	153.0	363.0
일본	12.2	16.2	31.7	42.1	75.2	121.6	122.6	184.0	222.8	272.4
미국	9.0	9.7	11.7	11.9	17.2	21.5	29.0	44.4	63.0	90.0

건물일체형 태양광발전시스템(BIPV)은 전시장, 박물관, 지하철 역사 등의 공공건물이나 주유소 등에 제한적으로 설치되고 있다.

2.1 국외 태양광산업

1. 독 일

1991년부터 1995년까지 태양광 실증 프로그램인 「1,000호 태양광 지붕 프로그램(1,000 Solar Roofs Program)」을 실시하였으며, 그 일환으로 전력계통에 연계된 주택용 태양광발전에 대해 설치비의 전액을 지원하였다.

이 프로그램을 통해 계통연계형 태양광발전시스템에 대한 기술적 가능성이 검증되었으며 그 결과 1995년 이 프로그램이 종료될 때에는 순시최대발전량이 5.3MW에 달하는 총 2,100개소가 설치되었다.

그리고, 1999년부터 2003년까지는 300MW 수준으로 확대하기 위해 「10만호 태양광 지붕 프로그램(100,000 Solar Roofs Program)」을 시행하였다.

이 프로그램에서는 총 설치용량 300MW 한도 내에서 저리 융자 인센티브를 주는 것이었으며 목표는 3KW 태양광발전설비를 100,000개소에 설치하는 것이었다. 이러한 노력의 결과 2003년 7월 이 프로그램이 종료되었을 때는 총 261MW 용량이 설치되었으며, 55,000가구가 지원혜택을 받게 되었다.

독일은 2000년부터 2003년까지는 「재생 가능한 에너지법(EEG : Renewable Energy Sources Act)」을 시행하다가 2004년부터 현재까지는 EEG를 개정한 「기준가격 의무구매제도(FIT : Feed-in Tariff)」를 도입하여 탄력적으로 운영 중에 있다.

2005년까지 독일은 이러한 국가 정책에 힘입어 1,429MW를 보급하는데 성공하였다. 여기서 EEG는 전체용량 350MW 내에서 태양광발전 전력을 발전 사업자(전력회사)로부터 기준가격 €0.51/KWh로 20년간 구입을 의무화한 제도이다.

또 FIT의 탄력적 운영이란 태양광발전 설비업계의 자체 효율개선 노력을 유도하기 위한 것으로 20년간 용량에 제한 없이 태양광발전 전력을 기준가격으로 의무 구매하여 태양광산업 활성화를 도모하는 것으로 2006년부터는 매년 5.0~6.5%씩 기준가격을 차감하는 내용이 포함되어 있다.

2. 일 본

일본은 주거용 태양광발전 보조금 지원 프로그램(New sunshine program)을 1994년부터 시작하여 2005년까지 시행하였다.

이러한 프로그램에 힘입어 일본의 태양광 산업계는 기술과 생산 분야에서 세계적으로 선두 자리를 차지하게 되었다.

1994년부터 3KWp주택용 태양광발전사업을 시작하여 1995년 577세대의 개인 주택에 보급하였고 2005년 기준 306,600가구에 태양광발전시스템을 보급하였다.

이 프로그램은 개인이나 건설업자에게 태양광발전 설치 시 비용의 일부를 지원하는 것으로서 2005년까지 1,422MWp를 보급하였다.

설치가격으로는 1994년 ￥200만/KW에서 2005년에는 ￥63만/KW로 약 70%(연평균 10%)의 가격하락을 달성하였다.

보조금은 1994년 ￥90만/KW에서 2005년 ￥2만/KW로 급격히 감소하여 연평균 26%의 감소 효과를 얻은 것으로 보고되고 있다.

현재 일본은 주거용 태양광발전에 별도의 보급지원 정책을 쓰지 않고 있다. 다만 태양광발전 설비의 확대를 위한 시책으로 기존의 설비비용 지원방식에서 2003년 4월부터 전기사업자들이 전기를 공급할 때 총 발전량의 일정 비율을 신·재생에너지를 사용한 전기로 공급하는 소위 신·재생에너지 발전의무비율할당제(RPS : Renewable portfolio standards) 방식으로 전환하여 시행하고 있다.

그리고 2010년까지 원자력발전(1,000MW급) 약 5기에 해당하는 4,820MWp의 태양광 설비를 보급하고 이에 따라 세계 태양광 설비 시장의 50% 이상을 점유한다는 목표를 설정하고 정책을 추진 중에 있다.

3. 미 국

1978년 공공전력회사에 재생에너지 전력의 의무 구매를 부가하는 「공익사업규제법(Public Utility Regulatory Policies Act)」을 시행하였으며, 1992년에는 에너지정책법(Energy Policy Act)을 도입하여 태양광발전 사업자가 초기 10년간 $0.019/KWh의 생산 세금을 공제 받게 했다.

최근에는 대통령 주도하에 에너지 안보 차원에서 접근하여 연방정부가 집중적으로 연구개발 투자 및 인프라 구축을 지원하고 있다('07 대통령연두교서).

캘리포니아 주에서는 2007년부터 「100만호 태양광 지붕 계획(Million Solar Roofs Plan)」법안이 발효되어 2018년까지 32억 달러가 지원되어 약 3GWp의 태양광발전이 설치될 전망이다.

2.2 국내 태양광산업

최근 에너지 문제는 세계 각국의 관심사가 되고 있다.

국제 유가의 급변 및 불안정과 온실가스 배출 저감을 위한 교토의정서 발효에 따른 환경 규제 움직임도 커지고 있다. 따라서 신·재생에너지의 중요성이 어느 때 보다도 강조되고 있다.

우리 정부에서는 2011년까지 1차 에너지의 5%를 신·재생에너지로 공급한다는 목표를 가지고 기술개발과 보급에 힘쓰고 있다.

신·재생에너지의 육성을 범정부 차원에서 본격적으로 추진한 것은 1987년으로 거슬러 올라간다.

1987년 12월에 정부는 「대체에너지 개발 촉진법」을 「대체에너지 개발 및 이용, 보급 촉진법」으로 개정하고 대규모 에너지 관련 사업자에 대한 시범 보급사업, 보조, 융자 및 세제 지원 등의 지원 근거를 마련하여 지원을 강화하였다.

그 후 2004년 12월에는 「대체에너지 개발 및 이용, 보급 촉진법」을 「신에너지 및 재생에너지 개발, 이용, 보급 촉진법」으로 개정하여 보급지원을 해오고 있다.

태양광에너지는 친환경적이고 지속 가능한 에너지로 그 중요성이 커지고 있으나 개발 보조 비중은 비교적 낮은 편이다. 그 이유는 다음과 같다.

① 화석 연료에 비해 상대적으로 경제성이 낮다. 태양광발전 설비 단가는 유연탄 등 화력발전의 약 8.5배이고 풍력발전의 약 1.5배 수준이다.

② 연구개발, 보급사업, 발전차액(發電差額) 등을 통해 지원을 확대해 왔으나 과거 10년간 연구개발 투자액은 일본의 7%, 미국의 4% 수준으로 매우 낮다.

③ 산업 기반이 취약하여 핵심 분야의 설비를 대부분 수입에 의존하고 있다.

④ 연구인력이나 연구기반 등의 인프라가 취약하다.

1. 태양광산업 인프라 구축 지원 프로그램

우리 정부에서는 태양광산업의 인프라 구축을 위해 발전차액지원, 공공기관 의무화, 설비인증, 인력양성사업, 세액 공제 및 관세 경감 등의 지원 프로그램을 운영해 오고 있다. 다음 [표 2.4]는 태양광산업 인프라 구축 지원 프로그램의 종류와 내용을 나타낸다.

[표 2.4] 태양광산업 인프라 구축 지원 프로그램

프로그램	내 용
발전차액지원	• 신·재생에너지 설비의 투자경제성 확보를 위해 신·재생에너지를 이용하여 전력을 생산한 경우 기준가격과 계통한계가격(SMP : System marginal price)과의 차액을 지원 *태양광 지원실적[백만원] : 8('03이전) → 340('04) → 3,478('05) → 3,862('06)
공공기관 의무화	• 국가 및 지방자치단체, 정부투자기관 등 공공기관이 신축하는 건축물에 대해 태양광 등 신·재생에너지 설비 의무 설치 *공공기관의 3,000m²이상 신축건물에 대해 총 공사비의 5% 이상 신재생에너지설비 설치 *태양광설비 투자비 실적[억원] : 49('04) → 148('05) → 248('06)
설비인증	• 태양광설비를 제조, 수입 및 판매 시 설비인증을 제도화하여 관련기업의 시장진입 지원과 일반 국민들의 제품 신뢰도 제고 *모듈, 셀, 인버터, 집광, 채광 등 5개 품목 대상['06년말 계통연계형 인버터 16개 인증서 발급] • 성능평가기관 : 에너지기술연구원, 생산기술연구원 지정
인력양성사업	• 태양광분야 인적 인프라 구축을 위한 전문인력양성 지원 *핵심기술연구센터['05년, 에기연], 특성화대학원['06년, 성균관대], 최우수실험실['05년, 고려대] 등
세액공제	• 태양광 설비투자 금액의 10%에 상당하는 금액을 소득세 또는 법인세에서 공제
관세경감	• 해당 품목 관세액의 65% 관세경감 *조세특례제한법 118조 및 별표에서 신·재생에너지 품목으로 52개 규정 *태양광 관세경감액[백만원] : 9.5('03) → 17.4('04) → 66.8('05) → 633.4('06)

2. 태양광발전 보급지원 사업

우리나라에서는 태양광산업의 저변확대와 활성화를 위해 1994년부터 보급지원 사업을 추진해 오고 있다.

그 내용으로는 태양광주택 보급사업, 보급보조사업, 지방보급사업, 융자지원사업 등을 시행해 오고 있으며 이에 따라 2006말 기준 우리나라의 태양광설비 누적 설치 용량은 36MW이었다.

[표 2.5]는 태양광발전 보급지원 사업과 내용을 나타낸다.

〔표 2.5〕 태양광발전 보급지원 사업

사업명	내용
태양광주택 보급사업	태양광발전에 대한 안정적 투자환경 조성 및 수출전략분야로 육성하기 위해 '12년까지 10만호 보급을 목표로 지원하는 사업이다. * 단독주택(설치비의 60% 이내 지원), 국민임대주택(설치비의 100%지원)
보급보조사업	신규기술의 시장진입과 상용화된 설비에 대한 보급 확산을 위해 설치비의 일부를 보조하는 사업 * 일반보급사업(태양광 설비용량 50kW이하를 대상으로 설치비의 60% 이내 지원)
지방보급사업	지방자치단체가 태양광 설비 설치시 설치비의 70% 이내에서 보조지원하는 사업
융자지원사업	태양광설비 설치자 및 생산자를 대상으로 장기 저리의 융자를 지원하는 사업 * 소요자금의 90%, 5년 거치 10년 분할 상환 * 사업자당 70억원 이내, 변동금리

이러한 태양광발전 인프라 구축 지원프로그램과 보급지원사업을 통하여 1994년부터 2006년까지의 자가용 태양광발전 설비를 위한 연도별 보조금과 보급용량은 [표 2.6]과 같으며, 태양광 사업 구분별 2004년부터 2006년까지의 투자 및 보급실적은 [표 2.7]과 같다.

〔표 2.6〕 자가용 태양광 발전설비를 위한 년도별 보조금과 보급용량

구 분	1994	1995	1996	1997	1998	1999	2000	2001	2002	2003	2004	2005	2006	합계
보조금 (백만원)	477	495	730	440	630	400	700	583	634	1,336	974	12,954	15,025	35,380
보급용량 (KW)	25	10	46	40	51	32	60	53	61	125	115	2,025	2,255	4,898

〔표 2.7〕 태양광사업 분야별 투자 및 보급실적

사 업 구 분	예 산 (실적기준, 백만원)				보급잠재량(toe)				toe/백만원
	'04	'05	'06	계	'04	'05	'06	계	
보 급 보 조	20,063	32,806	83,597	136,466	787	1,931	4,015	6,733	0.05
발 전 차 액	8	340	3,481	3,829	3	131	1,367	1,501	0.35
공공의무화	4,895	14,795	24,782	44,472	110	305	830	1,245	0.03
융자(시설)	5,206	11,078	24,471	40,755	183	1,698	2,609	4492	0.11

* 발전차액지원과 융자지원(시설자금)에 의한 보급실적은 일부 중복

2.3 국내외 향후 보급전망

주요 선진국의 향후 보급목표를 살펴보면 미국, EU, 일본 등은 태양광발전량을 2030년까지 20~100배 이상 확대할 목표를 설정하고 보급지원정책을 추진 중이다.

[표 2.8]은 주요국 태양광발전 보급목표를 나타낸다.

〔표 2.8〕 주요국 태양광발전 보급 목표(GW)

국 가	2010년	2020년	2030년
미 국	2.1	36	200
E U	3.0	41	200
일 본	4.8	30	100

1. 일 본

2030년까지 전체 전력공급의 약 10%, 주거용 전력의 50%를 태양광발전으로 대체할 목표를 설정한 2030 태양광 로드맵을 수립하였다.

[표 2.9]는 일본의 2030 태양광 로드맵(2004)에 의한 셀 및 모듈의 효율 개선 목표를 나타내며, [표 2.10]은 2030 태양광 로드맵(2004)에 의한 태양광 발전단가 목표를 나타낸다.

〔표 2.9〕 일본의 셀과 모듈 효율 개선 목표

모듈(셀)

Cell Type	2010년	2020년	2030년
Thin- Bulk Multi-c Si	16(20)	19(25)	22(25)
Thin-Film Si	12(15)	14(18)	18(20)
CIS Type	13(19)	18(25)	22(25)
Dye-sensitized	6(10)	10(15)	15(18)

*출처 : 일본 2030 태양광 로드맵 (2004)

〔표 2.10〕 일본의 태양광 발전단가 목표

구 분	2010년	2020년	2030년
일 본	￥23/kWh (가정용 전기료)	￥14/kWh (상업용 전기료)	￥7/kWh (산업용 전기료)

2. 미 국

태양광 발전분야의 시장 점유율을 제고하기 위하여 향후 2025년까지 신규 발전설비의 50%를 태양광발전으로 대체하고 2030년까지 시스템 가격, 전력생산비, 보급용량, 셀·모듈·시스템의 효율향상 등에 대한 목표를 설정하였다.

[표 2.11]은 미국의 태양광 2030 목표이다.

〔표 2.11〕 미국의 태양광 2030 목표

구 분	원가절감	보급목표	고용효과	효율향상
목 표	시스템가격: $2.33/Wp 전력생산비: 3.8cents/kWh	200GWp (연간 19GWp)	260,000 (32명/MWp)	Cell: 22~44% Module: 20~30% System: 18~25%

3. 유 럽

유럽은 2010년까지 발전량의 22%를 신·재생에너지로 대체하며 2040~2050년에는 전체 전기 공급량의 10%이상을 태양광발전으로 공급하기 위한 장기목표를 설정하였다. [표 2.12]는 EU의 태양광 2030 목표이다.

〔표 2.12〕 EU의 태양광 2030 목표

구 분	원 가 절 감	보급목표	고용효과	효율향상
목 표	시스템가격: 1~1.5유로/Wp 전력생산비: 0.06~0.1유로/kWh	200GWp	200.000	20~30%

3 태양광산업의 기술동향

3.1 국외 기술동향

태양전지분야에서 신기술 혁신의 가능성이 높아짐에 따라 미국, 유럽 등은 정부차원의 연구개발과 상업화 지원을 더욱 강화해 나가고 있다.

최근 유럽에서는 11개국의 대학, 연구소, 기업 등이 컨소시엄(Consortium)을 구성해서 공동으로 참여하는 ATHLET(Advanced thin film technology for cost effect photovoltaic)이라는 박막필름(Thin film)의 태양전지 개발 프로젝트가 출범하였다.

1. 독 일

2004년 기준 태양광산업 관련 기술개발 프로젝트 지원의 40%를 박막필름(Thin film) 기술에 집중하고 정부가 연구개발을 적극 주도함으로써 중소기업 등의 연구개발센터(R&D center) 역할을 하고 있다.

2. 미 국

에너지부(DOE : Department of energy) 주도로 국가 차원의 태양광발전 프로그램(National photovoltaic program)을 5년 주기로 지속 추진 중이다.

최근에는 차세대를 겨냥한 「Photovoltaic beyond the horizon」 사업으로서 다양한 태양전지의 소재(素材) 및 공정(工程)을 광범위하게 연구 중에 있다.

3. 일 본

정부 주도의 상용화 기술개발을 추진 중이며 태양전지의 원료의 저가화(低價化)와 신형 태양전지 개발에 힘쓰고 있다.

신에너지 및 산업기술 종합개발기구(NEDO : New energy and industrial technology development organization)의 위탁과제로 관련 핵심기술을 개발해 나가고 있으며 Show shell이 박막필름(Thin film) 기술의 상용화를 진행하고 있다.

3.2 국내 기술동향

1970년대 초부터 대학과 연구소를 중심으로 연구를 시작해서 1988년부터 대체에너지 개발 촉진법에 따라 정부차원의 기술개발이 이뤄져 왔다.

〔표 2.13〕 태양광 산업분야 국산화율 및 국외 대비 기술수준

핵 심 기 술(비중)			설계국산화율(%)	제작/생산 국산화율(%)	국외대비수준(%)
실리콘 태양전지 원료소재(0.2)			90	75	75
기 판 (0.1)	단 결 정		100	100	85
	다 결 정		30	0	30
	박 막		80	70	70
태양전지 (0.2)	단 결 정		90	70	85
	다 결 정		70	50	70
	박막	비정질 실리콘	70	30	40
		CIGS	30	0	30
		염료감응	70	0	70
모 듈 (0.1)	표준형 대면적 모듈		100	100	95
	비정질 실리콘 모듈		80	0	40
P C S (0.1)	가정용 (단 상)		100	100	90
	산업용 (대용량)		100	100	90
	발전용 (대용량)		100	100	80
축전지(0.05)			100	100	80
시스템(0.15)			100	70	85
시 공 (0.1)	구 조 물 형 태		100	100	100
	건 자 재 일 체 형 건축전용(Module Kit)		80	80	80
평 균			82.5	63.7	72.0

〔표 2.14〕 태양광산업 분야의 단계별 기술개발 전략

단 계	기술개발 내용	기 간
1단계	ㅇ 수출산업화를 위한 소재 국산화와 신기술 확보 추진	~ 2007
	• 태양전지용 실리콘소재 생산기술 개발 • 차세대 태양전지 원천기술 개발 • 결정질, 투과형 모듈 등 건물 일체형 태양전지 모듈 개발 • PCS 대용량화와 고효율화 지속 추진	
2단계	ㅇ 저가화, 고효율화를 위한 차세대 태양전지 실용화 기반 마련	2008 ~ 2009
	• 태양전지용 실리콘 생산 플랜트 실증 • 차세대 태양전지 실용화 기술개발 • 건물일체형 태양전지 모듈과 130μm급 전지 모듈 공정 개발	
3단계	ㅇ 차세대 태양광기술의 상용화를 통한 경제성 확보	2010 ~ 2012
	• 100μm급 초박막 태양전지 개발과 박막 태양전지의 고효율화 • 화합물형, 염료감응형 차세대 태양전지 건물 일체형 모듈 개발	

※ 차세대 태양전지 : 기존 실리콘 태양전지의 단가 및 효율 등의 한계 극복을 위한 기술개발(기술 난이도에 따라 초박형 실리콘, 박막형, 화합물형 태양전지 등)

1988년부터 2006년까지 태양광분야의 101개 과제에 1,075억을 투자하였으며, 그 중 710억을 정부가 지원하였다.

국내에서는 태양전지의 저가화와 효율 향상을 위한 제조기술 개발과 시스템 이용 기술개발을 병행하여 추진 중에 있다.

향후 추진계획으로 실리콘계 태양전지 분야는 저가, 고효율화를 위한 기술개발을 추진하고, 화합물계등 차세대 태양전지는 대면적화와 실용화를 위한 요소기술 개발 및 시스템화를 위한 연구개발을 추진하고 있다.

또 PCS의 경량화 및 고효율화 그리고 BIP 시스템의 상용화 기술개발도 추진 중에 있다.

국내 태양광산업은 2004년 이후 지속적인 정부지원에 따라 소재 및 모듈분야 등에서 대기업 등의 참여가 활발해지는 산업 활성화의 단계에 있다.

[표 2.13]은 태양광 산업분야의 설계 국산화율과 제작 및 생산에 있어서 국산화율, 국외 대비 기술수준을 나타내며, [표 2.14]는 태양광산업 분야의 단계별 기술개발 전략을 나타낸다.

4 태양광산업의 시장 동향

4.1 국외 시장 동향

태양광산업의 세계시장은 1995년 이후 연평균 30% 이상의 급신장을 이룩하는 추세에 있다. 태양전지 생산은 2003년 730MWp, 2004년 1.1GWp, 2010년에는 6GWp를 예상하고 있다.

최근 발표된 Credit Lyonnais Security Asia(CLSA) 보고서에 의하면 전 세계 태양광산업은 2004년 1.2GWp, 약 83억 달러에서 2010년 6GWp, 360억 달러규모의 시장이 형성될 것으로 전망하고 있다.

그런데 2005년에 예측한 2010년의 전 세계 태양광 발전량 규모 6GWp가 2006년에는 수정되어 10GWp로 발표되고 있는 등 최근 2010년 태양광 발전량 전망이 지속적으로 상향 조정되는 추세에 있다. 그리고 전 세계 태양광산업의 시장규모는 2007년 기준 186억 달러이며 최근 6년간 연평균 30%이상의 고속성장을 기록하고 있으며 현재 빠르게 성장하고 있는 산업 중 하나이다.

독일, 일본, 미국 등에서는 이미 오래전부터 이러한 산업발전을 예측하고 태양광산업에 대한 투자를 십 수 년 전부터 진행해 오고 있다.

태양광발전시스템의 전 세계 설치 누적용량을 보면 2003년 2,035MWp에서 2004년 2,829MWp, 2005년 4,294MWp, 2006년말 6,038MWp로 2003년 대비 약 3배가 증가하였다.

매년 신규 설치용량은 2004년 794MWp, 2005년 1,465MWp, 2006년 1,744MWp로 급격히 증가하는 추세에 있다.

세계 주요 업체들의 태양전지 생산 동향을 보면 태양전지 제조업체 중 10대 메이커들이 2006년 기준, 전체 생산량 1,759MWp의 약 76.5%인 1,346MWp를 점유하고 있으며 기타 30여개 업체가 전체 생산량의 23.5%인 413MWp를 점유하고 있는 실정이다.

그리고 2007년까지 전 세계 태양전지 설비용량 5,000MWp 중 주요업체 생산설비용량은 78.2%(3,910MWp)에 이르고 있다.

또 전체 5,000MWp의 생산 설비용량 중 4,400MWp는 실리콘 태양전지를 생산하고, 600MWp는 박막형 태양전지를 생산하였다.

2008년에는 2005년 대비 실리콘 태양전지 생산설비 용량이 2.5배 증가되어 폴리실리콘 원재료 공급부족 현상이 심화되기도 했다. 해외 주요업체들은 에너지회사의 신규참여에 따른 기업 인수합병(M&A : Mergers and acquisitions)과 생산단가를 낮추기 위한 생산설비 확대 등으로 대형화 추세에 있다.

특히 후발주자인 중국은 태양광발전 설비구축 누적량을 2000년 약 19MWp에서 2004년 65MWp로 증가하였다.

2004년 기준 중국의 태양광발전 관련 사업의 현황을 보면 웨이퍼 생산은 7개 업체 71.5MW 규모이며, 단(다)결정 태양전지 생산은 6개 업체 64MWp 규모이고, 태양전지모듈 생산은 20여개 업체 1,014MWp 규모이다.

전 세계 태양전지 생산량은 2003년 744MWp, 2004년 1,194MWp 2005년 1,759MWp로 1995년 이후 연평균 30%이상 증가 추세에 있으며 2010년에는 6GWp를 예상하고 있다. 특히 일본 50%, 유럽 26%, 미국 12% 등으로 이들 국가는 전 세계 태양전지 생산량의 약 90%를 차지하며 세계 시장을 주도하고 있다.

〔표 2.15〕 연도별 세계 태양전지 생산 현황(MW)

국가＼년도	'95	'96	'97	'98	'99	'00	'01	'02	'03	'04	'05
일 본	16.4	21.2	35.0	49.0	80.0	128.6	171.2	251.1	363.9	602	833
유 럽	20.1	18.8	30.4	33.5	40.0	60.7	86.4	135.1	193.4	314	470
미 국	34.8	38.9	51.0	53.7	60.8	75.0	100.0	120.6	103.0	139	154
기 타	6.4	9.8	9.4	18.7	20.5	23.4	32.6	55.5	83.8	139	302
계	77.7	88.7	125.8	154.9	201.3	287.7	390.2	562.3	744.1	1,194	1,759

[표 2.15]는 연도별 세계 태양전지 생산 현황(MW)을 나타낸다.

그리고 [표 2.16]은 세계 주요 태양광 업체의 태양전지 생산 현황(2005년)을 나타내며, [표 2.17]은 2007년까지 세계 주요 메이커들의 태양전지 생산설비 용량과 점유율을 나타낸다.

〔표 2.16〕 세계 주요 업체의 태양전지 생산 현황(2005년, MW)

업체명	Sharp	Q-Cells	Kyocera	Sanyo	Mitsubishi	Schott Solar	BP Solar	Suntech Power	Motech	Shell
국 가	일본	독일	일본	일본	일본	독일	미국	중국	대만	독일/미국
생산량	427	165	143	125	100	95	88	83	60	60
점유율 (%)	24.3	9.4	8.1	7.1	5.7	5.4	5.0	4.7	3.4	3.4

〔표 2.17〕 세계 주요 업체의 태양전지 생산설비 용량과 점유율

업체명	국 가	설비용량(MW)	점유율(%)	순 위
Sharp	일 본	800	16.0	1
Q-Cells	독 일	500	10.0	2
Kyocera	일 본	480	9.6	3
Sanyo	일 본	400	8.0	4
Suntech Power	중 국	250	5.0	5
Nanjing	중 국	250	5.0	5
Mitsubishi	일 본	230	4.6	7
Solarworld	독 일	200	4.0	8

Schott Solar	독 일	200	4.0	8
Isopoton	미 국	200	4.0	8
Motech	스페인	200	4.0	8
기 타	대 만	200	4.0	8
기 타	중 국	350	7.3	–
기 타	유 럽	270	5.4	–
기 타	일 본	150	3.0	–
기 타	미 국	150	3.0	–
기 타	–	170	3.4	–

4.2 국내 시장 동향

우리나라의 태양광산업은 국외의 태양광 시장의 확대와 태양광에 대한 기술개발 및 보급에 대한 정부의 적극적인 의지에 힘입어 활성화가 이뤄지고 있다.

국내 시장규모는 정부의 주택보급사업, 보급보조사업, 발전차액지원제도, 공공건물 의무화제도 등의 정책에 힘입어 2004년 약 2.6MWp규모가 되었으며 2005년에는 약 6MWp에 이르렀다.

2006년 기준 35MWp(2.3억 달러, 전 세계 시장점유율 1.6%)의 국내 태양광시장규모는 정부 주도의 태양광발전 보급정책으로 2010년 450MWp(16.5억 달러, 전 세계 시장점유율 2.8%)로 전망되고 있으며 2012년 세계시장 10%(30억 달러)를 점유하고 1만명의 고용창출효과를 기대하고 있다.

우리나라에서는 2007년부터 본격적인 초기 시장이 형성되고 있는 실정이며, 정부에서는 태양광산업 발전을 위한 중장기 계획을 수립하여 2012년에는 1,300MWp 보급 달성을 목표로 정책을 펴나가고 있다.

2006년 태양광사업단의 발표 자료에 의하면 국내 태양광산업 연도별 국내 시장규모와 보급량은 [표 2.18]과 같으며, 1996년부터 2006년까지의 연도별 태양광발전 공급량, 발전량 및 설비 보급현황은 [표 2.19]와 같다.

〔표 2.18〕 국내 태양광산업 연도별 국내 시장규모

	2003	2004	2005	2006	2007	2008	2009	2010	2011	2012
국내시장규모 (US$, 백만)	12	30	112	238	325	465	638	1,650	2,385	2,385
보급량(MWp)	1	3	14	35	50	75	110	230	330	450

〔표 2.19〕 연도별 태양광발전 공급량 및 설비 보급현황

구 분		'96	'97	'98	'99	'00	'01	'02	'03	'04	'05	'06	누적용량
공급량(toe)		639	775	949	1,143	1,321	1,546	1,761	1,938	2,468	3,600	7,756	23,896
	사업용	–	–	–	–	–	–	–	–	3	149	1,417	1,569
	자가용	639	775	949	1,143	1,321	1,546	1,761	1,938	2.465	3,451	6,339	22,327
발전량(MWh)		2,556	3,100	3,796	4,572	5,284	6,184	7,044	7,752	9,872	14,399	31,022	95,581
	사업용	–	–	–	–	–	–	–	–	13	595	5,666	6,274
	자가용	2,556	3,100	3,796	4,572	5,284	6,184	7,044	7,752	9,859	13,804	25,356	89,307
설비보급량(kW)		2,073	410	619	518	531	792	475	563	2,553	4,990	22,322	35,846
	사업용	–	–	–	–	–	–	–	–	238	1,224	9,071	10,533
	자가용	2,073	410	619	518	531	792	475	563	2,315	3,766	13,251	25,313

국내 태양광산업 기술 분야별 동향은 다음과 같다.

1. 소재분야(素材分野)

동양제철화학이 26,500톤/년 규모의 폴리실리콘 공장을 계획 중이며, KCC가 100톤/년 규모를 생산 예정이다. 폴리실리콘(Poly-Si)은 태양전지 및 반도체 웨이퍼의 핵심 원료이다. 동양제철화학은 2006년 6월 28일과 2007년 7월 12일 및 12월 12일에 공시를 통하여 가동(稼動)중에 있는 5,000톤 규모의 제1공장의 생산능력을 1,500톤 추가 증설(增設)하고 10,000톤 규모로 군산공장 부지 내에 제2공장을 건설 중에 있다. 이로서 동양제철화학이 2009년 12월까지 투자하는 폴리실리콘 생산공장의 생산능력(Nameplate capacity)은 26,500톤이 되며 총 투자비는 2조 2,500억원에 이르게 된다.

동양제철화학은 연30% 이상 지속적으로 높은 성장이 예상되는 태양광산업의 핵심원료인 폴리실리콘 사업을 집중육성하고 있으며, 이번 추가 건설이 완료되면 2010년부터 총26,500톤의 생산능력을 보유하게 된다. 이 업체는 세계 폴리실리콘 업계 내 2위업체로 부상하고자 하는 비젼(Vision)을 가지고 있다.

2. 잉곳(Ingot) 및 웨이퍼(Wafer) 분야

웅진에너지는 단결정 실리콘 잉곳 1,400톤/년 규모이며, 레서는 200톤/년 규모이다. 그리고 단결정 실리콘 잉곳/웨이퍼 분야에서 넥솔론은 150MW, 네오세미테크 120MW, 스마트에이스 100MW, 실트론 10MW 규모이다.

3. 태양전지(Solar cell) 분야

(주)KPE에서 96MWp 규모로 양산중이며 신성ENG와 STX Solar가 각각 50MWp, 그리고 현대중고업과 미리넷솔라가 각각 30MWp 규모로 생산중이다.

4. 모듈(Module) 분야

심포니에너지(100MW), 경동솔라(80MW), S-에너지(60MW), 현대중공업(30MW), 유니슨(13MW), LS산전(10MW), 해성솔라(10MW), 솔라테크(10MW) 등이 생산설비를 확보하여 모듈 생산중이다.

5. 인버터(Inverter) 분야

헥스파워시스템, 윌링스, 다스테크, 한양정공, 현대중공업 등이 신·재생에너지 설비 인증 후 양산 중이다.

[표 2.20]은 태양광산업 분야별 관련 업체와 생산능력 및 기술개발 내용이며 [표 2.21]은 국내 업체 등의 분야별 투자 계획이다.

〔표 2.20〕 태양광산업 분야별 업체와 관련내용(2008년)

분 류	회 사 명	사업영역	용 량
원 료	동양제철화학	폴리 실리콘	5,000ton
	KCC	폴리 실리콘	100ton
	소디프신소재	모토 실리콘	300ton
	LG화학, 삼성섬유화학, 한화석유화학, SKC, 한국 실리콘, 진흥, 등		
잉 곳 및 웨이퍼	웅진에너지	단결정 실리콘 잉곳	1,400ton
	렉 서	단결정 실리콘 잉곳	200ton
	글로실	다결정 실리콘 잉곳	65ton
	넥솔론	단결정 실리콘 잉곳/웨이퍼	150MW
	네오세미테크	단결정 실리콘 잉곳/웨이퍼	120MW
	스마트 에이스	단결정 실리콘 잉곳/웨이퍼	100MW
	퀼리플로 나라테크	다결정 실리콘 잉곳/웨이퍼	50MW
	실트론	단결정 실리콘 웨이퍼	10MW
	오성LST, 업트론, 현대중공업, 솔믹스, etc		
태 양 전 지	KPC	단결정/다결정 태양전지	96MW
	신성 ENG	단결정 태양전지	50MW
	STX Solar	단결정 태양전지	50MW
	현대중공업	단결정 태양전지	30MW
	미리넷 솔라	다결정 태양전지	30MW
	한국철강	아몰퍼스 실리콘 박막 전지/모듈	20MW
	LG전자, 삼성전자, etc		
모 듈	심포니 에너지	단결정/다결정 실리콘 모듈	100MW
	경동솔라	다결정 실리콘 모듈	80MW
	에스에너지	단결정 실리콘 모듈	60MW
	현대중공업	단결정 실리콘 모듈	30MW
	유니슨	단결정/다결정 실리콘 모듈	13MW
	LS전선, 해성솔라	단결정 실리콘 모듈	각10MW
	솔라테크	단결정/다결정 실리콘 모듈	10MW
	ETA 솔라	단결정 실리콘 모듈	3MW
PCS	헥스파워	PCS	90MW
	윌 링 스	PCS	55MW
	다스테크	PCS	14MW
	한양전공	PCS	2.5MW
	현대중공업, Dongmyung Electric Research, etc		
시스템	이건창호, LG화학, 코오롱E&C, 경남알미늄	BIPV system	
	파 루	Tracking system	
	대한전선	Concentrating & Tracking system	
	효성, LG CNS, Sunkim, 심포니에너지, 에스에너지, 경동솔라, etc		
장 비	주성엔지니어링	PV생산라인(Turn key)	
	IPS	증착, 에칭 장비	

〔표 2.21〕 국내 업체들의 분야별 투자 계획

분 야	업 체 명	투 자 계 획
실리콘 소 재	동양제철화학(주)	- '10년까지 2조 2500억원 투자, 연산 26,500톤 폴리실리콘 생산능력 보유추진 계획
	KCC	- 100톤 규모 폴리실리콘 생산라인 건설
잉 곳 및 웨이퍼	(주)실트론	- 잉곳 및 웨이퍼 10MWp 규모
	웅진코웨이	- 잉곳을 생산하는 웅진에너지 설립계약 (웅진코웨이 60억, 미국 Sunpower 20억 출자)
	스마트에이스	- 연산 100MW 단결정 잉곳 및 웨이퍼 공장 건설
태 양 전 지	현대중공업	- 270MWp 공장건설계획(충북음성 제2공장, 2009년 완공)
	LG화학	- 결정질 실리콘 태양전지 연산 5MWp급 Pilot line 건설 및 기술개발 중
	LG전자	- 박막형 실리콘 태양전지 Pilot line 건설 완료, 기술개발 중
	(주)KPE	- 태양전지 30MWp 생산라인 증설('06년), 60MWp(제3공장 증설, 2009년)
	미리넷솔라(주)	- 태양광 신규 사업 진출, 다결정태양전지 30MWp 생산라인 건설
	한국철강	- 20MWp 박막형 태양전지 양산라인 구축계획('08)
모 듈 및 시스템	(주)현대중공업	- 모듈라인 110MWp 증설('08)
	(주)심포니에너지	- 제2공장 (모듈 및 잉곳) 증설 계획
	(주)에스에너지	- 모듈 라인 30MW 증설(2교대 기준), 공장신축, 일반 모듈라인 1기, BIPV 전용라인 1기 총 2기 증설(약 50억원 투자)
	(주)경동솔라	- 10MWp 모듈라인 증설(총 80MWp 라인 설비)
	(주)LS산전	- 모듈라인 증설 ('07) - '06년 인버터 생산라인 setup 완료
	(주)쏠라테크	- 태양전지모듈라인 1MWp에서 10MWp로 증설(3교대기준)
	이건창호	- 태양광 BIPV 창호
인버터	헥스파워시스템(주)	- 단상 인버터 생산라인 설비 구축('06), 90MW 용량
	한양전공(주)	- 10kWp 제품 인증관련 설비 증설
관 련 장 비	주성엔지니어링	- 증착장비, PV생산라인(Turnkey)

5 우리나라 태양광산업의 비전과 발전 전략

5.1 차세대 성장산업으로서 태양광산업

잠재적 고유가, 화석연료의 고갈, 온실가스 감축 문제 등으로 신·재생에너지의 필요성이 대두되고 있는 가운데 태양광발전은 태양이라는 무한한 에너지원과 제약이 작은 설치조건으로 신·재생에너지 중 가장 유력한 대안으로 평가받고 있다.

또한 태양광발전은 폴리실리콘의 대량생산을 통한 가격하락과 폴리실리콘의 가격하락에 따른 태양광산업의 수요 촉발 그리고 신기술 개발 등 산업 내 노력에 따른 가격 경쟁력 확보와 더불어 유가상승에 의한 기존 전력 발전단가의 상승 등으로 향후 10년을 전후하여 태양광 발전단가와 기존전력 발전단가가 같아지는 그리드 패리티(Grid parity)에 도달하여 태양광산업의 수요가 급팽창할 것이 전망된다.

우리나라는 독일, 일본, 미국 등 태양광산업분야의 선진국보다 약 10년 정도 늦게 시작하였지만, 2012년 1.3GWp 보급을 목표로 적극적인 정책을 실시함에 따라 국내 태양광산업 기반이 빠르게 구축되고 있다. 또한 첨단 반도체 장비의 국산화 등 태양광산업 관련 인프라가 세계 어느 나라보다도 우수하므로 국내 태양광산업 발전이 더욱 가속될 것으로 예상된다.

5.2 태양광산업의 비전(vision)

2012년까지 주택용, 건물용, 산업용 태양광 발전설비 1,300MWp보급과 태양전지 효율을 2003년 기준 12%에서 2006년 15%, 2012년 18%까지 증대시키며 시스템 설치 비용등의 단가는 2003년 $10/Wp에서 2012년 $3/Wp로 낮추는 목표를 계획 중이다.

또 2012년 세계시장의 10%(30억 달러) 점유와 1만명의 고용창출 효과를 기대하며 세계 최고의 반도체 기술을 활용하여 차세대 수출산업화 함으로써 세계 3위의 태양광산업 강국으로의 도약을 목표로 설정하고 이를 위해 노력 중에 있다.

5.3 태양광산업의 발전전략

우리정부에서는 1단계('04~'06)에는 산학연 협력체계를 구축하고, 2단계('07~'09)에는 민간 투자 활성화를 유도하며, 3단계('10~'12)에는 원천기반기술확보 및 기술, 가격 국제 경쟁력을 확보하여 2012년까지 세계 3위의 태양광산업 강국으로의 도약을 위한 단계별 발전전략을 제시하고 있다. 또 이를 위해

① 태양광산업 경쟁력 확보를 위한 전략적 기술개발
② 국내 기술개발 및 인력 양성 등 산업기반 강화
③ 국내 보급정책 및 보급계획의 구체화
④ 보급 활성화를 위한 기반 조성 강화
⑤ 수출 산업화를 위한 해외 시장 개척

등의 사업을 추진할 계획이다. 다음 [그림 2.2]는 우리 정부의 2012년까지의 단계별 태양광산업의 발전전략을 나타낸다.

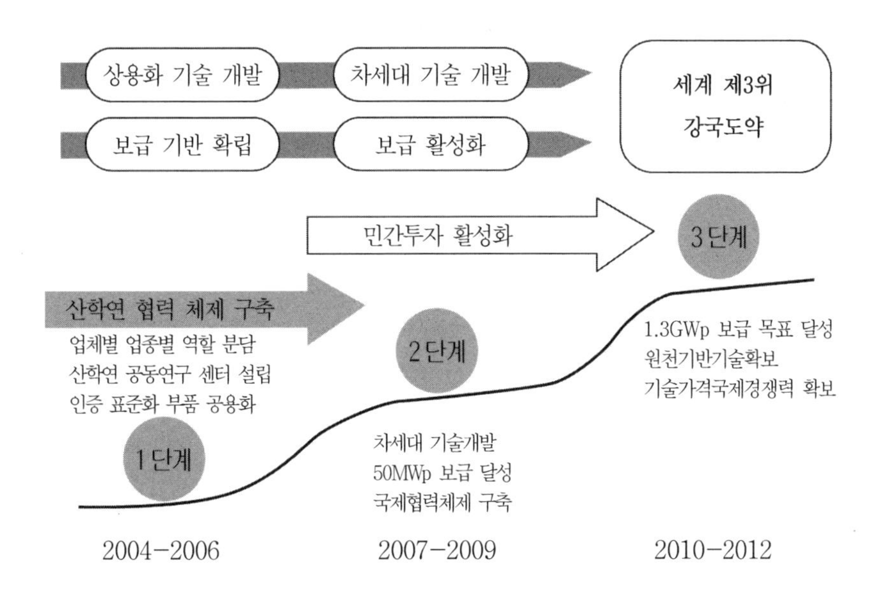

〔그림 2.2〕 우리 정부의 단계별 태양광산업 발전 전략

5.3 태양광산업의 정책측면에서의 고려사항

태양전지는 반도체산업과 같이 실리콘을 원료로 하는 대규모 장치산업으로 초기시장 형성만 뒷받침되면 수출전략 산업화가 가능하며 반도체, 디스플레이 등 관련 분야의 풍부한 인적, 물적 인프라를 활용하여 단기간에 기술 경쟁력 확보가 가능하며 고용효과가 높은 성장 동력원으로 육성이 필요한 분야이다.

그러나 국내의 태양광 관련기술의 성장 없이 보급정책에만 초점을 맞출 경우 정부의 지원정책은 일본, 독일 등 태양광산업 선두국가들에게 시장을 제공하는 역할만을 수행할 가능성이 크므로 국내산업의 성장속도에 맞추어 탄력적인 정책운영이 필요하다. 따라서 일본의 경우와 같이 소재, 부품 분야 등 기술집약적인 핵심기술 영역에 역량을 집중한 과감한 정책적 지원이 요구되며, 경제성 확보가 가능할 것으로 예상되는 2020년까지 핵심기술 및 부품 국산화, 지속적인 비용절감을 위한 정부의 기술개발과 시장확대를 위한 지원정책이 필요할 것으로 생각한다.

6 국내외 태양광산업의 동향과 전망

6.1 개　요

전 세계 태양광산업의 시장이 2005년 150억 달러에서 2010년 361억 달러로 2배 이상 성장할 것으로 전망하고 있다. 특히 고유가 시대에 접어든 2003년 이후 태양광산업분야는 매년 30% 이상 성장하여 왔다.

독일의 포튼 컨설팅(Photon consulting)에 따르면 1990년대 저유가시대에 태양광발전 시장의 연평균 성장률은 24%였으나, 2000년대 고유가 시대에 접어들면서 38%씩 증가하고 있다고 한다.

포톤 컨설팅은 2008년 초 보고서에서 2006년까지 전 세계 태양광발전 용량은 2.6GWp에 그쳤지만 2010년 23.3GWp로 10배 가까이 성장할 것으로 예상하고 있다.

포튼측은 1년전만 해도 2010년 태양광 수요가 15GWp에 이를 것으로 전망했으나 성장속도가 너무 빨라 1년 만에 8GWp를 추가해 예상치를 수정 발표했다.

우리정부는 2010년까지 태양광주택 10만호 보급사업을 진행하는 등 태양광발전 비중을 전체 발전규모의 1%대로 진입시키기 위해 노력하고 있다.

6.2 태양광산업의 가치사슬(Value chain)

태양광산업은 수직 계열화(系列化)가 철저한 특징을 갖는다.

태양광산업은 규소를 정밀 가공해 만든 원료 폴리실리콘을 시작으로 잉곳(Ingot)과 웨이퍼(Wafer)를 거쳐 태양전지(Solar cell)와 태양전지 모듈(Solar cell module)을 만든 후, 태양광발전소의 설계, 시공 및 운영에 이르는 일관된 가치사슬(Value chain)을 갖추고 있다.

폴리실리콘은 태양광산업의 가치사슬의 맨앞에 위치한 핵심기초 소재(素材)로서 초고순도 [99.9999999%(9 nine)]의 최첨단기술이 요구되는 제품이다.

또한 폴리실리콘 분야는 설비투자비가 많이 투자되는 자본 집약적 산업이며 기술적 진입장벽이 매우 높기 때문에 세계적으로 원천기술을 보유하고 본격적으로 상업생산을 하고 있는 기업은 미국의 헴록(Hemlock), 독일의 바커(Wacker), 노르웨이의 REC, 미국의 MEMC, 일본의 도쿠야마(Tokuyama) 등의 소수 업체 정도다.

태양광발전의 핵심인 태양전지는 156mm(가로)×156mm(세로) 크기로 만들어지며 이것을 직병렬로 다시 연결한 것이 태양전지 모듈이다.

최근에는 스페인 등 일조량이 많은 나라들이 경쟁적으로 태양광발전소를 설치하면서 모듈 가격이 크게 뛰고 있다.

이는 일본의 샤프(Sharp)와 교세라(Kyocera), 독일의 큐셀(Q-Cell), 중국의 선텍(Suntech power) 등에서 효율이 좋은 셀을 거의 과점(寡占) 형태로 생산하다보니 부쩍 늘어난 수요를 감당하기 어려워 나타난 현상으로 해석된다.

태양광산업의 긴 가치사슬은 태양전지를 여러 개 직병렬로 조합(組合)한 태양전지 모듈을 태양빛이 강한 최적의 용지를 찾아내 설치하는 것으로 끝이 난다. [그림 2.3]은 태양광산업의 가치사슬(Value chain)의 흐름과 국내 관련업체들을 나타낸다.

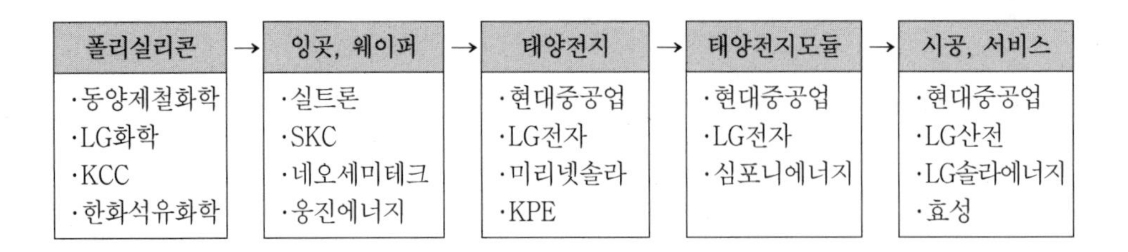

〔그림 2.3〕 태양광산업의 가치사슬과 국내 관련 업체

6.3 태양광산업의 국내 업체 동향

고유가와 온실가스 감축의 영향으로 전 세계적으로 태양광이 각광을 받고 있는 가운데 우리나라에서도 대기업과 중견기업들이 저마다 자신들이 영위해 온 업종을 바탕으로 태양광 산업의 가치사슬 가운데 유사 태양광산업 분야에 속속 뛰어 들고 있다.

수직 계열화 된 태양광산업의 모든 분야를 하겠다고 선언한 곳은 LG그룹과 삼성그룹 그리고 현대중공업이 대표적이다.

LG그룹은 LG화학이 폴리실리콘(Poli-Si)을, 실트론이 태양전지용 웨이퍼(Wafer)를, 반도체를 만들어 온 LG전자가 태양전지(Solar cell)와 태양전지 모듈(Solar cell module)을 생산하고 LG솔라에너지가 태양광발전소의 건설과 운영을 맡는 등 역할 분담을 끝낸 상태이다. LG솔라에너지는 2008년 6월말 태안반도에 14MWp 태안 태양광발전소를 완공한 바 있다.

삼성그룹은 "태양광을 제2의 반도체로 키운다"는 의지를 표명하고 있으며 그룹의 신성장엔진으로 6대 신수종사업을 선정하였다.

이 중 하나가 에너지 분야이며 가장 중점적으로 추진하는 사업이 태양광이다. 삼성은 이 분야에 집중 투자하여 단 시간 내에 세계 최고 수준의 경쟁력을 확보한다는 전략을 세우고 있다. 아직까지는 시작단계에 불과하지만 주요계열사를 중심으로 태양광 사업에 필요한 수직계열화의 밑그림을 완료한 상태이다. 삼성석유화학 등 화학계열사(삼성석유화학, 삼성정밀화학)가 태양광의 핵심소

재인 폴리실리콘의 개발과 제조를 맡고, 태양전지는 삼성전자(LCD총괄에서 개발 추진), 그리고 태양전지모듈은 삼성 SDI, 태양광발전시스템의 설계, 건설, 운영은 삼성에버랜드와 삼성물산 등이 전담한다는 것이다. 삼성전자는 충남 탕정에 있는 LCD 총괄의 차세대연구소 산하에 태양광에너지 조직을 신설했다.

현대중공업은 2008년 3월 KCC와 연산 2,500톤 규모 폴리실리콘 생산을 위한 합작법인을 설립하면서 태양광 사업을 차세대 신성장동력으로 육성하고 있다. 또한 충북 음성군 소이공업단지에 연산 30MW급 태양광 공장 준공식을 가졌으며, 총 340억을 투자해 태양전지와 태양전지 모듈을 생산하게 된다. 2009년까지 2,000억원을 추가 투자해 제 2공장을 지을 계획이다.

한국수력원자력은 2008년 5월 전남 영광군 영광발전소 내 용지에 1,500여 가구가 동시에 사용할 수 있는 3MWp 국내 최대 태양광발전 설비인 영광 솔라파크(Solar park)를 준공했다.

이것은 연간 5,400배럴의 원유 대체와 연간 2,200톤의 이산화탄소(CO_2) 저감 효과를 거둘 수 있는 것으로 알려지고 있다.

한국수력원자력은 영광 솔라파크(Solar park)를 계기로 2015년까지 원전 설비용량의 7%에 해당하는 1,400MWp의 신·재생에너지 설비를 추가로 확보해 총 1,910MWp의 신·재생에너지 설비를 갖춘다는 계획이다.

이 밖에도 화학회사들이 주로 폴리실리콘을, 박막 필름 제조업체들이 태양전지용 웨이퍼를 그리고 전자업체들이 태양전지와 태양전지 모듈 분야에 진출하고 있다.

PART Ⅲ

태양광발전 시스템의 설계

(Design of Photovoltaic System)

1 태양광발전시스템

1.1 태양광발전시스템의 개요

태양광발전은 무한정, 무공해의 햇빛(빛에너지)을 이용하여 전기(전기에너지)로 변환하는 첨단 기술이다. 따라서 태양이 비치는 곳이면 어디에서나 설치하여 전기를 얻을 수 있으며 다른 발전 방식과는 달리 대기오염이나 소음, 진동 등의 공해(公害)가 전혀 없는 발전시스템이다.

또한 연료의 수송과 저장에 따른 문제가 없으며 수명이 길고 설치 공사가 쉬운 장점이 있다. 다만 태양에너지의 밀도(密度)와 PV시스템의 변환효율이 낮아 대규모로 설치할 때에는 넓은 설치 면적이 필요하고, 발전단가(發電單價)가 다른 발전 방식에 비해 상대적으로 높은 것이 단점이다.

그러므로 태양광발전은 기존 발전방식과 경쟁하기 위해서는 저가(低價), 고효율(高效率)을 위한 기술개발이 요구되고 있다.

이 문제가 해결된다면 태양광발전은 석유를 대체할 수 있는 미래 에너지원으로 자리를 확고히 할 수 있을 것으로 판단된다.

1.2 태양광발전시스템의 특징

태양광발전시스템(Photovoltaic system 또는 PV system)은 다음과 같은 특징이 있다.

1. 장점

① 햇빛이 있는 곳이면 어느 곳에서나 간단히 설치 할 수 있다.
② 규모에 관계없이 설치가 가능하다.
③ 기계적인 가동부분이 없으므로 소음과 진동 등이 없어 공해 및 환경오염이 없다.
④ 한번 설치하면 유지 및 보수에 따른 비용이 거의 들지 않는다. 또, 유지보수가 용이하다.
⑤ 수명은 20년 내외로 비교적 오랫동안 사용할 수 있다.
⑥ 원재료에서부터 모듈 제작 및 시공에 이르기까지 산업화가 가능해 부가가치 및 고용창출 효과가 크다.
⑦ 화력발전에서와 같이 연료의 수송 및 저장에 따른 문제가 없다.
⑧ 발전원가는 높으나 반도체 기술을 활용하고 있어 기술혁신을 통한 원가절감 잠재력이 높은 편이다.
⑨ 전력수요가 가장 높을 때 전기 생산량도 정점이 된다.
⑩ 자원조달이 쉽다. 태양전지의 원료인 폴리실리콘은 규소(실리콘)를 가공해서 만들며, 규소는 모래나 자갈, 규석광에서 무한정 뽑아 쓸 수 있기 때문이다.

2. 단점

① 에너지 밀도가 낮아 다량의 태양전지 모듈을 사용해야 한다. 따라서 넓은 면적의 설치 공간이 필요하다.
② 태양전지의 재료는 아직까지 값이 비싼 반도체 재료인 실리콘을 사용하고 있다. 따라서 태양광발전시스템을 설치하는 데는 많은 초기 투자비가

필요하다. 즉, 다른 발전방식보다 발전 단가가 상대적으로 높은 편이다. 대체로 에너지원별로 발전단가를 보면 ¢/KWh 기준 기름(Oil) : 4.0, 풍력 : 5.0, 바이오 : 6.0, 소수력 : 7.0, 조력 : 8.0, 지열 : 8.0, 파력 : 9.0, 태양광 : 26.0등이다.

③ 전력 생산량이 지역별 일사량(日射量)에 의존한다.

1.3 태양광발전시스템의 응용분야

1. 주택, 아파트 및 빌딩 등의 전원설비

2. 통신시설

일반 무선중계기, 마이크로 회선, 방송 중계국

3. 도로관리

도로 안전표시판, 교통신호등, 긴급전화

4. 공장 및 산업기기

태양광발전, 전기사용기기

5. 항공 보안

항공 장애등, 항공보안시설, 기타 항공지원시설

6. 자동차

태양광 자동차, 전기자동차의 보조전원

7. 농축산업

배수펌프, 양수펌프, 비닐하우스, 온실, 배양시설

8. 교육

완구, 광검출기

9. 인공위성 및 우주개발

10. 항로 및 항만시설용 등대, 부표

1.4 태양광발전시스템의 분류

1. 상용 전력계통의 연계(連繫) 유무에 따라

태양광발전시스템은 태양빛이 공급되는 낮에만 발전할 수 있고 밤에는 발전할 수 없는 단점이 있어 시스템의 구성이나 부하의 종류에 따라 [그림 3.1]에서처럼 독립형 시스템, 계통연계형 시스템, 복합형(Hybrid type) 시스템 등으로 분류된다.

(1) 독립형 태양광발전시스템(Stand-alone system, Off-grid system)

상용전력으로부터 독립된 형태로 이용되는 시스템이다.

독립형은 인공위성이나 전력의 공급이 어려운 외딴섬이나 오지(奧地) 또는 상시전력을 공급받을 수 없는 곳에서의 가로등, 양수펌프, 안전표지, 등대, 항해 보조기구 등에 사용된다.

이것은 태양광에너지를 전기에너지로 바꾸는 태양전지 모듈, 야간이나 우천시 전기를 쓰기 위해 발전된 전기를 저장하는 축전지, 축전지의 보호를 위한 충전조절기 그리고 발생된 직류전기를 교류전기로 바꾸는 인버터 등으로 구성된다.

생산된 직류전기는 그대로 직류용 전기제품에 쓰거나 교류로 바꾸어 교류용 가전제품 등에 사용한다.

독립형 시스템은 전력회사와 전력의 주고받음이 없이 PV시스템에 의한 독립된 전원을 사용한다.

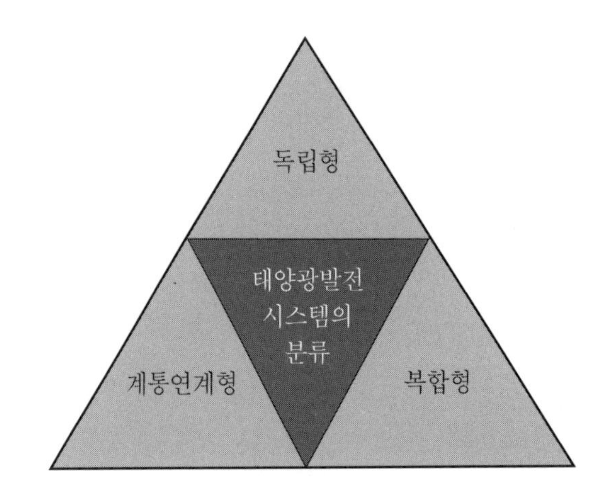

〔그림 3.1〕 태양광발전시스템의 분류

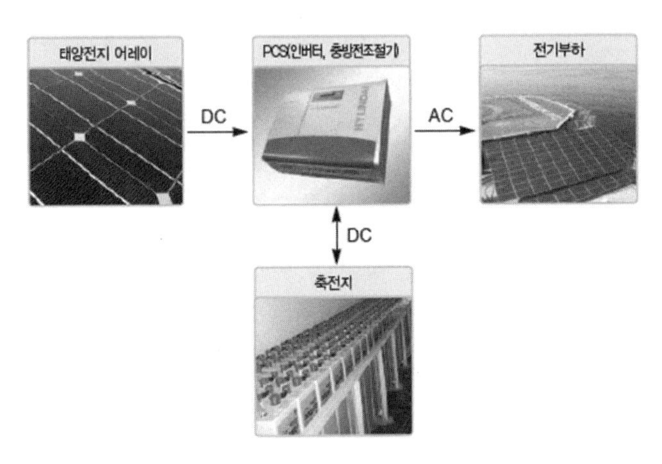

〔그림 3.2〕 독립형 태양광발전시스템

(2) 계통연계형 태양광발전시스템(Grid-connected system)

사용계통과 직접 연계되어 태양광발전시스템에서 발전된 전력을 부하에 공급하고 야간 또는 우천 시처럼 태양광발전으로부터 전기를 공급받을 수 없을 때에는 기존의 전력시스템으로부터 전기를 공급받는다. 따라서 독립형과는 달리 축전지를 필요로 하지 않으며 시스템의 가격이 상대적으로 낮다.

이 시스템은 규모의 크고 작음에 관계없이 주택용이나 건물용 및 대규모 상업용 발전소에 이르기 까지 다양하게 이용되고 있다.

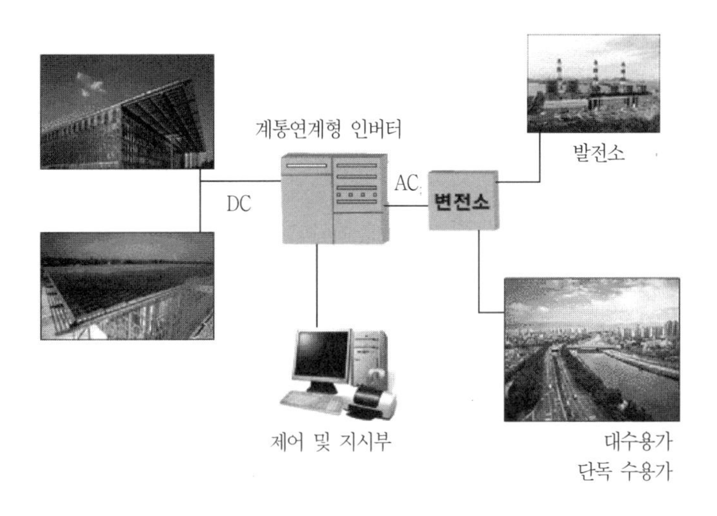

〔그림 3.3〕 계통연계형 태양광발전시스템

(3) 복합형 태양광발전시스템(Hybrid system)

이 시스템은 태양광발전에 풍력발전, 디젤발전, 열병합발전 등의 타 에너지원의 발전시스템과 결합하여 부하 또는 상용계통에 전력을 공급하는 시스템이다. 즉, 태양광발전에 다른 발전방식을 결합한 형식이다.

태양광발전과 풍력발전을 조합(調合)한 순수 친환경 발전방식이 소규모 발전에 실용화되고 있다. 이 방식은 태양광발전과 풍력발전의 이점을 활용하므로 야간이나 흐리거나 비오는 날, 바람이 없는 날에도 발전을 하여 안정적으로 전기를 공급할 수 있다. [그림 3.4]는 태양광과 풍력을 조합한 복합형(Hybrid type) 발전시스템을 이용한 가로등이다.

[그림 3.4] 태양광과 풍력을 조합한 복합형 발전시스템

2. 태양의 추적(追跡) 정도에 따라

(1) 추적형 시스템(Tracking array)

태양광발전시스템의 발전효율을 극대화하기 위한 방식이다.

태양의 직사광선이 항상 태양전지판의 전면에 수직으로 입사(入射)할 수 있도록 동력 또는 기기 조작을 통하여 태양의 위치를 추적해 가는 시스템이다.

여기에는 태양 자오선 정보에 의한 위치정보 프로그래밍 시스템과 광센서 자동추적(自動追跡)시스템으로 구분되어 상용화되고 있다.

태양 자오선 정보에 의한 위치정보 프로그래밍 시스템은 간단하고 고장이 없는 반면 태양광발전의 최대 효율보다는 조금 낮은 효율을 보이는 결점이 있다.

반면에 광센서(Photo sensor) 자동추적시스템은 두 개 이상의 광센서를 부착하여 이 두 개의 광센서로 들어오는 빛의 양이 동일한 지점을 추적하는 방식으로 항상 최대에너지 효율을 보장할 수 있다.

다만, 구름이 지나가면서 태양광의 굴절(屈折 : Reflection)을 일으켜 펌핑 현상을 유발한다는 단점이 있다.

① 추적 방향에 따라서

단방향 추적식(Single axis tracking)과 양방향 추적식(Double axis tracking)이 있다.

② 추적 방식에 따라서

감지식(感知式) 추적법(Sensor tracking), 프로그램 추적법(Program tracking), 혼합식 추적법(Mixed tracking)등이 있다.

(2) 반고정형 시스템(Semi-tracking array)

태양전지 어레이의 경사각을 계절 또는 월별에 따라서 상하로 위치를 변화시켜 주는 방식이다.

일반적으로 계절에 한 번씩 어레이 경사각(傾斜角)을 변화시키는 방식을 반고정형 시스템이라고 한다.

반고정형 어레이의 발전량은 추적식과 고정식의 중간 정도이며 고정식에 비교해서 보통 20% 가량의 발전량 증가를 가져온다.

(3) 고정형 시스템(Fixed array)

연중 최적의 경사각으로 설치하는 시스템이다.

가장 값싸고 안정된 구조를 갖는다.

비교적 도심에서 멀리 떨어지고 설치 면적의 제약이 없는 곳에 많이 이용되고 있는 방식이다. 특히, 풍속이 강한 곳에 설치하는 것이 보통이며 국내의 도서지역 태양광발전시스템에는 이 시스템을 표준으로 이용하고 있다.

추적형이나 반고정형에 비해 발전효율이 낮은 반면에 초기 설치비가 적게 들고 유지 및 보수, 관리가 쉬워서 많이 이용되고 있다.

1.5 태양광발전시스템의 구성요소

태양광발전시스템(Photovoltaic system 혹은 PV시스템)은 독립형이나 계통 연계형이나 비슷한 기본 구성을 갖는다.

[그림 3.5]는 축전장치와 계통연계장치를 갖는 태양광발전 시스템의 기본적인 구성을 나타낸다.

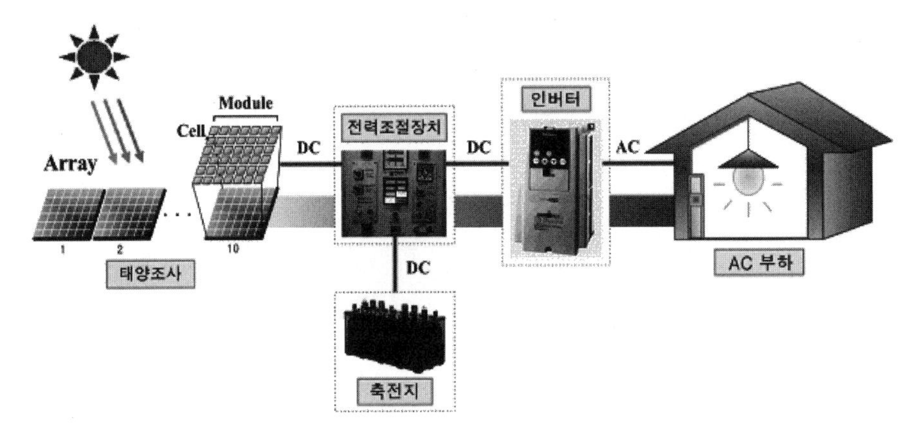

〔그림 3.5〕 태양광발전시스템의 기본 구성

1. 태양전지(Solar cell)

태양에너지를 전기에너지로 변환하는 기능을 갖는 최소 단위이다.

태양전지는 [그림 3.6]처럼 표면으로부터 전극(電極), 반사방지막, n형반도체, p형반도체, 전극순으로 구성된다. 태양전지는 전기적 성질이 다른 n형 반도체와 p형 반도체를 접합시킨 p-n접합 구조로 이뤄진다.

일반적으로 반도체는 첨가하는 불순물의 종류에 따라 n형 반도체와 p형 반도체로 구분되며 n형 반도체는 불순물로 넣은 원자에서 정공(正孔)이 방출되어 전기저항(電氣抵抗)이 작아지는 성질이 있다.

태양전지는 약 10~15cm 의 판 모양의 실리콘에 p-n 접합을 형성한 반도체의 일종이다.

태양전지는 반도체 소자의 접합면에 태양광이 입사(入射)되면 접합면에서 전자(電子 : Electron)와 정공(正孔 : Electron hole)이 발생하며, P극과 N극으로 이동하게 된다. 이러한 현상을 광기전력효과(光起電力効果 : Photovoltaic effect)라 하며 P극과 N극 사이에는 전위차(광기전력)가 발생하므로 태양전지에 부하를 연결하면 전류가 흐르게 된다.

이때 발전되는 전압은 약 0.5V~0.6V 정도의 직류이다.

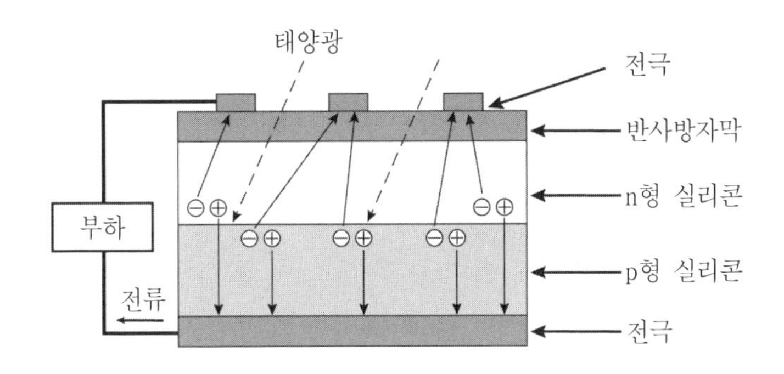

〔그림 3.6〕 태양전지의 발전원리

(1) 태양전지의 분류

태양전지는 재료에 따라 ① 실리콘 태양전지 ② 화합물 태양전지 ③ 염료감응형(染料感應形) 태양전지 ④ 유기물 태양전지 등의 종류가 있으며, 현재 실용화되어 사용되고 있는 것은 주로 결정질(結晶質) 실리콘(Si) 태양전지이다.

이 결정질 실리콘 태양전지는 전체 태양전지 시장의 95% 정도를 차지하고 있으며 저가화, 고효율화를 달성하기 위해서 연구가 활발히 진행되고 있다.

그리고 결정질 실리콘 태양전지의 연구와 더불어 박막형(薄膜型 : Thin film type) 태양전지에 대한 연구도 활발히 진행되고 있는데 2010년경에는 박막형 태양전지가 전체 태양전지 시장의 25% 정도를 차지하게 될 것으로 추정하고 있다.

[그림 3.7]은 태양전지의 분류를 나타내고 [그림 3.8]은 결정질 실리콘 태양전지를 나타낸다.

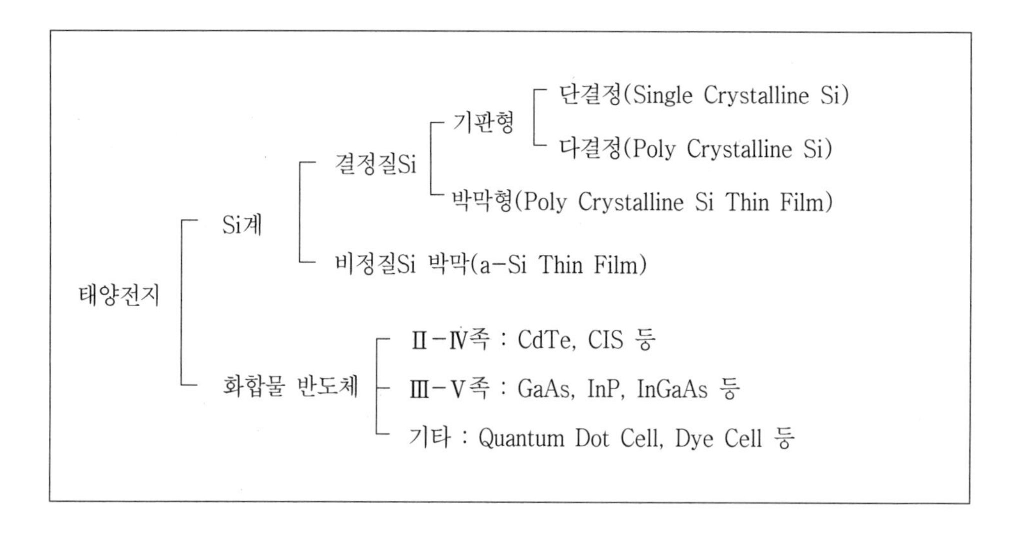

〔그림 3.7〕 태양전지(Solar cell)의 분류

주) 실리콘 태양전지는 결정상태에 따라 ① 단결정 실리콘(Single crystalline Si) ② 다결정 실리콘(crystalline Si) ③ 비결정실리콘(Amorphous Si)으로 분류된다.
CuInSe : 구리인륨다이셀레나이드
CdTe(Cadmium telluride) : 카드뮴 텔루라디드
CdS(Cadmium sulphide) : 황하카느뮴
GaAs(Gallium arsenide) : 갈륨비소
CIS(Copper indium di-selenide) : 구리인듐셀레늄
TiO : 이산화티탄

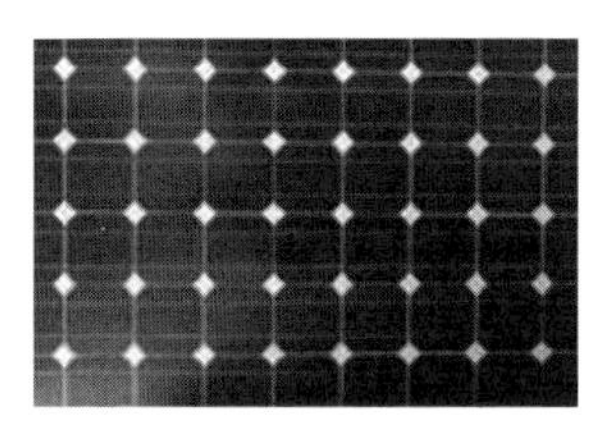

(a) 단결정 si 태양전지

(b) 다결정 si 태양전지

〔그림 3.8〕 결정질 실리콘 태양전지

〔그림 3.9〕 실리콘 태양전지의 제품 응용 흐름도

① 결정질 실리콘태양전지(Crystalline silicon solar cell)

결정질 실리콘태양전지는 n−형 실리콘과 p−형 실리콘이 접합된 n−p 접합 다이오드로서, 사용되는 재료에 따라 단결정실리콘(Single crystalline Si)과 다결정실리콘(Poly−crystalline Si) 태양전지로 구분된다. 결정질 실리콘은 물리적 특성면에서 태양전지를 위한 이상적인 물질은 아니지만 기존 개발된 기술과 장비 등의 실리콘 반도체 인프라를 활용할 수 있는 장점을 가지고 있다. 실리콘태양전지의 이론적 최대효율은 약 29%이며 실험실 수준의 효율은 20%이상을 나타내고 있으나, 양산용 셀의 효율은 15~17%를 나타내고 있다.

이같이 결정질 실리콘태양전지는 높은 효율과 긴 수명, 비유독성, 자원의 풍부함 등으로 태양전지 중에서 가장 먼저 상용화되어 대량 보급되고 있으며 2006년 기준 전체 태양전지 생산량의 90%이상을 차지하였다. 향후 20년 동안은 시장 비중이 50% 이상을 상회할 것으로 전문가들은 전망하고 있다.

② 박막형 태양전지(Thin film solar cell)

박막태양전지는 반도체 웨이퍼 대신에 유리, 플라스틱, 스테인리스강과 같은 저가의 기판 위에 반도체막을 수 미크론 두께로 코팅(Coating)하여 제작한다.

결정질 실리콘태양전지에 비해 소재를 적게 사용하여 생산단가가 낮고 자동화를 통한 모듈 제조공정까지 일관화 시킬 수 있다는 장점을 가지고 있다.

그러나 효율이 낮고 수명에 대한 실증연구가 부족한 단점을 가지고 있다. 비정질실리콘(a-Si 또는 Amorphous silicon), CIS($CuInSe_2$: Copper indium di-selenide) 또는 CIGS($CuInGaSe_2$) 그리고 CdTe(Cadmium telluride) 등 3가지 종류의 박막형 모듈이 현재 상용화되고 있다. CIGS의 경우 셀 효율은 18.4%에 도달하고 있으며 현재 상용화된 모듈은 약10% 수준의 효율을 나타내고 있다.

③ 염료감응형 태양전지

나노기술(Nano 技術)과 광합성 기술을 이용한 염료감응형 태양전지는 1991년 스위스의 그래쯔(Gräz) 그룹에서 연구결과를 보고한 이후 10% 이상의 높은 에너지변환 효율과 함께 매우 저렴한 제조단가로 인하여 차세대 태양전지로 부각되고 있다. 염료감응형 태양전지는 1cm^2 이하의 작은 면적의 단위 셀에서 11% 정도의 효율이 가능하며 제조단가가 기존 실리콘태양전지의 약 1/5가격으로 매우 저렴한 것이 특징이다.

특히, 염료감응형 태양전지는 투명하게 만들 수 있으며 다양한 색상의 염료를 이용할 경우 컬러태양전지(Color solar cell)의 구현이 가능하며 수명도 15년 이상이 가능한 것으로 보고 있다. 다만 수명에 대한 실증연구가 부족한 상태이므로 이것에 대한 보완이 요구되고 있다.

(2) 태양전지의 전기적 특성

[그림 3.10]은 태양전지의 온도변화에 따른 전류(I)-전압(V)특성을 나타낸다. 여기서 온도증가에 따른 I-V 특성을 보면 전압은 온도의 증가에 따라 현저히 감소하는 반면 단락전류(短絡電流)는 약간 증가한다.

결과적으로 온도의 증가에 따라 출력이 현저히 감소한다. 대체로 태양전지 모듈의 표면온도가 1℃ 증가하는데 따라 태양전지 모듈의 출력은 약 0.5% 정도 감소하는 특성을 갖는다.

태양전지의 정격출력(定格出力)은 AM 1.5, 일사강도(日射强度) 1kw/m², 태양전지의 표면온도 25℃를 기준으로 표시되는 용량이다.

따라서 태양전지는 이러한 조건에서 출하(出荷)되며 실제 태양전지판을 선택할 경우 일사량과 온도관계를 함께 고려하여야 한다.

일사량(日射量)과 온도에 따른 최대 출력식 Pm(t)은

$$Pm(t) = Pm \times Q \times [1 + \alpha(t - 25)] \qquad (3.1)$$

단, Pm : 정격출력(일사강도 1kw/m², 표면온도 25℃)

Q : 일사강도 [kw/m²]

α : 온도계수 (약 0.5%)

t : 태양전지 표면온도 [℃]

이다.

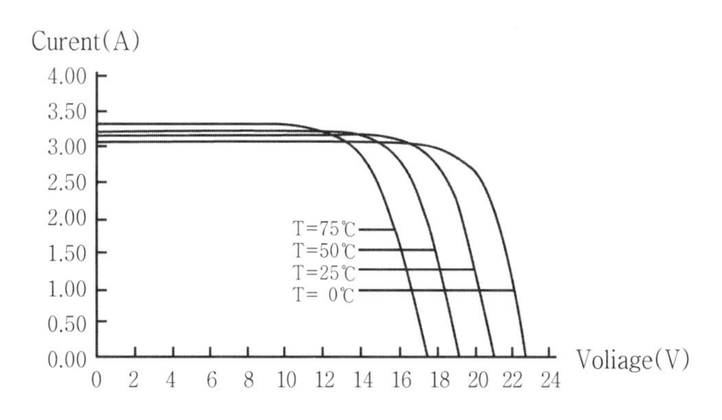

[그림 3.10] 온도변화에 따른 전류-전압 특성

그리고 태양전지의 표면온도 25℃의 조건하에서 일사강도에 따른 태양전지의 전류와 전압 및 전기적 특성의 상호관계를 살펴보면 [그림 3.11]과 같다. 여기서 최대출력시 전압과 개방전압은 일사강도의 증가에 따라 약간 증가하며 최대 출력시 전류, 단락전류, 최대출력 등은 일사강도에 거의 비례하여 증가함을 알 수 있다.

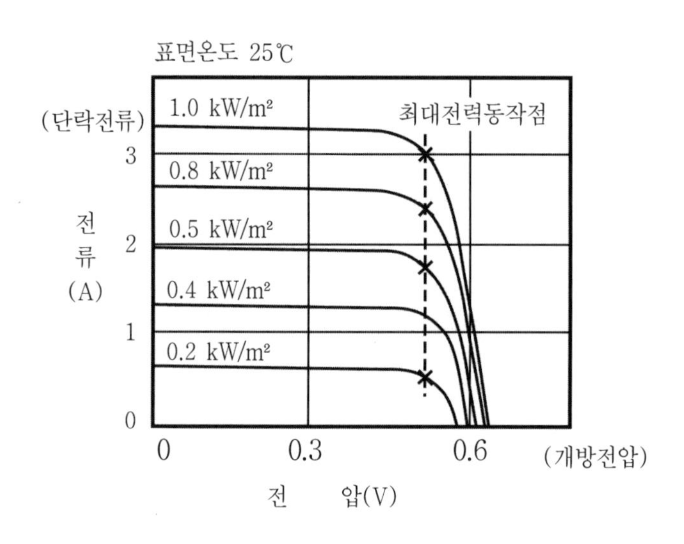

〔그림 3.11〕 일사강도에 따른 전류-전압 및 전기적 특성

(3) 태양전지 모듈(Solar cell module)

태양전지는 발생전압이 0.5V 정도로 낮기 때문에 태양전지의 제조와 검사가 끝나면 실용적인 전압과 전류를 갖는 제품을 만들기 위해 다수의 태양전지를 전기적으로 직, 병렬로 연결한다.

전기적으로 연결하는 회로구성 과정이 끝나면 외부의 빛을 잘 투과(透過) 하면서도 절연 특성을 갖는 재료인 유리, 투명수지(透明樹脂) 및 프레임 등에 의해 패키징(Packaging)하여 내구성(耐久性)을 갖는 물품을 만들며 전력을 인출하기 위한 외부단자를 연결한다.

이상에서 언급한 것처럼 태양전지를 필요한 전압과 전류용량에 맞게 직 · 병렬로 여러 개 연결한 것을 태양전지 모듈(Solar cell module)이라 한다.

태양전지 모듈의 변환효율은 단결정 실리콘 태양전지가 12~15[%] 정도이고, 다결정 실리콘 태양전지는 10~13[%] 정도이다.

그리고 비정질(非晶質) 또는 비결정(非結晶)의 아모르퍼스(Amorphous) 실리콘 태양전지나 화합물 반도체 태양전지(CdS, CdTe)는 6~9[%] 정도이다.

(4) 태양전지 어레이(Solar cell array)

태양전지 모듈을 여러 개 직·병렬로 접속하여 필요로 하는 직류 발전전력을 얻을 수 있도록 한 것이 태양전지 어레이(Solar cell array)이다.

태양전지 어레이는 태양전지 모듈의 집합체(集合體)인 스트링(String), 역류방지 소자, 바이패스 소자, 접속함 등으로 구성된다. 여기서 스트링(String)은 태양전지 어레이가 설계 목적에 부합한 출력전압을 얻을 수 있도록 여러 개의 태양전지 모듈을 직렬로 접속한 하나의 회로이다.

태양전지 어레이의 발전전력은 직류이며 교류부하에 사용하기 위해 PCS가 필요하게 된다.

태양광발전 출력을 상용 전력계통에 연결하여 사용할 경우에는 계통연계장치 및 보호장치가 필요하게 되며 이러한 장치들은 일반적으로 PCS에 내장된다.

태양광발전시스템의 용량은 표준 태양전지 어레이의 출력으로 표시하며 태양전지 모듈내의 태양전지 셀의 온도에 영향을 받기 때문에 일사강도(日射强度)가 kw/m²에서 셀 온도 25℃ 표준 조건일 때의 최대출력을 태양전지 어레이 출력으로 표시한다.

① 태양전지 어레이의 구성과 전기적 성능

태양전지 어레이는 태양광발전시스템에서 발전을 하는 부분으로 태양전지 모듈이나 지지대등의 지지물뿐만 아니라 전기적 결선도 포함된다.

태양전지 어레이는 지상, 옥상, 지붕 등에 설치하여 사용되며 건물에 부착되어 사용되기도 한다.

ⓐ 절연저항(絶緣抵抗)

태양전지 어레이의 절연저항은 출력단자를 단락시키고 단자와 태양전지 접속함의 접지단자 사이에 1,000[V] 절연저항계를 연결하여 측정한다. 100 MΩ 이상이 되어야한다.

ⓑ 낙뢰충격시험(落雷衝擊試驗)

낙뢰 충격에 대한 시험은 태양전지 어레이의 출력단자를 단락시키고 단자와 접지단자 사이에 뇌 임펄스 전압 4,500[V](지속시간 40~60μs)를 3회 인가하여 실시한다.

ⓒ 접지저항시험(接地抵抗試驗)

가대 등의 지지물에 있는 접지단자에서 접지저항계를 사용하여 측정한다.

② 태양전지 어레이의 이격거리(離隔距離)

태양전지 어레이가 2열 이상 설치되는 경우 전열의 어레이가 후열의 어레이에 그림자의 영향을 주지 않도록 설치하여야 한다.

태양전지 어레이는 가대(架臺)나 지지대(支持臺)등을 이용하여 태양에너지가 잘 입사될 수 있도록 경사각과 방위각등의 설치조건을 고려하는 것이 좋다.

2. 전력변환장치(Inverter/PCS)

전력변환장치는 크게 인버터 부분과 전력제어장치 부분으로 구성된다.

(1) 인버터(Inverter)

태양광발전의 전력변환기술은 태양전지에서 생성되는 직류전기를 교류전기로 바꾸어 전력계통에 공급하는 역할을 한다.

태양광발전용 인버터는 일반 전기기기 및 가전제품을 사용할 수 있도록 하기 위해 태양전지의 직류출력을 상용 주파수 및 전압의 교류로 바꾸는 것이다.

따라서 계통연계형 PV시스템에서 인버터는 필수적인 요소이다.

직류에서 상용 주파수 및 전압의 교류로 변환하는 과정에서 파형 왜곡(波形歪曲)이 작은 정현파를 안정적으로 출력하여야 하며 이를 위해 인버터에는 고속 스위칭이 가능한 MOSFET(Metal-oxide semiconductor field effect transistor : 금속산화물 반도체 전계효과 트랜지스터)나 IGBT(Insulated gate bipolar transistor ; 절연게이트 양극성 트랜지스터)등의 자기보호 소자가 사용되고 있다.

인버터는 3KWp급 태양광발전에서부터 100KWp 급 이상의 대규모 시스템까지 폭 넓은 범위에서 사용되고 있으며, PV시스템의 설치비용 중 인버터는 10~20% 정도의 비중을 차지한다. 따라서 시스템 전체의 비용절감을 위해서도 인버터의 효율향상은 중요한 항목이다.

특히, 맑은 날이 적은 기상 조건에서는 정격부하(定格負荷)시의 효율보다 30~50% 정도의 부하시의 효율이 중요하다.

계통연계형 PV용 인버터의 저가화와 효율향상 및 소형 경량화(輕量化)가 요구되고 있다.

(2) PCS(Power conditioning system)

PCS는 단지 직류를 교류로 변환시키는 기능뿐만 아니라 태양전지 어레이의 온도변화 또는 일사강도의 변화에 대한 최대 출력 동작점을 추적하기 위한 기능, 자동 운전・정지 기능, 고장 또는 결함시의 보호기능 등을 갖는다.

PCS의 제어장치는 전력변환부를 제어하는 전자회로로 구성되며, 보호장치는 전자회로 구성과 함께 내부회로 고장에 대한 안전장치로서 동작한다.

[그림 3.12]는 절연변압기를 갖는 PCS 기본회로 구성을 나타내며,

[그림 3.13]은 절연변압기가 없는 PCS 기본회로 구성을 나타낸다. PCS의 회로방식에는 저주파 변압기 절연방식, 고주파 변압기 절연방식, 변압기가 없는 방식 등이 있다. PCS를 인버터로 부르기도 한다.

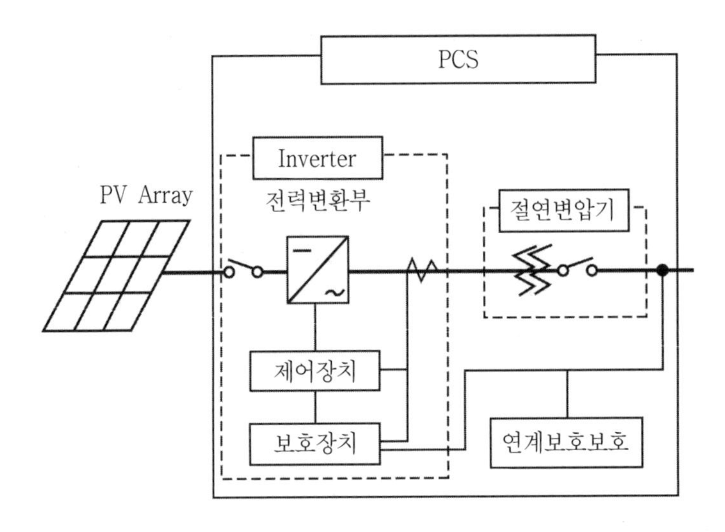

〔그림 3.12〕 절연변압기를 갖는 PCS 기본회로 구성

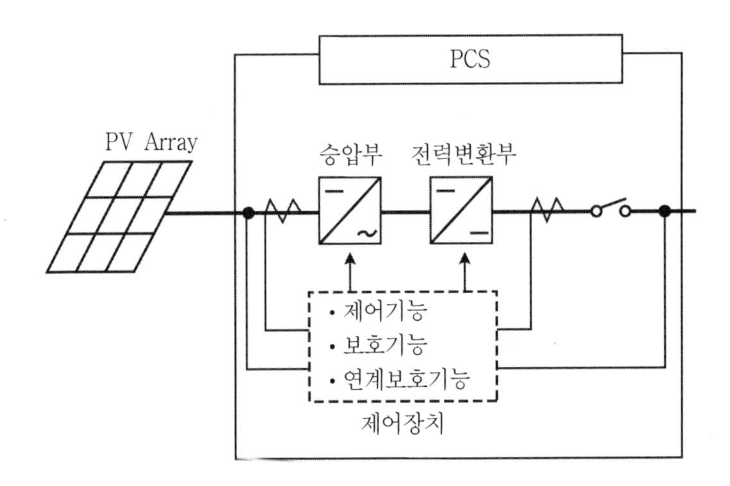

〔그림 3.13〕 절연변압기가 없는 PCS 기본회로 구성

3. 축전지(Stordge battery)

PV시스템에서 축전지는 일조시간에 태양전지에 의해 충전된 전력을 일몰(日沒) 후나 흐린 날 혹은 우천(雨天) 시와 같이 태양전지로부터 전기를 생산하지 못할 때 방전(放電)하여 부하에 전력을 공급한다.

축전지는 전압이 어느 일정 수준 이상이 되거나, 일정 수준 이하가 되면 축전지에 나쁜 영향을 미치게 된다. 이런 상황을 방지하기 위해 축전지에는 과충전(過充電)이나 과방전(過放電)을 방지하기 위한 보호회로가 설치되어야 한다.

PV시스템에 사용되는 축전지는 2차전지이며 주로 연(鉛) 축전지(Lead-acid battery) 또는 니켈-카드뮴 축전지(Nickel-cadmium battery)가 사용된다.

위에서 과충전(過充電 : Over-charge)은 축전지가 일정 전압 이상으로 상승하여 축전지에 부식이 일어나거나 가스가 발생하여 축전지의 수명이 단축되는 것이며 반면에 과방전(過放電 : Under-charge)은 축전지가 일정 전압 이하의 전압으로 떨어져 축전지에 침전물(沈澱物)이 생기고 축전의 성능이 점차로 떨어지는 현상이 일어나는 것이다.

4. 계통연계제어(系統連繫制御)

PV시스템에서 계통연계형의 경우 규모의 크고 작음에 관계없이 주택용이나 건물용 및 대규모 상업용 발전소에 이르기 까지 발전 출력을 배전선에 연계하여 상용 전원과 함께 유효하게 이용하기 위해서는 계통연계 제어가 필요하게 된다.

PV시스템의 계통연계기술(系統連繫技術)을 확립하기 위해서는 시스템의 자체 성능 확인 이외에 배전선 계통으로의 영향과 주요 실증시험 항목으로서 ① 발전특성 ② 전압 변동과 고조파(高調波) 등에 관련된 전력 품질(電力品質) ③ 지락(地絡)고장이나, 단락(短絡 : Short) 고장 등의 사고 시 보호 안정성 ④ 시스템의 운용관리 등의 사항이 고려되어야 한다.

다음 [표 3.1]은 PV시스템의 문제점과 해결방안을 나타낸다.

이러한 내용은 태양광발전에서 뿐만 아니라 다른 신·재생에너지에 의한 발전시스템의 소규모 계통연계형 분산전원에 대해서도 공통적으로 나타나는 문제점들이다.

[표 3.1] 계통연계형 PV시스템에서의 문제점과 해결방안

항 목	문 제 점	해 결 방 안
발 전 특 성	발전출력의 불안정	• 다른 발전 전원과의 Hybrid화
전 력 품 질	전압변동	• 자여식 시스템 설치 추진 • 타여식 시스템에서 진상콘덴서 설치 • Soft start, Soft stop 방식 채택
	고조파 발생	• 충분한 Filter 설치 • 시스템 개별적으로 고조파 전류 유입억제
사 고 시 보 호 및 안 정 성	계통사고의 파급방지	• 차단기, 퓨즈 등 차단기능 부가 • 절연용 수용가 트랜스 설치
	계통보호방식과 연계보호	• 연계 차단기의 설치
운 용 관 리	시스템의 신뢰성 확보	• 연계장치의 형식 인증제도 • 정기점검의 의무화
	전력 계량문제	• 역회전 방지 계량기

5. 기타 구성요소

태양광발전시스템의 구성요소와 관련된 기기나 부품에는 접속함, 바이패스 소자(Bypass device), 역류(逆流)방지소자, 교류측 기기 등이 있다.

(1) 접속함

보수나 점검 시에 회로를 분리하여 점검 작업을 용이하게 한다. 따라서 보수나 점검이 용이한 장소에 설치한다.

접속함에는 직류출력 개폐기, 피뢰소자, 역류방지소자, 단자대등이 설치된다.

① 태양전지 어레이측 개폐기(開閉器)

태양전지 어레이의 점검이나 보수 시 또는 일부의 태양전지 모듈에 이상이 있을 때 이를 분리하기 위해 설치한다.

이 개폐기는 태양전지에 흐를 수 있는 최대 직류전류를 차단하는 능력을 갖는 것을 사용해야 한다. 따라서 MCCB가 사용된다.

통상 MCCB(Molded case circuit breaker : 배선용 차단기)는 교류회로용으로 제작되므로 직류회로에의 적용여부 및 정격치 등을 확인하는 것이 필요하다.

② 피뢰소자(避雷素子)

뇌 서지가 태양전지 어레이나 기타 구성요소에 손상을 주는 것을 방지하기 위한 소자이다.

일반적으로 태양전지 어레이의 보호를 위하여 스트링(String) 마다 피뢰소자를 설치한다.

경우에 따라서는 태양전지 어레이 전체의 출력단에도 설치한다.

(2) 바이패스 소자와 역류방지소자

① 바이패스 소자(Bypass device)

태양전지 어레이를 구성하는 태양전지 모듈마다 바이패스 소자로서 다이오드를 설치하는 것이 일반적이다.

태양전지 모듈의 안에서 그 일부의 태양전지 셀이 나뭇잎 등으로 그늘이 생기게 되면 이 셀에는 직렬연결 되어있는 회로의 전 전압이 인가되어 고저항 상태의 셀에 전류가 흐르므로 발열(發熱)하게 된다.

셀이 발열되어 고온으로 되면 그 셀이나 태양전지 모듈이 손상된다.

이런 경우 태양전지 셀이나 모듈에 흐르는 전류를 바이패스(Bypass)하기 위한 소자이다. 공칭(公稱) 최대출력 동작전압의 1.5배 이상의 소자(素子)를 사용하는 것이 요구된다.

② 역류방지소자

태양전지 모듈에 다른 태양전지 회로나 축전지에서의 전류가 역류(逆流)하는 것을 방지하기 위해 설치하는 것으로 다이오드가 사용된다.

접속함(接續函)내에 설치되나 단자함 내에 설치하는 경우도 있다.

각 스트링 간에 출력 전압의 불균형(不均衡 : Unbalance)으로 인하여 역방향전류가 흐를 수 있으므로 이를 방지하기 위해 각 스트링마다 역류방지소자를 설치한다.

1.6 태양전지와 태양전지 모듈의 제조

1. 태양전지 제조방법

(1) 태양전지의 재료

태양전지의 재료로 실리콘(Silicon) 즉 규소가 가장 널리 사용되고 있다.

실리콘은 태양전지 외에 트랜지스터나 IC 등의 전자소자에 많이 사용되고 있다. 실리콘은 지구상에 산소 다음으로 많은 원소로서 모래나 자갈에 이 성분이 포함되어 있다.

실리카(Silica, SiO_2)를 석탄(Coal), 코크스(Coke), 나무(Wood) 등과 함께 전기로(電氣爐)에 넣어서 용융(熔融 : Fusion) 후 화학처리를 하면 순도 98% 정도의 분말(粉末 : Powder) 형태의 실리콘이 얻어진다.

여기서 철, 니켈, 코발트, 탄소, 산소 등의 불순물을 제거하면 고순도(高純度)의 실리콘이 추출(抽出)된다. 실리콘 정제(精製 : Refining) 과정을 통해 추출된 실리콘은 다결정 실리콘이며, 단결정 실리콘은 다결정 실리콘에서 물리적인 정제방법을 거쳐 얻게 된다.

(2) 다결정(多結晶) 실리콘 태양전지의 제조 방법

단결정 실리콘 태양전지는 제조과정이 복잡하고 제조에너지가 크므로 이러한 문제점을 해결하기 위해 다결정(多結晶) 실리콘 태양전지(Poly-crystalline silicon solar cell)의 개발이 이뤄지고 있다.

다음은 가장 많이 사용되고 있는 다결정 실리콘 태양전지의 제조과정이다.

① 원재료(Raw material)인 다결정 실리콘을 주조(鑄造 : Casting)하여 잉곳(Ingot : 다결정 실리콘 덩어리)을 제조한다.
② 잉곳을 얇게 절단(Cutting)한다.
③ 두께 약 300㎛의 다결정 실리콘 웨이퍼(Poli-crystalline silicon wafer)를 만든다.
④ 에칭(Surface etching)하여 표면처리(Surface treatment)를 실시한다.
⑤ 불순물을 확산(擴散)하여 P-N 접합을 형성한다.
⑥ 실리콘 웨이퍼 뒷면에 P^+층(Layer)을 형성하기 위하여 알루미늄(Al)과 같은 물질로 후면 전계층(電界層 : Back surface field)을 형성한다.
⑦ 반사율을 줄이기 위해 SiO_2 등의 물질로 반사방지막 코팅(Anti-reflection coating)을 한다.
⑧ 진공 증착법(眞空蒸着法, 증발시켜 붙임)이나 스크린 인쇄법으로 전면에 은(Ag)등의 물질로 전극을 형성(Electrode formation)시킨다.
⑨ 전극 열처리 후 태양전지를 완성한다.

(3) 단결정(單結晶) 실리콘 태양전지 제조방법

실리콘계 태양전지에는 결정계(結晶系 : Crystalline)와 비정질계(非晶質系 또는 非結晶系 : Amorphous)가 있다. 결정계 실리콘 태양전지의 제조방법은 다음과 같다.

① 고순도(99.999...%)로 정제된 실리콘을 1,500℃ 정도의 고온으로 가열하여 결정(단결정)을 만든다.
② 이것을 둥글게 자르고 표면을 연마하여 두께 약 300㎛의 웨이퍼(Wafer)라 불리우는 얇은 판을 만든다.

③ 웨이퍼를 완성한 후 태양전지의 구조에 필요한 불순물을 약 1,000℃에서 확산(Diffusion)이라는 방법으로 첨가하여 p-n 접합을 만든다.
④ 전기를 얻기 위한 전극(電極 : Electrode, Pole)을 형성한다.
⑤ 마지막으로 빛의 반사를 최대한 막기 위한 반사 방지막(反射防止膜)을 만들면 태양전지가 완성된다.

(4) 박막형 실리콘 태양전지 제조방법

박막(薄膜) 실리콘 태양전지(Thin film silicon solar cell)는 단결정이나 다결정 태양전지와는 전혀 다른 제조 공정으로 만들어진다.

비정질(非晶質) 실리콘 박막 태양전지(Amorphous silicon thin film solar cell)는 약 300℃ 정도의 저온 과정에서 형성되며 공정 횟수도 적어 제조가 용이하며 태양전지의 두께가 1㎛ 정도면 충분하다.

이상의 3종의 태양전지는 각각의 특징을 가지며 현 상태에서 변환효율이 가장 좋은 것은 단결정 실리콘 태양전지이다.

그 다음이 다결정 실리콘 태양전지이며 비정질 실리콘 태양전지는 상대적으로 효율이 가장 낮은 상태이다.

2. 태양전지 모듈의 제조 방법

태양전지는 아무리 크다 해도 약 0.5V 전압과 3A 이상의 전류를 생성하는 발전기의 최소 단위이다.

다만 발생전류는 태양전지의 면적에 거의 비례하는 특성을 갖는다. 태양전지 모듈은 10cm×10cm 크기의 태양전지를 직·병렬로 연결하여 만든 것이다.

결정계 실리콘 태양전지를 이용하여 태양전지 모듈을 만드는 경우 태양전지를 고정시키는 방법에 따라 서브 플레이트(Sub-plate)방식, 슈퍼스트레이트(Superstrate)방식, 유리 봉입 방식 등이 있다.

서브 플레이트(Sub-plate) 방식은 기계적 강도를 갖게 하기 위해 태양전지 밑에 기판(基板)을 놓아 모듈을 지지하고 위에 투명 수지(透明樹脂)로 태양전지를 고정시킨다.

슈퍼스트레이트(Superstrate) 방식은 태양전지의 빛을 받는 면은 유리 등의 투명 기판을 두어 모듈의 지지판으로 하고 그 밑에 투명한 충진 재료와 내면 코팅을 이용하여 태양전지를 고정시키는 것으로 많이 이용되고 있다.

충진 재료로는 빛의 투과율(透過率) 감소가 적은 PVB(Poly-vinyl butyral)나 내습성(耐濕性)이 뛰어난 EVA(Ethylene vinyl acetate) 등이 주로 이용된다.

외부틀은 모듈 전체의 강도를 높이기 위해 알루미늄 등으로 만든 것을 끼운다.

태양전지 모듈(Solar cell module)은 표면에 보호유리 등을 설치하기 때문에 일반적으로 태양전지의 변환효율보다 10~20% 정도 효율이 떨어진다.

[그림 3.14]는 슈퍼스트레이트 방식의 태양전지 모듈의 조립공정(組立工程)을 나타낸다.

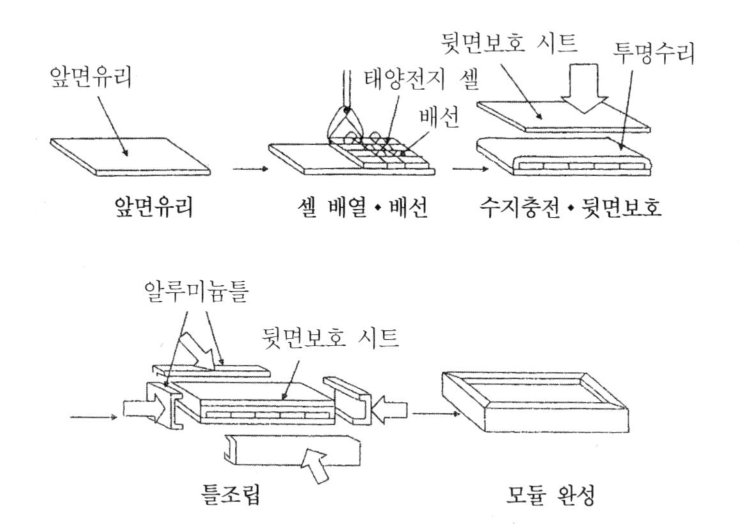

[그림 3.14] 슈퍼스트레이트 방식의 태양전지 모듈의 조립공정

2 3KW 계통연계형 태양광발전시스템

3KWp 태양광발전 주택사업은 정부 지원으로 이뤄지고 있다.

3KWp 계통연계형 태양광발전시스템은 1997년 2월부터 운전을 시작하였으며, 1997년 7월부터 1998년 10월까지 약 16개월 동안 발전된 총 전력량은 1,069KWh 였으며 이는 월평균 317KWh, 일평균 11KWh에 해당된다.

〔표 3.2〕 3KWp 계통연계시스템의 주요 제원

구 분	내 용	규 격
태양전지모듈	종 류	단결정 실리콘 태양전지
	용 량	50Wp
	효 율	14%
태양전지어레이	결 선 방 법	15(직렬)×4(병렬)
	경 사 각	30°
	용 량	3KWp (50Wp 모듈 60개)
인 버 터	연계운전방식	전압형 전류제어방식(정현파 PWM)
	정 격 출 력	3.5KW
	직류입력전압	DC 120~350V
	전력제어방식	MPPT제어
	정 격 출 력	AC 220V, 60Hz
	전력변환효율	92%이상(정격 출력시)
	보 호 기 능	입출력 이상, 동기이상, 온도이상 등

이것은 기상청이 제시한, 연 평균 1일 일조시간(日照時間)인 3.84 시간에 3KW을 곱해서 얻은 11.5KWh와 비슷한 값이다. 따라서 예측에 따른 전력 공급이 가능하다는 얘기가 된다.

3KW 주택에서 사용하는 계통연계형 발전시스템의 태양전지, 태양전지 어레이, 인버터 등에 대한 주요 제원을 살펴보면 다음 [표 3.2]와 같다.

여기서 태양전지 모듈은 단결정 실리콘 태양전지를 사용한 50Wp 용량이다.

태양전지 어레이는 50Wp 태양전지 모듈 총 60개를 직렬 15개, 병렬 4개로 구성하여 건물의 유휴(遊休) 공간인 옥상(屋上 : Roof)에 설치되는 지역의 위도(緯度 : Latitude)를 고려하여 경사각 30°로 설정하여 설치한다.

이때 태양전지 어레이의 실소요 면적은 약 20~30m² 정도이다.

인버터는 정현파 PWM방식이며 직류 120~350V / 교류 220V, 60Hz로 입출력(과전압) 및 동기(同期) 이상시 보호 기능을 갖는다. 과전압계전지(OVR)등 계통연계 보호기능도 갖는다.

[표 3.3]은 3KW 태양광발전 시 주택에 소요되는 태양전지 및 태양전지 모듈의 규격 및 실제 모듈 구성면적 등 관련 내용을 나타낸다.

일반적으로 실리콘 태양전지의 경우 1개의 면적은 약 100cm²이다.

이 태양전지에서는 0.5V, 3A의 전력이 생산되며 이러한 태양전지를 수 십개 연결하여 태양전지 모듈(Solar cell module 또는 PV module)을 만든다.

〔표 3.3〕 3KWp 태양광발전시 주택에 소요되는 태양전지와 태양전지 모듈의 규격별 자료

태양전지	모듈(태양전지 4×9=36장)	실제 모듈 구성면적(m²)	3KWp패널
100×100mm	985×410mm(50W)	24	• 50Wp 모듈 60개 • 15(직렬)×4(병렬)
103×103mm	990×450mm(50W)	27	• 50Wp 모듈 60개 • 15(직렬)×4(병렬)
114×114mm	1090×495mm(60W)	27	• 60Wp 모듈 50개
125×125mm	1190×540mm(75W)	26	• 75Wp 모듈 40개
150×150mm	1415×640mm(100W)	27	• 100Wp 모듈 30개
200×200mm	1865×840mm(130W)	36	• 130Wp 모듈 23개

전형적인 태양전지 모듈의 경우 결정질 실리콘 태양전지를 30~36개를 직렬로 연결하여 최대 전력이 약 50Wp가 되도록 구성하고 있다.

[그림 3.15]은 3KWp 계통연계형 태양광발전시스템의 시간별 발전특성곡선을 나타내고 있다.

이 특성곡선에서 태양광발전시스템은 일사량이 큰 12시~14시에 PV출력이 크게 나타남을 알 수 있다. 이것은 여름철 전력계통의 피크전력(Peak power) 경감효과(經減效果)에 상당히 도움이 되는 것으로 알려지고 있다.

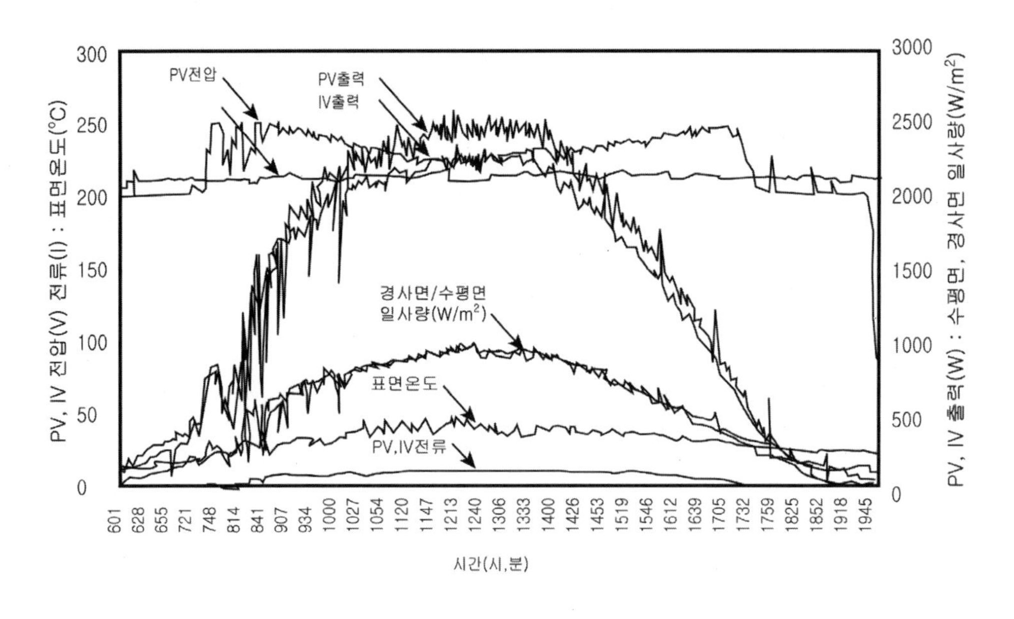

[그림 3.15] 3KWp 계통연계형 PV시스템의 시간별 발전특성곡선

3 건물일체형 태양광발전시스템(BIPV)

3.1 BIPV의 개요

건물일체형 태양광발전시스템(BIPV : Building integrated photovoltaic system)은 기존의 태양광발전(PV)기술을 건축물에 접목한 것으로 태양전지 모듈자체를 건물의 외장재(外裝材)로 대체하면서 전기를 생산하는 다기능 복합시스템이다.

이것은 최근 고유가 및 환경오염에 따른 신·재생에너지의 사용 확대 움직임이 건축분야에 적용된 시스템이라 할 수 있다. 앞서 언급한 것처럼 태양전지 모듈을 건축물 외장재(外裝材)로 활용함으로써 건축비 절감 및 건물의 부가가치를 높이는 디자인(Design) 요소로 활용되고 있다.

외국의 사례를 보면, 태양광을 건축물에 응용하기 위한 BIPV 기술개발이 1990년대부터 7년간 독일을 중심으로 선진 13개국이 참여하여 태양열 냉난방 프로그램(IEA SHC : Solar heating & cooling program)이 추진되었으며 이를 통한 BIPV와 관련된 기반 기술의 체계가 이뤄지게 되었다.

특히 일본의 경우 주택용 태양광발전시스템이 매우 활성화되고 괄목할만한 성장을 이뤄왔는데 이는 실제 주거(住居) 가능면적이 적고 땅값이 비싼 특성상 건물 지붕에 태양광발전시스템을 적용하는 것이 경제적인 이유이기도 했다.

일본의 대표적인 건물 적용 태양광발전 프로그램은 1994년부터 1996년 사이 NEF(New energy foundation)에 의해 시작된 주택용 PV시스템 모니터링 사업이었다.

독일은 태양광산업에서 90년대 「1,000만호 Solar Roof Top 계획」을 시작으로 BIPV분야에서 꾸준한 노력을 해 오고 있다.

태양광발전 분야의 초기 시장을 장악했던 미국은 독립형 시스템과 국외 설치 등에 중점을 두고 태양광산업을 육성시켜 왔으나 최근에는 자국 내의 시장 확보와 계통연계형 특히 BIPV분야에 대한 필요성을 인식하고 이에 대한 지원책과 예산 등을 마련해 추진 중에 있다.

미국은 1999년부터 2010년까지 총 10억 달러를 투입하여 100만호 Solar roof 보급촉진 계획을 수행 중에 있다.

그리고 육상의 설치면적이 넉넉지 않는 우리나라의 지형적(地形的) 특성을 감안 할 때 BIPV는 우리에게 매우 유용하게 활용할 수 있는 기술 분야라 여겨진다.

우리나라는 2001년 신·재생에너지 공급량 235.76만 TOE중 태양광에너지 공급 비중은 0.2%(5.9천 TOE)로 매우 낮은 편이었으며 그중에도 건물에 적용된 태양광시스템은 2001년 경우 총보급량(792KWp)의 13%에 그쳐 보잘 것 없는 상태였다.

그러나 고유가와 지구 온난화 문제 및 여름철 전력수요 증가 등의 당면과제 등으로 태양광발전을 비롯한 신·재생에너지에 대한 관심과 투자가 지속적으로 증가되고 있다.

2004년에는 태양광, 풍력, 수소 · 연료전지 분야를 3대 중점사업으로 선정한 바 있으며 제2차 국가 에너지 기본계획에서는 2006년까지 3%, 2011년까지 5%의 에너지를 신·재생에너지로 공급한다는 목표를 설정하고 있다.

또 신·재생에너지의 개발 및 이용, 보급 촉진법을 근거로 하는 신·재생에너지 공공 의무화 사업에서는 향후 공공기관이 발주하는 연면적 3천m²이상의 신축건물에 대해서는 총 건축 공사비의 5%이상을 신·재생에너지 설비 설치에 투자하도록 의무화함에 따라 태양광발전시스템 특히 BIPV시스템 보급의 활성화가 기대된다.

우리나라에서는 2004년부터 2007년까지 에너지 기술 연구원 주관으로 3년간 총 53억여 원의 예산으로 산학연(產學硏) 컨소시엄(Consortium)을 구축하여 건축 환경을 고려한 BIPV용 태양전지 모듈 및 제조기술 개발 연구과제가 수행되어 BIPV용 태양전지 모듈의 설계, 설치기술, 내구성(耐久性) 확보 기술 및 구성 재료의 개발 등이 시도 되었다.

현재는 에너지 관리공단 주도하에 2012년까지 주택용 3KWp 태양광발전시스템 10만호 보급을 목표로 사업이 추진 중에 있다.

이러한 태양광발전의 확산 보급에 따라 건축물 외벽(外壁 : Outer wall)을 이용하는 태양광발전의 건축물 적용에 대한 관심이 점차 높아지고 있는 상황이다.

물론 태양광발전의 건축물 적용에 있어서 초기단계에서는 발전(發電)이라는 기능적 측면이 우선되는 경향이 있으나, 기술 축적과 주변기기의 연구개발에 의한 건축물과의 조화를 이루는 BIPV는 향후 더욱 활성화 될 것으로 본다.

그리고 건물일체형 태양광발전시스템(BIPV)과 유사한 개념의 PVIB(Photo voltaic in building)가 있다. 이것은 기존의 건물이나 신축건물이 완공된 후에 태양전지 모듈을 건물에 부착하는 방식이다.

시공이 비교적 용이하고 적용이 가능하나, 건물과의 조화 및 별도의 지지물(가대) 설치 등을 고려하여야 한다.

3.2 BIPV의 특징

1. 장점

① 태양전지 모듈을 건축물 외장재(外裝材)로 사용함으로 건축비가 절약된다.

② 점차 증가되고 있는 건물에서의 전력소비를 지원한다. 특히 여름철 냉방부하(冷房負荷) 등으로 인한 전력 피크를 완화시키는데 도움이 된다.

③ 건물의 부가가치를 높이는 환경 친화적인 건물 디자인 요소로 활용 할 수 있다.

④ 생산지와 소비지가 같아 송·배전(送配電) 등으로 인한 전력손실을 고려할 필요가 없다.

⑤ 별도의 설치 부지(敷地)가 필요 없으므로 협소한 지형 조건에 적합하다.

⑥ 태양광발전의 홍보나 의장(意匠 : Design)으로 활용이 가능하다.

2. 단점

① 설치 방향과 각도에 대한 제약(制約)이 따른다.
② 일반 태양광발전에 비해 설계 시 고려사항이 많고 시공(施工)에 어려움이 따르는 경우가 있다.

3.3 BIPV 설계 시 고려사항

① 일사량(日射量)과 발전량

태양의 일사량은 지역과 위도(緯度)에 따라 다소 차이가 있다.

일사량의 강도는 태양전지 모듈의 변환효율에 영향을 미친다. 따라서 태양광발전시스템의 설치 장소와 방향 및 각도는 매우 중요하다.

② 온도의 영향과 발전량

태양전지 모듈 표면에 조사(照射)되는 일사량(日射量)과 발전량은 비례하지 않는다.

태양전지 모듈이 전기를 생산하는 과정에서 자체적으로 발생되는 열과 주변의 대기(大氣 : Air) 상태에 따라 온도가 상승하여 실제 시스템의 변환효율과 실내 공간의 열부하(熱負荷)에 영향을 미치게 된다. 대체로 태양전지 모듈의 온도가 1℃ 상승하면 변환효율은 0.5% 정도 떨어진다고 한다.

결국 태양전지 모듈의 자체온도를 가능한 낮게 유지할수록 변환효율과 실내공간의 단열효과(斷熱效果)에 도움이 되므로 시스템 주변온도로부터 태양전지모듈의 온도 저감(低減) 방안이 강구되어야한다.

③ 음영(陰影)과 발전량

태양전지 모듈의 표면의 일부 또는 전부가 그림자에 의해 직사광선이 방해를 받으면 발전량의 감소를 가져오게 된다. 따라서 시스템 주변의 나무나 건물 등에 의해 그늘이 생기지 않도록 해야 한다.

〔표 3.4〕 BIPV 설계 시 고려사항

구 분	고 려 사 항
건물과의 조화성	형상, 색상, 모듈의 크기
발 전 량	건물배치, 설치방향 및 각도, 음영, 주위온도
시 공 성	시공방법, 적설하중, 풍압, 방화
안 전 성	파손, 도난, 낙뢰
관 리 및 유 지	점검, 수리교체, 세척
부 가 가 치	경제적/ 건축적/ 환경적 측면
배 선	외피 관통문제, 직류 및 교류 관계

3.4 BIPV의 적용방식

다음은 건물일체형 태양광발전시스템의 적용방식과 특징을 나타낸다.

1. 지붕자재형

경사가 완만한 지붕에 적용되는 형태이다.

별도의 구조나 전기설비 없이 설치나 시공이 용이하나 다른 태양광발전 자재에 비해 고가이다.

2. 커튼월형(Curtain wall type)

기존의 커튼월 시스템(Curtain wall system) 활용의 장점이 있다.

수직면 적용으로 발전효율(發電效率)이 낮다.

3. 발코니형(Balcony type)

발코니(Balcony) 면적을 활용하는 이점이 있으나 발전효율이 낮다.

4. 아트리움형(Atrium type)

셀 간격의 조정으로 채광(採光 : Lighting) 성능을 유지할 수 있다.
건축자재의 표준화가 어렵고 특별 주문이 필요하다.

5. 수평차양형(水平遮陽型)

차양(遮陽) 및 발전기능이 가장 효율적인 시스템으로 냉방부하(冷房負荷) 저감에 이점이 있으나 공사비용이 증가된다.

6. 수직차양형(垂直遮陽型)

태양의 고도(高度 : Height)가 낮은 동서 측입면 적용 이점이 있다.

〔그림 3.16〕 건물일체형 PV시스템의 방식

4 태양광발전소(太陽光發電所)

4.1 태양광발전소의 기본계획

정부에서는 신·재생에너지 설비의 투자 경제성 확보를 위해 신·재생에너지 발전에 의해 공급한 전기의 전력거래(電力去來) 가격이 정부가 고시한 기준가격보다 낮은 경우, 기준가격과 전력거래 가격과의 차액 즉 발전차액(發電差額)을 지원해주는 발전차액지원제도를 운영하여 안정적인 태양광발전소 운영이 가능하도록 지원하고 있다.

[표 3.5]는 태양광발전 시 발전차액지원 대상 전원 및 기준가격을 나타낸다.

여기서 기준가격 보장기간은 15년이며 상업운전일(商業運轉日) 기준으로 감소율이 적용되며 결정된 가격은 15년간 변하지 않는다.

〔표 3.5〕 발전차액지원 대상 전원 및 기준가격

전원	대상	구분	기준가격(원/KWh)		현행가격	비고
			고정가격	변동가격		
태양광	3KWp 이상	3KWp이상	677.38	-	716.4	감소율 4% (3년 이후)
		3KWp미만	711.25	-		

4.2 태양광발전소 시스템의 구성

국내 전력에너지 수급(需給)의 일원으로 성장하고 있는 중·대형 규모의 태양광발전소는 태양전지 모듈에서 생성된 전기를 인버터 및 전력변환장치 등을 이용하여 계통에 전력을 공급하는 시스템이다. 1KW 태양광발전시스템은 태양전지의 종류에 따라 다르나 대체로 약 9~20㎡의 면적이 소요된다.

[그림 3.17]는 태양광발전소의 전경을 나타낸다.

〔그림 3.17〕 태양광발전소 전경

4.3 주요 태양광발전소

1. 영광솔라파크(Solar Park)

전남 영광군 성산리와 계마리에 위치한 영광원자력발전소내 64,000m²부지에 건설된 3MWp 태양광발전소이다.

영광솔라파크는 2006년 7월 한국수력원자력(이하 한수원)과 영광군이 투자합의서를 체결하고 2007년 5월 1단계 1.25MW설비가 준공되어 상업운전을 시작하였으며 곧이어 2단계 1.75MW 설비가 추가로 준공되어 총 3MW의 태양광발전소가 건설되어 운전 중에 있다.

이 태양광발전소 건설에는 경동솔라와 대우엔지니어링이 시공사로 참여하였으며, 총 건설비는 약 250억원이 투입되었고 15,000여개의 태양전지 모듈이 사용되었다. 이 발전소에서 발전된 전력은 1,500여 가구가 동시에 사용할 수 있는 전력량이다.

한수원측은 연간 5,400배럴의 원유 대체(代替)와 연간 2,200톤의 이산화탄소 저감효과가 있는 것으로 판단하고 있다. 또 한수원은 2015년 까지 원전(原電) 설비용량의 7%에 해당하는 1,400MW의 신·재생에너지 발전설비를 추가로 확보하여 총 1,910MW의 녹색에너지(Green energy) 발전설비를 갖춘다는 계획을 가지고 있다.

2. 태안 태양광발전소

충남 태안군 원북명 방갈리 일대 약 30만m²의 부지에 건설된 14MWp 태양광발전소이다. 태안 태양광발전소는 (주)LG가 100% 출자하여 설립한 자회사인 LG솔라에너지(LG Solar energy)가 시공하여 2008년 6월말에 완공한 발전소이다.

이 공사에는 156㎜×156㎜크기의 태양전지모듈(Solar cell module-70인치 PDP 패널크기, 모듈단가 80만원 정도) 77,000개가 사용되었으며 총 투자비는 1,100억원 이었다.

이 태양광발전소는 연간 전력생산량이 19GWp로 태안군내 전체 2만가구중

40%인 8,000여 가구가 1년간 사용할수 있는 전기를 생산한다.

그리고 태안태양광발전소는 발전된 전기를 한국전력에 KW당 677원에 판매할 경우 연간 약133억원의 매출이 발생할 것으로 보고 있다. 이산화탄소 절감량은 연간 12,000톤으로 우리 정부의 저탄소 녹색성장 정책에도 기여하게 되며, 아울러 탄소배출권 판매로 연간 3억원 정도의 추가 이익이 있을 것으로 전망하고 있다.

참고로 태안태양광발전소는

① 하루 평균발전시간은 3.8시간이고 태양전지셀의 발전효율은 17~19%이다.
② 모듈을 떠받치고 있는 철근 구조물은 순간 최대풍속 60m/sec의 태풍에 견딜 수 있는 내구형이다.
③ 모듈의 적정온도 25℃유지를 위해 바닥에 잔디를 심고 배수로 내 연못을 조성해 모듈의 온도상승 방지 및 발전효율에 힘쓰고 있다.
④ 발전소의 손익분기점은 최소 8년정도이고 상주인원은 7명이다.

3. 신안동양태양광발전소

전남 신안군 지도읍 일대에 축구장(7,140m²짜리) 93개 크기의 67만m² 부지에 약 2,000억원을 투입하여 건설된 최첨단시스템을 갖춘 24MWp(시간당 발전량)규모의 단축(1-axis tracking system) 추적식 태양광발전소이다. 이 발전소는 기존의 고정식 태양광발전소와는 달리 태양광의 유무를 판단하여 태양의 위치를 태양전지모듈이 추적하는 발전시스템으로 현재 세계최대 규모이다. 이전의 최대 규모는 스페인의 20MWp였다.

신안동양태양광발전소는 남북방향으로 설치된 태양광모듈(집열판)이 태양을 따라 동서방향으로 45도씩 움직이기 때문에 발전효율은 고정식보다 약 15%정도 높다. 이 발전소의 시공사는 동양건설산업이고 시스템 공급업체는 독일의 커너지(Conergy)사이다.

2007년 5월 공사를 시작하여 1년 6개월만에 19.6MW를 완공하여 전력생산에 들어갔으며 나머지는 2008년말까지 마칠 예정이다. 이 발전소의 건설에는 가로1.3m×세로 0.95m크기의 태양전지모듈 13만 656개가 사용되었다. 이 발전소에서 생산된 전기는 인근 1만여 가구에 공급할 수 있으며, 연간 약 25,000톤의 이산화탄소 저감효과가 있을 것으로 기대하고 있다. 동양건설산업은 15년간 이 발전소를 직접 운영 및 관리하게 된다.

4. 김천 태양광발전소

김천태양광발전소는 경북 김천시 어모면 옥계리 일대 58만㎡의 부지에 건설된 순간발전용량 18.4MWp의 현재까지 우리나라 최대 규모의 친환경 태양광발전소이다. 이 태양광발전소는 삼성에버랜드(건설총괄), 포스콘, 한국교직원공제회(최대출자자, 49%지분 확보)가 컨소시엄을 구성하여 2008년 9월말 건설하였다. 이 공사에는 70인치 PDP(Plasma display panel) 크기의 태양전지모듈 92,000개가 사용되었으며, 총 투자비는 1,498억원이었다.

이 발전소는 연간 28,000MW의 전력을 생산하는데 이 전력량은 약 9,000세대가 사용할 수 있으며, 김천시 전체 전력소비량의 3%에 해당된다. 생산된 전기를 한전(韓電)에 KW당 677원에 판매할 경우, 연간 약180억원 이상의 매출이 발생할 것으로 보고 있다.

또 이 태양광발전소를 운전함으로써 연간 7,000톤의 원유 수입 대체효과가 발생하며, 연간 15,000톤의 이산화탄소 저감효과도 기대하고 있다.

5. 포스코 공장지붕의 태양광발전소

포스코는 2008년 6월 국내 최초로 광양제철소 지붕에 1MW 태양광발전소를 설치했다. 광양제철소 4냉연제품 창고지붕(길이 310m, 폭 210m)에 박막형 태양전지판(모듈) 7,348개를 사용하여 완공했으며, 이를 통해 포스코는 연간 약 1,240MWh의 전력을 생산하여 약 8억 4천만의 전력판매 수익과 함께 약800톤의 온실가스를 감축하는 효과를 거둘 것으로 기대하고 있다. 특히 포스코 공장지붕에 사용한 박막형 태양전지판은 모듈 1장의 두께가 4㎜이고 무게도 7.7㎏ 정도이므로 가볍고 부착이 쉬우며, 기존 지붕구조물의 안정성에도 영향을 주지 않는 이점이 있다. 지금까지 국내에 설치되고 있는 대부분의 태양광발전소에는 실리콘 결정질 기판형 태양전지 모듈이 적용되고 있다.

6. 독도의 태양광발전소

경북도에 의하면 지식경제부와 에너지관리공단이 독도를 친환경지역으로 보전하기 위해 50KW급 태양광발전소를 2008년내에 건설 목표로 추진중이다.

이 발전소는 독도의 동도에 1,650㎡부지에 건설될 예정이며, 약 17-25가구가 사용할수 있는 용량으로 독도에서 사용하는 전기의 약 30%를 충당할 수 있다고 한다.

1970년대에는 5KW와 2KW급 풍력발전기 2대가 동도에 설치되었으나 강풍으로 훼손되었으며, 현재는 디젤발전기(Diesel-generator)를 통해 하루에 약 800KWh의 전기를 발전하여 사용중이다.

5 태양광발전사업

5.1 태양광발전사업의 특징

1. 장점

① 시공(施工)기간이 2~4개월 정도로 비교적 짧다.
② 전기를 생산하여 거래하는 것이 법적으로 보장된다.
③ 발전설비(계통연계형)를 설치 완료와 동시에 이윤이 발생한다.

2. 단점

① 초기 투자비가 타 사업에 비해 크다
② 투자비 회수(回收) 기간이 길다
③ 자체 자금의 비중(比重)이 낮을 경우 사업에 위험(Risk)이 커진다.

5.2 태양광발전사업의 사업성 분석

에너지관리공단의 태양광발전의 사업성 분석(事業性 分析) 자료에 의하면 투자비 회수기간(回收期間)은 다음 [표 3.6]과 같다.

〔표 3.6〕 태양광발전 사업성 분석 결과

구 분	투자비 회수기간
① 사업비 전액을 정책자금으로 조달했을 때	9년~10년
② 사업비 65%를 에너지관리공단측 정책자금으로 조달했을 때	10년~11년
③ 사업비 전액을 자부담(시중금리)으로 조달했을 때	11년~12년

5.3. 태양광발전사업의 전망

태양광발전사업은 [표 3.7]에서 나타낸 것처럼 시장 저변이 확대되고 있으며 2006년부터 급격한 신장을 보이고 있다.

〔표 3.7〕 연도별 신·재생에너지 발전량 및 지원규모 현황

(발전량 : MWh, 백만원)

구분 \ 년도		2003년 이전	2004	2005	2006	2007	합계	시설용량
수력	발전량	264,860	142,101	157,622	157,279	38,073	759,935	42개소
	금액	6,165	2,782	2,352	661	336	12,296	(58,738KW)
LFG	발전량	127,958	138,467	128,746	119,236	41,004	555,411	11개소
	금액	2,170	1,477	957	292	313	5,209	(80,293KW)
풍력	발전량	31,790	29,275	103,281	207,703	92,036	464,085	5개소
	금액	556	770	3,719	5,484	1,794	12,323	(156,395KW)
태양광	발전량	0	13	522	5,474	3,598	9,607	78개소
	금액	0	8	340	3,478	2,258	6,084	(11,510KW)

고유가와 지구온난화 문제 등으로 태양광발전시스템은 지속적인 신장과 함께 정책자금(政策資金) 수요의 과열 현상이 일시적으로 나타나고 있다.

5.4 태양광발전사업 주요 추진 절차

다음 [그림 3.18]은 시설용량 3MWp초과 및 3MWp이하 시 인허가(認許可) 추진 절차를 나타낸다.

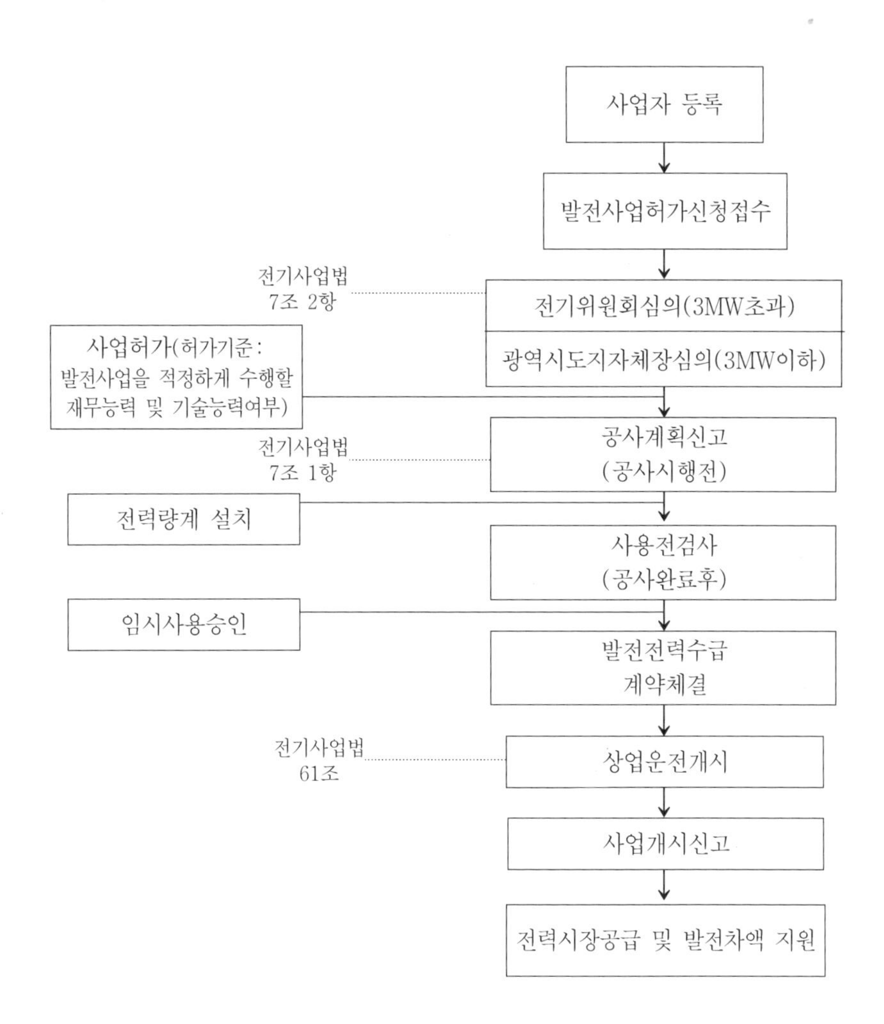

[그림 3.18] 시설용량 3MWp초과 및 3MWp이하 시 인허가(認許可) 추진 절차

〔표 3.8〕 태양광발전사업 주요 추진 절차 및 주무 관청

주요사업 추진절차	주부관청	관련법안	관련서류
발전사업 허가신청 접수	시, 도지사 (3,000KW이하)	전기사업법 7조 시행규칙 4조	• 전기사업 허가신청서 • 사업계획서 • 송전관계 일람도 • 발전원가 명세서
공사계획 신고 (공사시행전)	시, 도지사 (10,000KW미만)	전기사업법 61조 시행규칙 28조 1항 29조 2항	• 공사계획 신고서 • 공사 공정표 • 기술서 • 감리원 배치를 확인할 수 있는 서류
사용전검사 (공사완료후)	한전전기안전공사 (검사받기 7일전)	전기사업법 63조 시행규칙 31조 4항,5항	• 공사계획인가서 또는 신고수리서 사본 • 설계도면 • 감리서류
발전전력 수급계약 체결	한국전력거래실 구입전력팀, 지역한전 전점		• 전기안전관리 선임신고필증 • 발전사업 허가증 • 사업자등록증 • 사용전 검사필증 • 표준계약서
사업개시 신고	시·도지사	전기사업법 9조 4항, 시행규칙 8조	• 별지6호
전력시장 공급및 발전 차액 지원	한국전력거래소 (전력거래회원가입자) 한국전력 (200KW이하)	전기사업법 31조	

5.5 발전사업의 인 · 허가

1. 전기사업의 종류와 정의

(1) 발전사업(發電事業)

전기를 생산하여 이를 전력시장을 통해 판매 사업자에 공급함을 주된 목적으로 하는 사업이다.

(2) 송전사업(送電事業)

생산된 전기를 배전 사업자에게 송전하는데 필요한 전기설비를 설치 및 관리하는 사업이다.

(3) 배전사업(配電事業)

송전된 전기를 전기 사업자에게 배전(配電)하는데 필요한 전기설비를 설치 및 관리하는 사업이다.

(4) 전기 판매사업

전기사용자에게 전기를 공급함을 주된 목적으로 하는 사업이다.

(5) 구역 전기사업

특정한 공급구역의 수요(需要)에 응하여 전기를 생산하여 전력시장을 통하지 아니하고 당해 공급구역 안의 전기 사용자에게 전기를 공급함을 주된 목적으로 하는 사업이다.

2. 발전사업 허가

(1) 허가권자

발전설비 용량 3,000KW 초과시는 지식경제부 장관이 허가하며 3,000KW 이하는 특별시장, 광역시장 또는 도지사가 허가한다.

(2) 허가절차

다음 [그림 3.19] 는 태양광발전사업 허가 절차를 나타낸다.

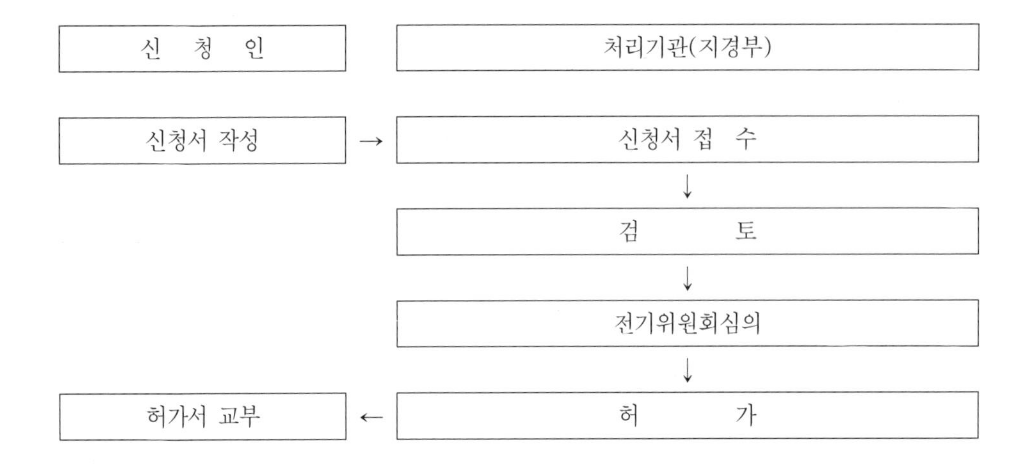

〔그림 3.19〕 태양광발전사업 허가 절차

(3) 설비용량 규모에 따른 허가권자 및 제출서류

[표 3.9]는 설비용량 규모에 따른 허가권자 및 제출서류이다.

〔표 3.9〕 설비용량 규모에 따른 허가권자 및 제출서류

용 량	200KW 이하	3,000KW 이하	3,000KW 초과
허가권자	광역시장/도지사	광역시장/도지사	지식경제부장관
제출서류	2종	5종	10종
처리기간	60일	60일	60일

5.6 발전차액제도

1. 신·재생에너지 발전차액 관련 운영 규정

구 분	규 정 명	주관부서
법	• 전기사업법 • 신·재생에너지개발, 이용, 보급 촉진법	지경부 (신·재생에너지팀)

고 시	• 신·재생에너지이용 발전전력의 기준가격 지침 • 소규모 재생에너지 발전전력의 거래에 관한 지침	지경부 (신·재생에너지팀)
지경부 승인	• 신·재생에너지 발전차액지원제도 운용규정	총괄관리기관 (에너지관리공단)
전담기관 승인	• 타에너지 지원사업 협력팀 업무 운용규정	주관기관 (전력거래소)

2. 소규모 신·재생에너지 발전전력의 거래에 관한 지침

① 한전과의 직거래(直去來)
설비용량 200KW 이하의 신·재생에너지
전력시장에서 거래하는 것도 가능하다.

② 한전에 직접 판매 시 전력거래 수수료(手數料) 0.086원/KW이 절감되며 전력거래소 회원 등록비 20만원과 연회비 10만원이 절감된다. 단 불리한 점은 부가세가 부과된다.

③ 발전차액 미지급(未支給) 대상
적용설비 용량 초과(수력 5MW 초과), 태양광 3KW미만

④ 기준가격 용량 제한
태양광 100MW

⑤ 기준가격 적용기간
준공부터 15년, 단계별 준공 시 별도 계량기 설치가 필요하다.

⑥ 기준가격 감소율(減少率) 적용
태양광은 2009.10.11부터 매년 4%감소(677→650→624)

3. 신·재생에너지 기반기금(基盤基金) 집행실적 및 전망

다음 [표 3.10] 은 신·재생에너지의 전력거래 및 직거래를 나타낸다.

① 전력거래(전력거래소) : 전력거래회원 가입자

② 직거래(한전) : 200KW이하의 신·재생에너지 및 전력구매계약(PPA : Power purchase agreement)사업자

〔표 3.10〕 신·재생에너지의 전력거래 및 직거래

구 분	전력거래		직 거 래		합 계		비 고
	개 소	용량(KW)	개 소	용량(KW)	개 소	용량(KW)	
소 수 력	40	55,308	3	4,420	43	59,728	
매립지 가스	11	80,293	–	–	11	80,293	
풍 력	4	146,600	1	9,795	5	156,395	1,000MW이하
태 양 광	13	11,708	82	4,248	95	15,956	100MW이하
연 료 전 지	1	250	–	–	1	250	500MW이하
바이오가스	1	2,000	–	–	1	2,000	
계	70	296,159	86	18,463	156	314,622	

4. 신·재생에너지 보급개발사업 및 기준가격 지표

(1) 보급사업의 재원 : 기반기금, 에너지 특별회계

기반 기금 프로그램	2006년(억원)	2007년(억원)
① 신·재생에너지 기술개발사업	903	929
② 신·재생에너지 인력양성사업	60	85
③ 신·재생에너지 설비보급기반 구축사업	27	32
④ 태양광발전 보급지원사업	490	490
⑤ 신·재생에너지 발전차액지원사업	263	270
⑥ 신·재생에너지 보급융자사업	587	650
합 계	2,330	2,456

(2) 태양광발전의 기준가격 지표

설치비 880만원/KW, 운전유지비 1%, 이용률 15%, 설비수명 20년

5. 태양광발전사업 허가

(1) 대상기간 : 2004.1~2007.6.30

(2) 총 검토사업 : 532개 사업(270,976KW)

(3) 검토부서 : 전력거래소 기술조사팀 / 신·재생에너지팀

〔표 3.11〕 연도별 검토사업 건수 및 용량

연 도	검토사업건수	용량(KW)
2004	15	23,500
2005	93	48,613
2006	176	86,470
2007.6	248	112,390
합 계	532	270,976

*주: 대부분 1,000KW 이하의 소규모 사업자임.

(4) 발전사업 허가 시 검토 기관별 역할

기 간	내 용
지식경제부	관련 규정의 적합성, 전기위원회 개최, 허가서 교부
전력거래소	법령 및 고시에 따른 허가 기준 적합 여부
한국전력공사	송변전 계통설비 접속 검토

(5) 발전사업 허가시 참고사항

① 입지선정(立地選定)

② 자기자본 및 융자(담보) 등 자금 조달

③ 건설 및 운영

민원해결 및 보수 용이 여부

④ 수익성(收益性)

태양광발전 : 건설비 880만원/KW, 이용율 15%, 수명 25년

6 태양광발전소의 건설 및 부지선정

6.1 태양광발전소 건설 · 추진계획 시 고려사항

1. 사업계획의 수립

태양광발전만을 단독개발할 것인지 또는 태양광발전과 관광개발(觀光開發)을 겸해서 복합개발(複合開發)할 것인지에 대해 사전 검토가 필요하다.

2. 사업규모의 선정

발전소 건설기간 등을 고려한 사업규모를 어느 정도 범위에서 할 것인지 결정하여야 한다.

3. 부지선정 및 인·허가 문제

태양광발전소 건설에 필요한 부지선정(敷地選定) 및 발전사업 허가, 개발행위 허가, 환경영향평가 등 각종 인·허가 사항 등을 고려하여야 한다.

6.2 태양광발전소 건설 추진 절차

1. 태양광발전소의 규모(規模) 결정
2. 태양광발전소의 형식(形式) 결정
   고정식 또는 추적식으로 결정한다.
3. 자금 조달 계획의 수립
   자체 조달과 융자(融資)의 범위를 판단하여 결정한다.
4. 태양광발전소 부지(敷地)의 신중한 검토
5. 태양광발전소 및 개발행위(開發行爲) 인·허가 신청
6. 자금조달(資金調達) 계획을 결정
   자체 자금과 은행차입 또는 융자(정부) 등
7. 태양광발전소 시공업체(施工業體)의 선정
8. 태양광발전소 착공 및 준공

6.3 태양광발전소 부지 선정

1. 부지(敷地) 선정의 중요성

부지의 적절한 선정은 태양광발전소 건설에 있어서 절반의 성공이며 사업의 성패(成敗)를 좌우한다.

태양광발전소의 부지 선정이 발전소 건설(建設)의 성패를 결정함으로, 최고의 부지 선정을 위하여 최선의 노력이 요구된다.

① 나무를 보지 말고 숲을 보는 지혜가 필요하다.
② 부동산 분야의 노하우(Know-how)가 필요하다.
③ 관리지역, 농림지역, 도시지역, 자연환경 보존지역 등의 토지현황(土地現況) 파악이 필요하다.

부지선정은 전문가가 아니라도 할 수 있는 분야이나 모르는 것에 대하여 전문가에게 자문(諮問)을 구하고 해결책을 찾는 게 현명한 방법이 될 것이다.

2. 부지선정 조건

① 부지 매입(買入) 기간 및 매입 가능성

② 지정학적(地政學的) 조건

입지는 동서 분산형이 최적 입지이다.

③ 기후조건

일조량의 변동, 적운(積雲 : Cumulus), 적설(積雪 : Deep snow), 사람의 통행이 없는 곳이 좋다.

④ 부지의 접근성과 주변 환경

⑤ 행정상 인·허가 관련 각종 규제사항

⑥ 전력계통과의 인입선(引入線) 연계조건

⑦ 부지 매입 가격

⑧ 부대 공사비

⑨ 지역 주민과의 관계(민원여부)

6.4. 지역 설정 및 지역 정보수집

1. 부지매입 지역 설정

건설 예상 후보지를 선정하는 것이다. 부지의 경사도 및 토지 이용 계획 등을 분석하는 것이 필요하다.

2. 지역 정보수집

태양광발전의 의존도가 높은 기후 조건 중 지역별로 일조량 및 일사량을 수집한다.

① 전국 평균 연간 일사량(日射量)[3,039.2(kcal/m²)], 일조량(日照量) [2,613.7 (KWh/m²)]이 3.5시간 이상 되는 지역을 고려한다.

② 지자체의 태양광발전의 유치 의지
③ 매입 부지의 위치 방향성 등

3. 현장조사(現場調査)

시공시 변수(파일, 지하층 공사비 등) 등 토목공사(土木工事)의 용이성, 진입로(進入路) 여부, 매입대상 부동산에 대한 집중적인 정밀조사(情密調査)가 필요하다.
토지는 최소한 3~5회 이상 반복 조사하는 것이 좋다. 필지별(筆地別) 토지면적 및 소유자 등도 파악한다.

4. 지자체(地自體) 방문

① 실제 인·허가 가능성 여부를 지방자치단체에서 직접 확인한다.
② 발전 사업 및 개발 행위 인·허가 등에 대하여 확인한다.

5. 지가(地價) 조사 및 수익성(收益性) 분석

공시지가(公示地價) 및 주변지역 토지 매매가를 조사하고 수익성을 검토 분석한다.

6. 매매조건을 협상하고 계약을 체결한다.

7 태양광발전시스템의 설계

7.1 개요

태양광발전시스템은 설치 장소나 용도에 따라 설계를 다양하게 할 수 있다.

여기서는 주택용(住宅用) 태양광발전시스템과 발전사업자용(發電事業者用) 대용량 태양광발전소에 대해 고찰해 보기로 한다.

주택용 태양광발전시스템은 주택의 지붕 위에 설치되는 것으로 태양전지 모듈, 인버터, 계통연계 및 보호 장치 등을 포함하여 접속함과 교류측에 설치되는 전력량계 등으로 구성된다.

태양전지로부터 생성된 전기가 직류이므로 이것을 인버터에서 교류로 변환하고 전력회사에서 공급되고 있는 교류 전력과 동기(同期)하여 사용할 수 있도록 하고 있다.

태양광발전소는 대단위 발전시설이 가능한 장소에 계통연계형으로 설계되며 시스템의 구성요소로 태양전지 어레이, 전력변환장치(계통연계형 PWM 인버터/IGBT), 계통보호장치, 배전계통 보호장치, 원격제어(遠隔制御 : Remote control) 및 모니터링(Monitoring)장치, 태양전지 어레이 지지대 및 원격검침(遠隔檢針)을 할 수 있는 통신설비를 포함한 전력 거래용 설비 등이 있다.

7.2 태양광발전시스템 설계 시 검토 및 고려사항

1. 건물의 태양광발전시스템

건물이나 빌딩 등에 태양광발전장치를 설치함에 있어서 몇 가지 측면에서 고려가 필요하다.

일차적인 목표는 태양전지모듈판을 어떻게 설치하여 발전량을 최대화시킬 것인가 하는 것이다.

그리고 건축물과의 미관상(美觀上)의 조화를 고려하여야 한다. 또 안전성과 정비 유지도 검토하여야 할 것이다.

이러한 측면에서 태양전지모듈판의 최적방향, 각도, 설치 가용면적, 설치비용, 채광제어(採光制御), 내구성(耐久性), 안전성 등이 종합적으로 검토 및 고려가 요구된다.

2. 태양광발전소(太陽光發電所)

태양광발전소의 설비는 전기를 생산하는 전력원(電力源)인 동시에 구조물(構造物) 또는 건축물로서 인식이 필요하다. 또 전기를 생산하고 판매하는 대상물이기도 하므로 경제성 검토도 충분히 해야 한다.

이러한 측면에서 구조적인 안전성(安全性) 확보가 무엇보다 중요하며 환경친화적인 건축물로서의 고려가 요구된다.

국내 기상환경은 4계절의 특성을 가지고 있으며 장마철이 있고 태풍 영향으로 재해(災害)가 빈번하게 발생되면 가끔 폭설(暴雪)에 의한 재난(災難)도 발생한다.

따라서 건축적인 접근에서 태양광발전시스템은 내구성(耐久性)과 안전성 및 관리 유지성 등이 모두 충족되는 시스템이어야 한다. 또 환경 친화적인 구조물로서 주위 경관(景觀)과 조화를 이루어야 한다.

우리나라에서는 10년 이상 설치하여 운전 중인 발전소가 거의 없어 문제점에 대한 인식이 부족한 상태이며, 현장의 신뢰성(信賴性) 검증도 어려운 처지이다.

이러한 분야의 연구나 기술 인프라도 현재는 초기단계에 머물러 있는 수준이며 정부의 적극적인 지원책에 따른 큰 성장을 기대하고 있으나 국제 경쟁력을 확보하기 위해서는 체계적인 준비와 노력이 이뤄져야 할 것이다.

또한 현재 정부에서 추진하고 있는 지방보급사업이나 시범보급사업에 있어서 제도적인 지침 하에 설계(設計), 시공(施工)되고 특히 사후관리(事後管理)가 반드시 진행되어야 한다.

다음은 앞서 언급한 사항과 함께 고려되어야 할 기본 사항들이다.

① 태양전지의 종류
결정계와 비결정계의 선택에 있어서 주변온도가 높으면 결정계는 출력이 떨어지며 비결정계는 덜 떨어진다.

② 태양전지 어레이의 구성
직렬 또는 병렬 회로의 효율적인 설계가 필요하다.

③ 전력변환 및 제어장치
인버터의 적정용량 판단 및 배치를 어떻게 할 것인가에 대한 구상이 요구된다.

④ 설계상의 문제점의 식별과 설치 후 관리, 운영 및 유지보수(維持補修)에 관한 사항이 검토되어야 한다.

7.3 태양광발전소 설계 절차

태양광발전시스템의 설계 절차의 흐름도(Flow chart)를 살펴보면 [그림 3.20]와 같다.

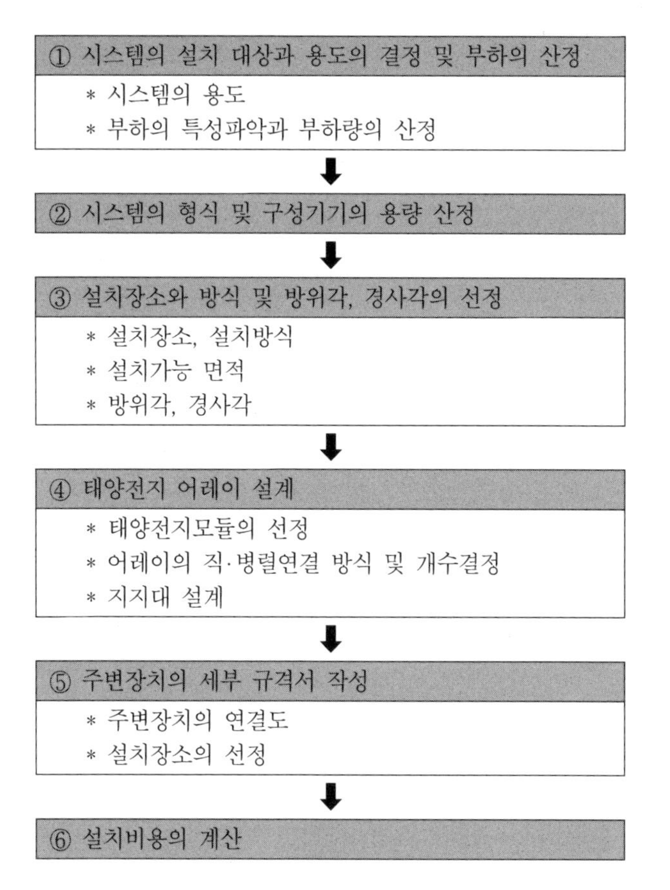

〔그림 3. 20〕 태양광발전시스템의 설계 절차

1. 시스템의 설치 대상과 용도(用途) 판단 및 부하(負荷)의 산정

상용계통과 연계가 가능한 경우에는 반드시 먼저 부하량(負荷量) 조사를 할 필요가 없다. 그러나 독립형 시스템의 경우 부하의 조사와 부하량의 산정(算定)은 태양전지 모듈 및 축전지 용량산출(容量算出)에 중요한 요소로 작용한다.

(1) 설치 대상

설치 대상이 주택인지 특정 부하의 전원(電源)인지를 결정한다.

(2) 시스템의 용도

발전된 전력의 용도가 상업계통과 연계하여 전력을 판매(販賣)할 것인지 자체적으로 사용할 것인지를 결정한다.

(3) 부하의 특성과 부하량의 산정

① 부하의 종류 : 직류 혹은 교류(단상, 3상, 3상 4선식)
② 부하량의 계산
③ 부하의 일일 시간대별 사용형태
④ 계절별 부하의 사용 형태
⑤ 최대 부하량의 판단
⑥ 향후 부하 증가분에 대한 예측(豫測) 조사 등

2. 시스템의 형식 및 구성기기의 용량 산정

태양광발전시스템의 설치 대상과 용도가 결정되고 부하량의 조사가 끝나면 시스템의 형식을 어떻게 하느냐에 따라 시스템의 구성방식이 결정되고 발전설비의 채택도 이뤄지게 된다.

(1) 시스템의 형식

① 독립형 또는 계통연계형 여부
② 독립형의 보조 발전설비의 채택 문제
③ 계통연계형의 시스템의 용량에 따른 전력 연계점의 결정
소용량(小容量)은 전기실의 저압배전반, 발전사업용(發電事業用)은 저압 전신주, 대용량은 22.9KV에 연계점(連繫點)을 결정한다.

(2) 시스템 구성기기의 용량 결정

(가) 독립형 시스템

다음 사항이 결정되어야 한다.

① 태양전지 모듈의 총 설치 용량 및 개수
② 인버터 용량 및 수량
③ 직류조절장치의 용량
④ 축전지의 종류와 용량 및 수량
⑤ 보조 발전설비의 용량 및 수량 등

(나) 계통연계형 시스템

① 태양전지 모듈의 총 설치 용량 및 개수
② PCS의 용량 및 수량
③ 변전설비의 용량
ACB panel, VCB panel, MOF panel, 승압용 TR panel, LBS panel 등

3. 설치장소와 방식 및 방위각, 경사각의 선정

(1) 설치장소와 설치 방식

설치대상 및 용도에 따라 태양전지 어레이의 설치장소와 설치방식이 결정된다.

태양전지 어레이의 설치장소는 지상(地上)의 경사지(傾斜地)를 이용하여 설치하거나 건축물에 설치한다.

설치하는 방식으로는 추적식(追跡式)과 반고정식 및 고정식 등으로 구분된다.

(2) 방위각(方位角)과 경사각(傾斜角)

태양에너지를 최대한 효과적으로 활용하기 위해서는 태양전지 어레이를 설치하는 방위와 경사각은 아주 중요하다.

일반적으로 방위각은 태양전지의 발전 전력량이 최대가 되는 남향(南向)으로 한다. 그리고 경사각도 발전량이 최대로 되는 연간 최적의 경사각으로 하는 것이 바람직하다.

대규모 상업용(商業用) 발전시스템의 경우 양방향 추적방식(追跡方式)이나 고정식으로 설치하고 있다.

고정식으로 설치할 때는 연중 최적 경사각으로 하는 것이 좋으며 건축물에 설계시에는 건물의 방향과 입지 여건에 따라 방위각과 경사각을 적절히 조정하여야 한다.

(3) 설치 가능 면적의 산정

설치대상의 규모나 구조 및 설치방식 등을 고려하여 태양전지 어레이의 설치 가능면적이 산정되어야 한다.

7.4 태양광발전시스템의 용량 산출

1. 독립형 태양광발전시스템의 용량 산출

(1) 태양전지 용량 산출

태양전지의 설비용량은 부하의 수요전력량(需要電力量)을 계산하고 태양전지 어레이(Solar cell array)가 발생하는 전력량이 부하의 필요전력량을 공급하고 추가로 여유전력량(餘裕電力量)을 갖는 정도의 값을 태양전지 어레이의 설비용량으로 결정한다.

일반적으로 태양광발전시스템의 에너지 관계식은 다음과 같이 표현된다.

$$Q_A \cdot S \cdot \eta \cdot K = P_L \cdot D \cdot K_D \qquad (3.2)$$

여기서, Q_A : 태양전지 설치 경사면 조사강도[W/㎡]
S : 태양전지 어레이 면적[㎡]
η : 표준상태에 대한 태양전지 어레이 변환효율
K : 종합 설계계수
P_L : 부하의 수요전력량[W]
D : 부하의 태양광발전시스템의 의존율
K_D : 설계여유계수

$$\eta = \frac{P_s}{Q_S \cdot S} \tag{3.3}$$

P_s : 표준상태에 있어서 태양전지 어레이의 출력[W]
Q_s : 표준상태에 대한 조사강도(W/㎡)

식 (3.3)을 식 (3.2)에 대입하면 다음과 같은 태양전지 어레이의 용량을 나타내는 식이 얻어진다.

$$P_s = \frac{P_L \cdot D \cdot K_D}{(Q_A/Q_s) \cdot K} \tag{3.4}$$

위의 식은 어느 시간동안의 평균적인 개념의 태양전지 어레이의 용량을 나타내는 값이므로 순간적인 개념에 대해서는 설계계수 및 여유계수에 의한 보정계수(補正係數)를 취해주는 것이 일반적인 방식이다.

식 (3.4)에 대한 구체적인 매개변수(Parameter)는 다음과 같다.

① 부하의 수요전력량(P_L)

$$P_L = \sum_i P_{Li} \cdot \tau_{Li} \tag{3.5}$$

여기서, P_{Li} : 각 부하전력[W]
τ_{Li} : 각 부하의 동작시간

만약 직류부하와 교류부하가 같이 존재할 경우에는 각각의 P_{dc}, P_{ac}로 나타내어 계산할 수 있다.

② 태양광발전시스템의 의존율(D)

$$D = W_P / (W_P + W_A) \tag{3.6}$$

여기서, W_P : 태양광발전시스템의 출력에너지(Wh)

W_A : 보조발전장치의 출력에너지(Wh)

③ 설계여유계수(設計餘裕係數)

$$K_D = K_{DS} \cdot K_{DL} = (1+\alpha_D)(1+\alpha_L) \tag{3.7}$$

여기서, K_{DS} : 설계안전계수

K_{DL} : 부하여유계수

α_D : 설계여유

α_L : 부하여유

K_{DS}는 태양광발전시스템 설계 전체의 불확실성에 대한 안전계수(安全係數)이며, K_{DL}은 부하에너지 수요에 포함되는 여유(餘裕)를 포함하고 있다.

④ 종합 설계계수(K)

시스템 설계시 종합설계계수는 다음과 같은 식으로 주어진다.

$$K = K_Q \cdot K_P \cdot K_B \cdot K_C \tag{3.8}$$

여기서, K_Q : 일사량 보정계수

K_B : 축전지 회로보정계수

K_C : Power conditioner 회로보정계수

K_P : 태양전지의 변환효율에 대한 보정계수

축전지가 설치되어 있는 독립형 시스템에서는 K값이 0.5~0.6 정도이고 계통연계형 시스템의 경우 0.75~0.80 정도가 적용된다.

(2) 축전지의 용량 산출

전력저장장치인 축전장치(蓄電裝置)는 태양전지에서 발생된 전력을 축전지에 저장시키고 인버터에 직류전원을 공급한다. 태양광발전시스템을 설계하기 위해서는 축전지의 정확한 설치용량의 산정이 필요하게 된다.

특히 축전지의 용량과 특성에 따라서 다양하게 변화될 수 있으므로 축전지의 특성이 시스템의 신뢰성(信賴性)에 중요한 요소가 된다.

① 용량 결정

축전지의 일반적인 특성을 요약하면 축전용량, 충전효율, 충전상태, 동작기능, 관리방법 등이다.

먼저, 축전지를 설치했을 때 이용 가능한 전력량은

$$WH = AH \times V \times K_F \tag{3.9}$$

여기서, WH : 사용 가능한 전력량 (Watt hour)
AH : 전류-시간용량(Ampere-hour)
V : 축전지 평균운전전압
K_F : 축전지 상수(0.425)

이다.

그리고, 축전지를 설치하여 운영할 경우, 태양이 뜨지 않는 부조일용(不調日用) 축전용량을 추가로 계산해 주어야 한다.

보통 보조발전 전원이 있는 경우에는 부조일용 축전용량을 3~4일을 계산해 주면 되지만, 보조발전 전원이 없는 경우에는 시스템의 중요도에 따라 1주일 이상을 더 계산해 주는 것이 좋다. 통신용(通信用)일때는 20~30

일까지 적용해 주는 것이 일반적이다. 따라서 축전지의 소요용량은

$$Q_B = \frac{P_L \cdot (1+N)}{K_F} \tag{3.10}$$

여기서, Q_B : 축전지 소요용량[Wh]
N : 부조일수(不調日數, 3~4일)
K_F : 0.425(충방전효율 0.85 × 축전지 방전심도 0.5)

이다.

(3) 실제 태양전지와 축전지 용량 산출

① 태양전지 용량 산출

태양전지 모듈은 요즘 시판(市販)되고 있는 용량이 대부분 100W이상 250W미만의 대용량이 출하되고 있는 관계로, 용량 결정을 수행할 경우 대상 태양전지 모듈을 선정하여야 하며, 축전지의 직렬연결 개수를 검토하여 최종적으로 태양전지의 직렬 연결개수 및 병렬 연결개수에 따른 총 설치용량을 산정(算定)하여야 한다.

독립형의 경우 도서(島嶼) 지역을 기준으로 하여 한 가구당 전력사용량이 10KWh이고, 제주지역에 8가구의 경우 태양전지 용량을 산정하면 다음과 같다. 식(3.4)에서

$$P_S = \frac{P_L \cdot D \cdot K_D}{(Q_A/Q_S) \cdot K}$$

이므로 이 경우, K : 종합 설계계수(0.5)
P_L : 부하의 수요전력량(10×8=80KWh)
D : 부하의 태양광발전시스템에 대한 의존율(0.9)
K_D : 설계 여유계수(1.2)
Q_A/Q_S : 제주지역 24도의 경우 일사량(3.59KWh)을 대입하여 보면 태양전지 어레이의 용량

$$P_s = \frac{80 \cdot 0.9 \cdot 1.2}{3.63 \cdot 0.5} = 47.61\text{kWp}$$

가 된다.

이 경우 태양전지를 165W를 적용하여 실제 태양전지 용량을 산출하여 보면 모듈의 전기적 특성을 조사하여야 한다.(25℃, AM1.5, 1000W/㎡)

- 개방전압(Voc) : 44.5 Volt ± 3%
- 단락전류(Isc) : 5.4 Amp ± 3%
- 최대출력전압(V_m) : 35.0 Volt ± 3%
- 최대출력전류(I_m) : 4.72 Amp ± 3%
- 최대출력(P_m) : 165 Watt ± 3%

먼저 태양전지의 최대출력시 전압을 조사한 후 인버터의 변환효율 및 축전지 연결개수를 검토하여 직렬연결 개수를 우선적으로 산출하여야 한다.

축전지를 2V용 100개를 연결한다는 조건에서 태양전지의 운전전압은 일반적으로 축전지 전압의 1.3~1.4배(25℃, 1,000W/㎡조건시)로 유지하는 것이 일반적이다.

따라서 8개를 직렬로 연결하면 최대출력전압이 280V가 적정하다. 직렬연결개수를 결정한 후 병렬회로 수를 감안하여 실제로 설치할 태양전지 용량은 다음 수식으로 결정한다.

$$N_P = \frac{P_S}{N_S \cdot P_U} \tag{3.11}$$

$$P = N_S \cdot N_P \cdot P_U \tag{3.12}$$

여기서, P : 실제 태양전지 설치용량[W_P]

N_S : 태양전지 직렬회로수

N_P : 태양전지 병렬회로수

P_U : 태양전지 단위용량[W_P]

직렬 연결개수가 결정이 됐으므로 병렬연결을 36개 해주면 최종적인 설치 용량이 $8 \times 36 \times 165 = 47.52$KWp가 된다.

참고로 국내의 주요 지역별 최적 경사각 및 이에 따른 경사면 일사량은 [표 3.11]과 같다.

〔표 3.11〕 국내 지역별 연중 최적 경사면 일사량

지 역	최적경사각(도)	일평균 경사면 일사량	
		(kcal/m².day)	(KWh/m².day)
춘 천	33	3,323.8	3.86
강 릉	36	3,433.2	3.99
서 울	33	3,083.3	3.58
서 산	33	3,561.7	4.14
원 주	33	3,301.9	3.84
청 주	33	3,387.8	3.94
대 전	33	3,462.4	4.02
대 구	33	3,370.9	3.92
포 항	33	3,464.4	4.03
부 산	33	3,515.6	4.09
진 주	33	3,746.8	4.35
전 주	30	3,188.2	3.71
광 주	30	3,447.7	4.01
목 포	30	3,664.9	4.26
제 주	24	3,091.0	3.59

② 축전지의 용량 산정

$$Q_B = \frac{P_L \cdot (1+N)}{K_F} \tag{3.14}$$

여기서, Q_B : 축전지 소요용량(KWh)

N : 부조일수(3일)

P_L : 부하의 수요전력량

K_F : 0.425(충반전효율 0.85 × 축전지 방전심도 0.5)

예로서 부조일수를 3일이라고 하고 부하의 수요전력량을 10KWh*8가구 =80KWh이므로 이것을 각각 대입하면 축전지의 용량

$$Q_B = \frac{80 \cdot (1+3)}{0.425} = 753\,\text{KWh}$$

이다.

실제로 계산방식을 살펴보면

$$N_S = \frac{V_{DC}}{B_U},\ N_P = \frac{Q_B}{N_S \cdot V_{BU}} \tag{3.14}$$

$$Q'_B = N_S \cdot N_P \cdot Q_U \cdot B_U \tag{3.15}$$

여기서, V_{DC} : 직류회로전압, N_S : 축전지 직렬회로수

N_P : 축전지 병렬회로수, V_{BU} : 축전지 단위전압

Q'_B : 실제 축전지 설치용량 Q_U : 축전지 단위용량

직류회로 전압을 200V로 하면, 축전지 단위전압(V_{BU})을 2V용으로 사용할 경우 N_S가 100개가 되며, 축전지 단위용량(Q_U)을 1,800AH로 사용할 경우 병렬로 2조를 설치하면, 실제 축전지 설치용량은 100*2*1,800*2= 720KWh이다.

여기서 특히 주의하여야 할 사항은 축전지 병렬회로수를 가능한 한 2회로 정도로 유지시켜 주어야 한다.

만약 4회로 이상 설치시는 축전지 연결군 상호간 순환전류(循環電流)가 생기고, 경우에 따라서는 축전지 상태가 양호한 회로에만 충·방전이 이루어지는 경향이 발생할 수 있다.

③ 기타 발전설비의 용량 결정

- 전력조절장치 : 태양전지 설치량과 동일
- 인버터(독립형) : 최대부하 예측량의 약 2배
- 발전기 : 최대부하 예측량의 약 2배(가동시 축전지 동시 충전)
- 충전기 : 발전기 용량의 60% 및 축전지 용량 방전심도 50% 적용 시 10시간율(時間率)로 충전시킬 수 있는 용량

2. 계통연계형 태양광발전시스템의 용량 산출

(1) 태양전지 용량 산출

건물에 설치되거나 상업용(商業用) 발전을 설치하기 위하여 토지나 임야(林野) 등에 설치되는 계통연계형 시스템에서는 부하량을 기준으로 고려하지 않고 설치 예산 및 설치 가능면적이 기준이 된다.

설치 가능면적을 기준으로 하는 경우는 다음 식에 따라 계산할 수가 있다.

$$P_S = \eta \cdot S \cdot Q_S \qquad (3.16)$$

여기서, P_{SA} : 표준상태에 있어서 태양전지 어레이 출력용량[Wp]

S : 태양전지 어레이 면적

η : 표준상태에 대한 태양전지 어레이 변환효율

Q_S : 표준상태에 대한 일사강도[W/m²]

예로서 태양전지 설치용량이 26KWp로 계산 되었을 경우의 실제로 설치된 태양전지를 산정해 보기로 한다.

먼저 165W 태양전지 모듈을 적용할 경우 고려해야 할 사항은 태양전지 직렬연결 개수이다.

계통연계형일 경우 인버터는 입력전압 범위가 있는데 주로 시판되고 있는 국내 인버터의 경우에는 입력범위가 평균 110~440V 정도로 규격이 나오므로

이 범위를 고려할 경우는 태양전지의 개방전압(開放電壓)을 적용하여야 한다.

165W 태양전지 모듈의 개방전압은 44.5V이므로 8개 직렬연결하여 개방전압을 356V로 맞추고 병렬연결 개수는 20개로 하면 총 설치용량은 26.4KWp(8*20*165)로 하는 것이 된다. 설계하여 주는 것이 일반적이다.

이때 주의하여야 할 것은 태양전지 지지대 설계 시 직렬연결 개수는 가능한 짝수로 채택하는 것이 지지대 설계 시 유리하다. 직렬연결 전압의 범위를 인버터 입력전압 범위를 벗어나 설계를 하면 인버터가 오동작(誤動作)을 할 경우가 발생하므로 주의하여야 한다.

(2) 인버터 용량 산출

인버터 용량은 어레이 용량을 기본으로 하여 아래의 식으로 결정한다.

인버터 용량은

$$P_{INV} = P_S \cdot C_A \qquad (3.17)$$

P_S : 어레이 용량[W]

C_A : 저감율(0.8~1.0)

이다. 태양전지의 경우 태양전지 표면온도의 증가에 따라 태양전지의 출력이 약 0.5% 정도 감소하는 특성을 가지고 있다. 그러므로 실제 태양전지를 작동하는 경우에 온도 및 일사량이 표준상태(25℃, 1,000W/㎡)를 벗어나기 때문에 태양전지 설치용량의 약 0.8배 이상의 인버터 용량을 채택하여 주는 것이 바람직하다.

3. 태양전지 지지대의 설계

(1) 하중(荷重) 검토

태양전지 지지대의 설계 시 설치장소의 상황이나 환경에 따라서 설계를 수행하여야 한다. 설계 시 주요 하중에 대한 검토사항은 다음과 같다.

① **고정(固定)하중** : 지지대 본체의 하중과 가대에 적재되는 태양전지모듈 등의 적재하중 및 어레이 구성에 필요한 배설재 등의 중량을 가산한 것으로써 항구적으로 적용되는 하중이다.

② **풍압(風壓)하중** : 가장 중요시해야 하는 하중으로 풍력계수, 설계용 속도압 및 수풍 면적에 의해 산출된다.

③ **적설(積雪)하중** : 모듈면에 적설(積雪)로 인한 하중으로, 특히 눈이 많이 오는 지역(적설량 1m이상의 지역)에서는 주의가 필요하다.

④ **지진(地震)하중** : 일반적으로는 풍압하중보다는 작다. 가로등용 등 중심이 높은 가대(架臺)나 방재용(防災用)으로 사용하는 경우에 적용된다.

(2) 지지대 설치 및 제작

① 태양전지판은 그림자 영향을 받지 않는 곳에 방위각을 정남향(正南向)으로 하고, 경사각은 연간 발전량이 최대가 되는 값으로 설치하여야 한다. 다만, 현장 여건 상 부득이한 경우에는 정남을 기준으로 동·서로 30도의 변위를 가질 수 있다.

② 주변에 일사량을 저해하는 장애물이 없어야 하며, 현장 여건에 따라 경사각은 조정하여 설치할 수 있다.

③ 태양전지 지지대 제작시 형강류(形鋼類) 및 기초 지지대에 포함된 철판부위는 반드시 용융아연 도금처리와 동등 이상의 녹방지 처리를 하여야 한다.

PART Ⅳ
신·재생에너지 관련사업 및 지원정책
(New and Renewable Energy-related Projects & Support Policies)

1 배출권 거래제와 그린머니

1.1 온실(溫室)가스 감축과 그린머니(Green money)

이산화탄소(CO_2)는 더 이상 공해(公害)만이 아니고 바로 돈(Money)이라는 점이다. 지구 온난화의 주범으로 알려진 온실가스 중에서 80% 이상을 차지하는 이산화탄소를 감축하는 것은 이제 단순한 환경논리(環境論理)를 넘어 경제논리(經濟論理)로 개념이 바뀌고 있다.

1992년 「기후변화에 관한 국제연합 기본 협약」이 제정된 이래 1997년 탄생한 교토의정서가 2005년 12월 발효되면서 미국을 제외한 유럽과 일본 등 38개 회원국들은 2012년까지 1990년 대비 평균 5% 온실가스를 감축하기로 하였다.

교토의정서 17조에 따르면 배출권 거래제(ET : Emission trading)와 공동이행제도(JI : Joint implementation) 및 청정개발체제(CDM : Clean development mechanism) 등을 통해 각국은 온실가스를 감축할 수 있도록 했다.

여기서 각국은 감축 목표량을 줄이지 못하면 벌금을 내든지 배출권 거래소(排出權 去來所)에서 그만큼 배출권(排出權)을 사야한다(ET).

만일 다른 나라에서 사업을 벌여 온실가스를 줄이면 그 실적이 온실가스 감축 노력으로 인정받도록 되어 있다(JI, CDM).

유럽과 미국, 호주, 일본 등 여러 나라의 많은 정치인과 기업인들은 온실가스를 "황금알을 낳는 신 경제"로 인식하고 다양한 경제기법(經濟技法)을 내놓고 있다. 그리고 기후와 환경변화를 주도하고 있는 CO_2는 향후 10년 후면 지금의 주식(株式 : Stock)처럼 일반적으로 거래가 가능할 것이라고 전망하고 있다.

1.2 탄소 은행제(Carbon bank)

지구 온난화를 막기 위한 노력이 세계적으로 진행되고 있다. 탄소 은행제(Carbon bank)는 온실가스 감축(減縮)에 참여를 원하는 가정이나 음식점 및 기타 시설의 운영자가 해당지역 환경관리공단에 온실가스 배출 감축 실적을 등록하면 공단이 실적에 따라 '탄소 포인트(Carbon point)'를 발급하고 이를 다시 탄소 화폐(Carbon money, 약어 CM)로 저축해 상품권(商品券) 등으로 환산(換算)해 쓸 수 있는 제도이다.

예로서 이산화탄소(CO_2) 1kg을 5원으로 환산한다면, 연간 이산화탄소 36톤을 배출하는 가정에서 배출량을 10% 줄이면 18,000원 어치의 CM을 받게 된다.

이러한 제도는 영국, 일본 등지에서 이미 시행중에 있다.

그동안 온실가스의 감축(減縮) 노력은 기업체를 중심으로 산업부문에 치중되어 왔으나 근래에는 정부와 지자체가 시범사업(示範事業)으로 가정이나 상업시설을 대상으로 인센티브제(Incentive 制)를 시행하고 있다.

지자체 중에서는 광주가 처음으로 2008년 4월부터 시민참여를 이끌어 내기 위해 온실가스 감축에 참여하는 시민들에게 바우처(Voucher, 도서문화상품권 등) 제공, 시 운영 교육 프로그램 우선 지원, 모범 시민 표창 등의 다양한 인센티브제를 운영하고 있다.

적용범위는 전기, 지역난방(地域煖房), 도시가스 등 에너지 부문이며 점차 대중교통 등으로 확대해 나갈 계획이다.

2 신·재생에너지 관련 CDM사업

2.1 CDM의 개요

CDM(Clean development mechanism : 청정개발체제)사업은 전 세계적으로 심화되고 있는 기후변화(氣候變化) 현상을 완화시키기 위해 추진되고 있는 선진국과 개도국이 함께 실시하는 온실가스 감축을 위한 협력사업(協力事業)이다.

선진국은 개도국의 온실가스 감축사업(減縮事業)에 참여하여 그로 인한 감축 실적을 자국의 온실가스 감축 의무에 사용할 수 있으므로 결과적으로 자국의 온실가스 감축 비용을 낮출 수 있다.

반면에 개도국은 CDM 사업으로 인해 자국의 친환경(親環境) 기술에 대한 해외 투자를 받게 되어 자국의 개발을 지속 가능한 방향으로 유도할 수 있는 윈-윈(Win-Win)제도라 할 수 있다.

이 CDM 사업은 1997년 제3차 기후변화협약 당사국 총회에서 교토의정서를 채택함에 따라 "선진국의 비용의 효과적인 의무 감축"과 "개도국의 지속 가능한 발전에 대한 기여"라는 두 가지 목적을 가지고 출발하였다.

기업들은 CDM사업을 통해 감축실적 크레딧(Certified emission reductions : CERs)을 획득하여 감축 의무 대상국에 판매(販賣)할 수 있다.

2.2 국내외 CDM 사업성과

CDM사업은 2004년 브라질의 Nova Gerar 매립지(埋立地) 가스 활용사업이 처음으로 등록된 이래 2007년 2월 기준 총 514건이 유엔에 등록되었으며, 이 기간 동안 연간 1억 톤의 이산화탄소(CO_2) 감축 효과를 거둔 것으로 보고되고 있다.

우리나라의 경우 2007년 2월 기준 유엔에 동해 태양광발전, 강원풍력, 수자원 공사의 소수력 발전 등 10건의 CDM사업을 등록(登錄)하였다.

이에 따른 이산화탄소 예상감축량(豫想減縮量)은 약 천만 톤 정도로 전 세계 감축량의 14%를 차지하여 높은 성과(成果)를 보여 주었다.

특히 10건 중 7건의 사업(태양광 1건, 풍력 2건, 소수력 2건, 조력 1건, 풍력과 소수력 복합 1건)이 신·재생에너지 분야였다.

2.3 CDM 인증분야

현재 에너지관리공단은 에너지산업, 제조업, 화학산업 등 3개 분야를 CDM 인증분야(認證分野)로 정하고 일차적으로 에너지분야 CDM 사업에 대하여 타당성 확인(Validation) 서비스를 제공하고 있으며 제조업과 화학산업에 대해서는 시범사업 형태로 타당성 확인을 수행하고 있다.

1. 에너지 산업

① 태양광발전
② 태양열 이용 설비
③ 풍력발전
④ 바이오매스 발전
⑤ 조력(潮力)발전(Tidal power generation)
⑥ 열병합(熱倂合) 발전

2. 제조업

연료 전환, 폐열(廢熱) 회수

3. 화학산업

① 화학공정 N_2O 감축(減縮)
② 재생에너지원에서 발생되는 CO_2를 화학공정에 이용

2.4 CDM 사업의 추진 절차

CDM 사업은 선진국이 개도국에 투자하는 온실가스 감축사업으로 어떤 사업이 CDM 사업이 되기 위해서는 온실가스 감축효과와 병행하여 추가적인 감축노력이라는 측면이 고려되어야 한다.

따라서 어떤 사업이 CDM 사업으로 인증 받기 위해서는 해당 사업이 일반사업과 비교해서 온실가스 감축량이 현저히 발생해야 하며 또 여러 가지 보급장애요인(障碍要因)이 존재하여 CDM 사업으로 추진하지 않으면 보급이 어렵다는 추가적인 노력의 필요성을 입증할 수 있어야 한다.

다음은 CDM 사업을 통해 크레딧(CERs)을 발급(發給 : Issue) 받고자 할 경우 추진 절차이다.

① 사업계획서(PDD) 작성 및 제출

CDM 집행위원회에서 정한 사업계획서 양식에 따라 사업계획서를 작성하여 CDM 인증원(認證院)에 제출한다.

사업계획서(PDD : Project design document)에는 추가성(追加性 : Additionality), 베이스라인(baseline)설정, 모니터링 계획 등이 포함된다.

② 모니터링 / 모니터링 보고서

모니터링에는 자료의 수집에서 가공, 집계, 기록, 보고에 이르는 일련의 과정이 포함된다.

③ 검증(檢證) 및 감축량 인증

CDM 인증원으로부터 감축실적에 대한 검증(Verification)을 받으며, 검증된 감축실적에 대해서는 CDM 인증원에서 CDM 집행위원회에 감축 인증량(Certified emission reductions : CERs)에 대한 크레딧 발급(發給)을 요청하여 인증을 받게 된다.

2000~2007년간 발생한 CERs을 소급 인정하고 있다.

3 신·재생에너지 보급 및 지원정책

3.1 태양광주택 10만호 보급사업

1. 개　요

일반주택, 공동주택, 국민임대주택등을 대상으로 태양광발전 설비의 범국민적 이용을 확대하여 관련 기업의 안정적 투자(投資) 환경을 조성하고 태양광 시장창출(市場創出)과 확대(擴大)를 유도하며 기술 발전을 통한 중장기 수출 전략분야(戰略分野)로 육성하기 위하여 설비 설치비의 일부를 무상(無償)으로 지원하는 사업이다.

2. 연차별 추진계획

년　도	2001~2004	2004~2010	2011~2012
지원방법	기술개발 및 양산체제 확립	적극적 보급지원	자율적 보급지원
보급목표	• 기술개발 지원 확대 • 실용화평가 및 실증연구 • 생산기술 및 시설확충지원 • 수용창출 및 시장형성유도	주택 3만호 보급 (3kw급 보급기반 조성)	주택 10만호 보급 (대량보급)

3. 사업추진절차

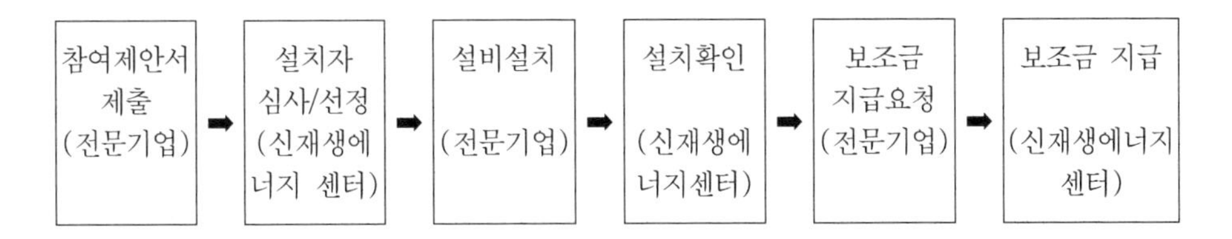

4. 사업대상

(1) 일반주택, 공동주택 : 신·재생에너지센터에서 총괄관리(總括管理)
(2) 국민임대주택 태양광 보급사업 : 대한주택공사에서 총괄관리

5. 주택용 태양광발전 설치용량 기준

1년치 월 평균 전력사용량을 기준으로 용량이 선정되며 설치용량 기준 이하로 설치가 가능하다.

사 용 량(KWh/월)	태양광 용량(KW)
300 이하	2KW 이하
300 초과 ~ 350 이하	2.5KW 이하
350 초과	3KW 이하

6. 설치 희망자

① 선정(選定)된 전문기업(專門企業)을 선택하여 설치 의뢰한다.
② 전문기업은 신·재생에너지센터의 홈페이지(Homepage)에 공지된다.

3.2 태양열 주택 보급사업

1. 개　요

낮 동안 무한한 자연에너지인 태양열(太陽熱)만으로 섭씨 95도까지 물을 데워 난방(煖房)과 온수(溫水)에 직접 사용하거나 저장할 수 있어 전기와 기름 값을 줄일 수 있는 친환경 주택용 태양열 설비 설치를 지원하는 사업이다.

2. 태양열 설비 설치시 정부지원

구　분	설치단가(천원)	보조한도(천원)	지원규모	비　고
평판형	900/m²	450/m²	가구당 12~30m²	심야전력 이용설비는 지원 제외
단일진공관형	1,040/m²	520/m²		
2중진공관형	1,010/m²	500/m²		

3. 사업추진절차

(1) 전문기업 선택

① 설치희망자는 신·재생에너지센터 홈페이지에서 설치할 전문기업을 선택한다.

② 전문기업에 연락하여 설치비용, 설치가능 여부 등 필요한 사항을 문의한다.

(2) 계약 및 신청

전문기업은 설치 예정지를 방문하여 설치조건 등을 검토하고 소비자의 자부담 등을 협의 후 표준설치계약서를 작성한 후 센터 홈페이지를 통해 사업을 신청한다.

(3) 분야별 전문가 검토 및 승인

(4) 설비 설치 및 확인

선정된 사업은 사업계획서에 따라 전문기업이 해당 설비를 설치하며 설치 완료 후 센터는 정상작동 유무 등을 확인한다.

(5) 설치 확인 완료 후 보조금(補助金)의 지급

(6) 사후관리(A/S : After service)

신·재생에너지센터는 1년 단위로 사후관리(事後管理)를 실시한다.

4. 주택용 태양열 설비 설치시 유의사항

① 집열판 면적 10㎡미만 소형 태양열 기기(機器)로는 온수(溫水)만 가능하고 난방(煖房)은 불가능하며 정부지원은 없다.
② 태양열 설비의 하자(瑕疵) 보증기간은 3년간이다.
③ 겨울철과 여름철 연 2회 정기적인 점검(點檢)과 유지보수가 필요하다.

3.3 공공기관 설치 의무화 사업

1. 개　요

공공기관이 신축(新築)하는 연면적 3,000㎡ 이상의 건축물에 대해 건축 공사비의 5%이상을 신·재생에너지 설치에 투자하도록 의무화한 제도이다.

이에 따른 근거 법령은 신에너지 및 재생에너지 개발·이용·보급 촉진법 제12조 제2항이다.

2. 적용대상

(1) 지원 대상기관의 범위

① 국가 및 지방자치단체
② 정부 투자기관
③ 정부 출연기관(연간 50억 이상 출연)
④ 정부 출자(出資) 기업체
⑤ 지자체, 정부에서 투자(投資 : Investment) 및 출연(出捐 : Donation)한 기관, 정부 출자 기업체가 납입 자본금(資本金)의 100분의 50 이상을 출자한 법인 또는 납입 자본금 50억 이상을 출자한 법인

(2) 규　모

연면적 3,000m² 이상인 신축 건축물

3. 적용기준

해당 건축물의 총 건축공사비 5%이상을 신·재생에너지 설비에 사용

4. 적용 가능한 신·재생에너지 설비

태양광, 태양열, 지열, 폐기물(廢棄物)

5. 일정 용량 이상의 태양열설비 도입시 인센티브 지급

건축연면적	3천m² 이상~ 5천m² 미만	5천m² 이상~ 1만m² 미만	1만m² 이상~ 10만m² 미만	10만m² 이상
태양열 설비용량	100m² 이상	200m² 이상	500m² 이상	1,000m² 이상

*주)위 기준에 적합한 설비 설치시 의무투자비용의 10%에 해당하는 금액 감액 가능(투자비율 4.5%)

6. 기 타

'09년 표준건축 공사비 : 1,580,000원/㎡

3.4 발전차액(發電差額) 지원제도

1. 개 요

신·재생에너지 투자 경제성 확보를 위해 신·재생에너지 발전에 의하여 공급한 전기의 전력거래가격(電力去來價格)이 지식경제부장관이 고시한 기준가격(基準價格)보다 낮은 경우 기준가격과 전력 거래와의 차액(발전차액)을 지원해 주는 제도이다.

2. 기준가격 보장기간 : 15년, 태양광은 20년 선택가능(08.10.1부터)

3. 기준가격 구성체계

(1) 세분화된 대상 전원의 요금체계

9개 전원 19개 기준가격

(2) 일부 전원(수력, 바이오)은 변동요금제 도입

고정 가격제와 더불어 계통 한계가격에 연동(連動)하는 변동요금제(變動料金制) 도입

(3) 자가용(自家用) 설비는 기준가격 적용 대상에서 제외

(4) 일부 전원의 연도별 감소율 적용

① 기술집약형(技術集約形) 전원(태양광, 풍력, 연료전지)은 기술개발 속도에 따라 유예기관(3년, 연료전지는 2년) 후 전원별 기준가격 감소율을 적용
② 전력원(電力源)별 감소율 : 태양광 4%, 풍력 2%, 연료전지 3% 적용

4. 신·재생에너지 발전전력의 기준가격

(1) 태양광

<table>
<tr><th>적용시점</th><th>적용기간</th><th>30kW 미만</th><th colspan="4">30kW 이상</th></tr>
<tr><td>~ '08.9.30</td><td>15년</td><td>711.25</td><td colspan="4">677.38</td></tr>
<tr><td rowspan="3">'08.9.30
~
'09.12.31</td><td>적용기간</td><td>30kW이하</td><td>30kW 초과
200kW 이하</td><td>200kW 초과
1MW 이하</td><td>1MW 초과
3MW 이하</td><td>30MW 초과</td></tr>
<tr><td>15년</td><td>646.96</td><td>620.41</td><td>590.87</td><td>561.33</td><td>472.70</td></tr>
<tr><td>20년</td><td>589.64</td><td>562.84</td><td>536.04</td><td>509.24</td><td>428.83</td></tr>
<tr><td>'10.1.1 이후</td><td>20년</td><td colspan="5">매년 재고시</td></tr>
</table>

*'08.10.1 ~ '09.12.31 사이에 설치 확인받는 사업자는 적용기간 선택 가능

(2) 태양광 이외의 전원

<table>
<tr><th colspan="2" rowspan="2">전 원</th><th rowspan="2">적용설비
용량기준</th><th colspan="2" rowspan="2">구 분</th><th colspan="2">기준가격(원/kWh)</th><th rowspan="2">비 고</th></tr>
<tr><th>고정요금</th><th>변동요금</th></tr>
<tr><td colspan="2">풍 력</td><td>10kW이상</td><td colspan="2">–</td><td>107.29</td><td>–</td><td>감소율2%</td></tr>
<tr><td colspan="2" rowspan="4">수 력</td><td rowspan="4">5MW이하</td><td rowspan="2">일반</td><td>1MW이상</td><td>86.04</td><td>SMP+15</td><td rowspan="4"></td></tr>
<tr><td>1MW미만</td><td>94.64</td><td>SMP+20</td></tr>
<tr><td rowspan="2">기타</td><td>1MW이상</td><td>66.18</td><td>SMP+5</td></tr>
<tr><td>1MW미만</td><td>72.80</td><td>SMP+10</td></tr>
<tr><td colspan="2">폐기물 소각
(RDF 포함)</td><td>20MW이하</td><td colspan="2">–</td><td>–</td><td>SMP+5</td><td rowspan="6">화석연료
투입비율:
30%미만</td></tr>
<tr><td rowspan="5">바이오
에너지</td><td rowspan="2">LFG</td><td rowspan="2">50MW이하</td><td colspan="2">20MW 이상</td><td>68.07</td><td>SMP+5</td></tr>
<tr><td colspan="2">20MW 미만</td><td>74.99</td><td>SMP+10</td></tr>
<tr><td rowspan="2">바이오
가스</td><td rowspan="2">50MW이하</td><td colspan="2">150kW 이상</td><td>72.73</td><td>SMP+10</td></tr>
<tr><td colspan="2">150kW 미만</td><td>85.71</td><td>SMP+15</td></tr>
<tr><td>바이오
매스</td><td>50MW이하</td><td colspan="2">목질계 바이오</td><td>68.99</td><td>SMP+5</td></tr>
</table>

해양 에너지	조력	50MW이상	최대조차 8.5m 이상	방조제(유)	62.81	-	
				방조제(무)	76.63	-	
			최대조차 8.5m 미만	방조제(유)	75.59	-	
				방조제(무)	90.50	-	
연료전지		20kW이상	바이오가스 이용		234.53	-	감소율3%
			기타 연료 이용		282.54	-	

* 기준가격 보장기간(15년), 태양광(20년 선택가능('08년 10월 1일부터)
* 감소율이란 발전차액 지원개시일에 따라 적용되는 것이며 기 가동중인 사업자에게는 적용되지 않음.
* 매년 감소율 적용시점은 10월 11일임.
* 전원별 발전차액 적용용량 한계 : 태양광(500MW), 풍력(1,000MW), 연료전지(50MW)
* 적용용량 한계 만료 후 에너지관리공단에 설치 확인 받은 발전소의 전력에 대하여는 SMP로 전량 구매(07년 SMP 평균(84원/kWh)

5. 발전사업 필수절차

① 발전소 부지에 대한 개발행위 허가 가능여부 확인(기초 지자체) 후 토지 확보
② 발전사업 허가 취득 : 3,000KW이하(광역 지자체), 3,000KW초과(지경부), 개발행위 허가 취득(기초 지자체)
③ 공사 완료 후, 사용 전 검사 수검(受檢)(한국전기안전공사)
④ 기준가격 결정을 위한 설치확인 실시 : 에너지관리공단(총괄관리기관)
⑤ 상업운전 실시
⑥ 차액 지원금 지급(지급처 : 한국전력거래소 및 한국전력공사)
⑦ 사후관리 실시(총괄관리기관)

6. 제출서류

① 설치확인신청서
② 발전사업 허가증 사본 1부
③ 사용전 검사 필증 1부
수기로 현장에서 발부되는 검사확인서가 아닌 전자문서로 발행된 검사 필증(檢査畢證 : Certificate of inspection)만 유효함.

④ 무상지원 비율확인서(무상지원이 없더라도 제출하여야 함)
[양식 다운로드]
⑤ 신·재생에너지 설비 현장 배치도(발전소 레이아웃)
⑥ 연간 연료사용 계획서(폐기물, 바이오, 연료전지 사업자만 해당)
[양식 다운로드]

7. 태양광발전소 현황(2008.6.16 현재)

발전소 개수	발전용량 합계	잔여지원용량
444개	151,784KW	348,216KW

8. 태양광발전소 허가 현황(2008.5.31 현재)

태양광발전사업허가(건수)	태양광발전 허가용량
1,154개	703,008(KW)

3.5 보급보조사업

1. 개 요

신·재생에너지 설비에 대하여 설치비의 일정 부분을 정부에서 무상보조(無償補助) 지원함으로써 국내 개발 제품의 상용화를 촉진하고 초기 시장 창출(市場創出) 및 보급 활성화를 유도하고자 하는 사업이다.

(1) 일반 보급사업

상용화 된 설비의 대량 보급을 통해 시장 확대, 관련 기업의 중장기 투자유도 및 고용효과(雇傭效果)를 창출하기 위한 사업으로 설치비의 최대 60% 이내에서 지원한다.

① 태양열, 지열, 바이오 설비 : 소요시설 비용의 50% 이내
② 태양광, 풍력, 소수력 설비 : 소요시설 비용의 60% 이내
③ 폐기물 이용설비 : 소요시설 비용의 30% 이내

(2) 시범 보급사업

신규개발, 실용화를 거친 신·재생에너지 신기술의 현장 적용과 시장 진입 기반 조성을 위한 사업으로 설치비의 최대 80%이내 지원한다.

(3) 계획 보급사업

지자체 또는 공공기관 등과 연계하여 사업비를 지원하는 사업으로서 평가위원회의 심의를 거쳐 조정된 사업을 지원한다(태양열 주택포함).

2. 일반 보급사업 지원 절차

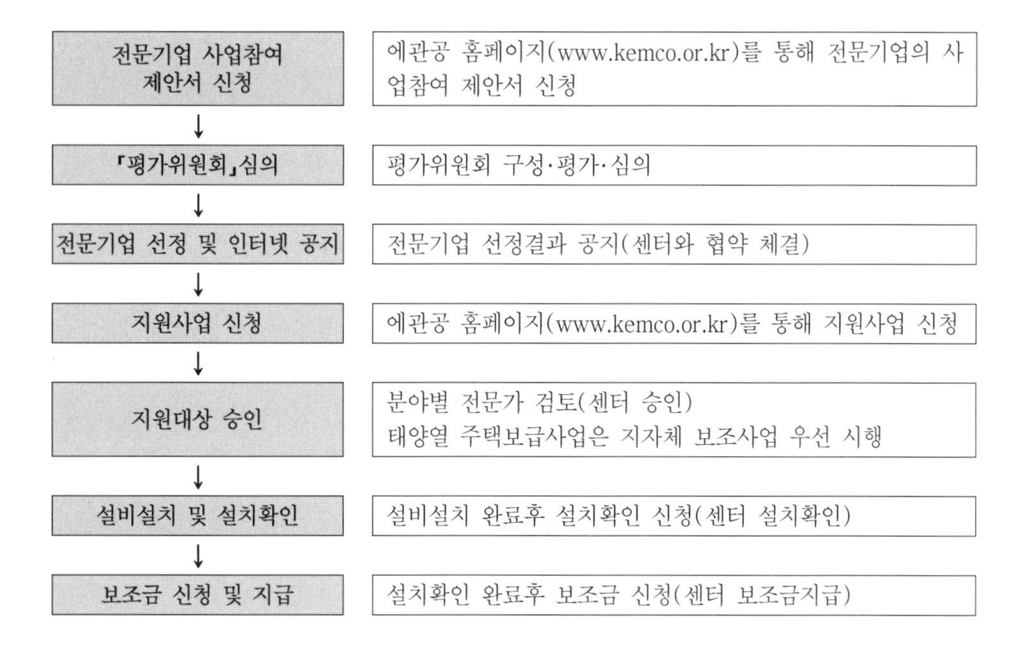

3. 전문기업 및 지원 신청자 참여기준

(1) 전문기업

사 업 명	구 분	참 여 기 준
일반보급사업	공 통 적 용	지원사업 공고일 기준 「산자부고시 제2008-3호 신·재생에너지 설비의 지원·설치·관리에 관한 기준」 제2조 제12호에 해당하는 "전문기업"
	발 전 설 비	① 지원사업 공고일 기준, 전기공사사업을 등록한 기업 ② 지원사업 공고일 기준, 최근 3년이내에 신·재생에너지발전 설비용량 3킬로와트급 1기 이상 또는 누적용량 5킬로와트 이상을 직접 설치한 기업
	열이용설비	지원사업 공고일 기준, 기계설비공사업 또는 난방시공업(1종,2종)을 등록한 기업
	폐기물설비	지원사업 공고일 기준, 기계설비공사업 또는 공해방지시설업의 등록을 요구하는 경우에는 이를 등록한 기업
시범보급사업	공 통 적 용	해당분야 국내 기술개발사업에 참여한 자

(2) 지원 신청자

사 업 명	참 여 기 준
일반·시범 보급사업	• 해당시설 설치 예정지 건물 등기부등본의 소유자(대표자) 또는 소유예정자 (단, 건축법 시행령 제15조 제5항 제9, 10, 11호에 해당하는 가설건축물의 소유자는 참여 가능) • 국가 및 지방자치단체 소유 건물 제외 (단, 건축법 시행령 제3조의 4관련 별표1 제10호 가목의 학교중 초등학교, 중학교, 고등학교는 가능)

*주) 민간자본유치사업(BTL : Build Transfer Lease, BTO : Build Transfer Operate)은 제외

3.6 지방보급사업

1. 개 요

지역 특성에 맞는 환경 친화적인 신·재생에너지 공급체계를 구축하고 에너지 이용 합리화를 통한 지역 경제의 발전을 위하여 지방자치단체에서 추진하는 제반 사업이다.

2. 지원대상

16개 광역지자체 및 기초 지방자치단체

3. 세부사업 내용

(1) 기반구축사업(基盤構築事業)

지자체가 지역 내의 에너지를 효율적으로 개발하거나 활용하기 위한 능력을 확충하기 위한 사업이다. 예)교육, 홍보사업, 타당성 조사사업 등

(2) 시설보조사업(施設補助事業)

지역 내의 에너지 수급의 안정 또는 에너지 이용 합리화(合理化)를 목적으로 설치하는 신·재생에너지 관련 시설 및 설비지원 사업이다.

4. 자금지원내용

대상전원	적용설비 용량기준
대 상 자	지방자치단체
지원조건	① 기반구축사업 : 소요자금의 100%이내 ② 시설보조사업 : 소요자금의 60%이내(지방비 분담 조건) ('08년부터 전기분야 60%, 열분야 50% 지원함.)

5. 업무추진 절차

① 사업신청(시·도) : 시·도 자치단체장이 매년 3월말까지 신청
② 사업평가(평가위원회) : 신·재생에너지원별 평가 및 총괄평가(4월)
③ 사업심의(심의위원회) : 지방보급사업 심의위원회의 심의 조정(6월)
④ 사업확정 및 시행 : 사업별 예산 확정 통보(12월말)

다음은 사업계획 제출 안내 흐름을 나타낸다.

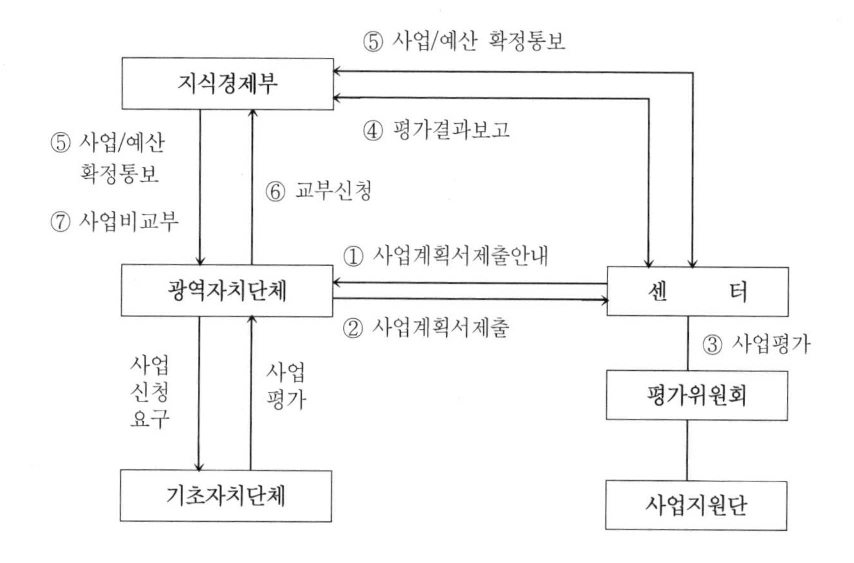

3.7 기술개발사업

1. 개 요

산업화, 국산화율 제고(提高) 및 보급 목표 달성을 위해 11개 에너지원에 대한 산업체, 학교, 연구기관 등이 추진하는 R&D 지원 사업이다.

신·재생에너지센터에서 추진하고 있는 기술개발사업에는 다음과 같은 것들이 있다.

(1) 프로젝트(Project) 및 일반사업

보급 가능성 및 시장 잠재력이 큰 태양광, 풍력, 연료전지 등 기존의 3대 중점분야를 확대 및 개편하여 프로젝트형(Project type) 과제로 전환하여 기업의 상용화 애로기술(隘路技術)을 집중 지원함으로써 조기 상용화를 유도하기 위한 사업이다.

(2) 정책연구사업(政策研究事業)

중장기적인 신·재생에너지 기술개발 목표 하에 정부에서 정책적으로 추진하는 연구사업이다.

(3) 성능평가사업(性能評價事業)

개발기술에 대한 표준화/규격화, 성능평가를 통한 개발기술 및 신·재생에너지 제품의 신뢰성(信賴性)을 확보하여 보급의 활성화 여건을 조성하고, 또한 기술개발 결과의 실용화를 위한 성능기준 등 성능평가(性能評價) 수단(Tool)을 마련하는 사업이다.

(4) 실증연구사업(實證研究事業)

상용화를 위한 실제 규모의 적용시험, 성능유지 및 운전기법 등의 실증연구를 통해 초기 시장을 창출하며, 제품의 실증실험(實證實驗)으로 내구성(耐久性) 확보와 대량생산을 위한 경제성 확보 등 제도적인 정책대안(政策代案)을 제시하는 사업이다.

2. 기술개발에 대한 국내·외 현황 및 수준

(1) OECD 국가들의 에너지원별 이용률은 화석연료, 수력 등의 비중은 줄어드는 반면 총에너지에서 신·재생에너지가 차지하는 비중은 지속적으로 증가할 것으로 전망된다.

(2) 과다한 초기투자의 장애요인에도 불구하고 신·재생에너지는 화석(化石)

에너지의 고갈(枯渴) 문제와 환경문제에 대한 핵심(核心) 해결방안이라는 점에서 선진 각국은 정부 주도하에 신·재생에너지에 대한 과감한 연구개발과 보급정책을 추진해 오고 있다. 특히 EU, 미국, 일본 등은 기술개발과 시장기반 확보를 토대로 기존 에너지원과의 가격 경쟁력을 극복해 나갈 것으로 예상된다.

다음 [표 4.1]은 주요 선진국의 신·재생에너지의 정책과 지원제도 현황을 나타낸다.

〔표 4.1〕 주요 선진국의 신·재생에너지의 정책 및 지원제도 현황

구 분	정책 및 지원제도 현황
유럽연합	• ALTENER Program – 재생에너지원의 확대보급을 위한 지원 프로그램 – JOULE–THERMIE(에너지기술 시범 및 실증연구 프로그램) – 영국 : 풍력설비 보조지원(8센트/KWh), 독일 : 4센트/KWh의 지원금 및 11센트//KWh 의무전력 매입
미 국	• 기후변화실천 계획('94~2000 기간 중 50조원 투입) 발표 • Solar–roof 계획(2010년까지 300만KW 태양광발전 보급) • DOE : 풍력, 태양광발전 상업화 지원 EPRI : 대규모 풍력단지 조성 사업비 지원 소득세 감면 : 4센트//KWh(National Energy Policy Act)
일 본	• New Sunshine 계획('93~2020)수립, 추진(1조 5,500억엔 투자) – 'New Earth 21' 실현을 위한 협력 프로그램으로 재구성하여 추진중 • 분산형 발전전력 매입: 지역별 17~28엔//KWh – 태양광발전시스템에 대해 주거용 50%, 사업용 67% 보조금 지원 – RDF 제조시설 및 보일러 시설비 중 1/4정도 보조

3. 사업목표

보급 가능성 및 시장 잠재력(潛在力)이 큰 태양광, 풍력, 연료전지 등 기존의 3대 중점분야를 확대 및 개편하여 프로젝트형 과제로 전환하여 기업의 상용화 애로기술을 집중 지원함으로써 조기 상용화를 유도하는 것을 목표로 하고 있다.

4. 중점지원 프로그램의 발굴, 지원 및 추진 계획

(1) 중점지원 프로그램의 발굴 및 지원

프로젝트형(Project type) 기술개발(태양광, 풍력, 연료전지)의 선정기준은 다음과 같다.

① 선진국과의 기술격차가 적어 기술개발을 통한 실용화가 가능한 기술
② 신·재생에너지 중 시장의 성장 가능 잠재량이 큰 기술

(2) 중점지원 프로그램 추진계획

① 태양광 : 3KW급 주택용 발전시스템 개발
② 풍력 : 750KW급 풍력발전시스템 개발
③ 연료전지
- 3KW급 가정용 고분자 전해질(高分子電解質) 연료전지 개발
- 250KW급 용융(熔融)탄산염형 연료전지 개발
  현재 100KW급 용융탄산염형 연료전지 개발연구 추진 중이다.

(3) 기술개발 목표

구 분	태 양 광	고분자형연료전지	풍 력
발전단가(원/KWh)	700원→400원이하	320원이하	100원→80원이하
설치비(백만원/KW)	15→8	2	2→1.3
외국의 현재발전단가(원/KWh)	700(일본) 600(독일)	실증연구단계	60(미 국) 330(일 본) 44(덴마크)

5. 추진절차 및 지원조건

(1) 추진절차

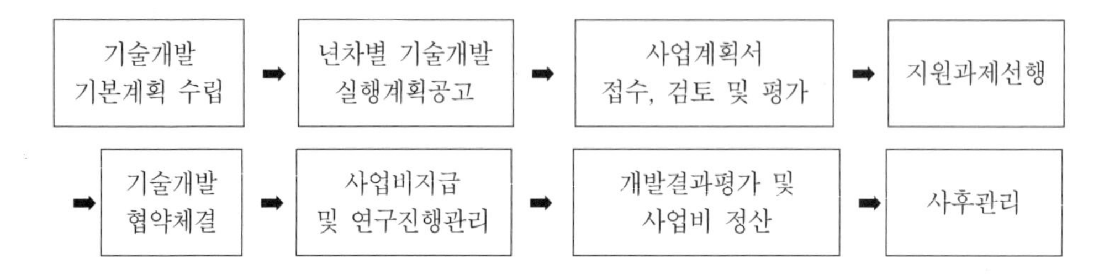

(2) 지원조건

참 여 주 체		정 부 지 원	기업현금출자
대학, 연구소 등 연구기관 단독		총사업비전액	–
기 업 참 여 형 태	대 기 업	50%이내	15%이상
	중 소 기 업	75%이내	10%이상
	2개이상 기업 공동참여 중 소 기 업 2 / 3 이 상	75%이내	10%이상
	기 타	50%이내	15%이상

6. 추진전략

기술수준, 성공 가능성 및 경제적 파급효과(波及效果) 등을 고려하여 분야별로 추진전략을 차별화(差別化)하여 지원한다.

분 야 별	추 진 내 용
프로젝트형 기술개발	① 태양광, 풍력, 석탄 이용 등 4대 분야 ② 국제 경쟁력 확보를 지원하기 위해 산업육성에 중점을 두고 선정 지원
일반기술개발	① 태양열, 바이오, 폐기물, 소수력, 지열, 석탄, 해양분야 ② 상용화 및 보급 중심 및 핵심 애로기술 개발
선행기술개발	① 프로젝트형 기술개발과 일반기술개발의 선행 연구분야 ② 창의적 선행연구, 기초기반 기술개발 및 실용화 가능 기술 개발

7. 신·재생에너지 사업추진 내용

(1) 1970년대 : 신·재생에너지 기술의 필요성 대두(擡頭)

① 석유파동(石油波動)으로 신·재생에너지 필요성 인식
② KIST를 중심으로 태양열, 풍력분야의 기초연구 실시

(2) 1980년대 : 신·재생에너지 기술의 태동기(胎動期)

① 저유가 및 안정공급의 지속으로 신·재생에너지 보급에 대한 인식 감소
② 태양열, 태양광 등 11개 분야의 신·재생에너지 개발 추진
③ '87.12「대체에너지 기술개발 촉진법」공포
④ '80년 중반부터 태양열 온수기를 중심으로 보급 시작

(3) 1990년대 : 신·재생에너지 기술의 성장기(成長期)

① 국제환경 규제로 신·재생에너지 기술에 대한 필요성 재인식
② 신·재생에너지, 에너지 절약, 청정 에너지기술에 대한 통합적이고 체계적인「에너지 기술개발 10개년 계획('97~2006)」을 수립하여 추진('97.1)
③ '97.12「대체에너지 개발 및 이용·보급 촉진법」으로 개정(改正)
④ 축적된 연구개발 결과로 태양열, 폐기물, 바이오 등을 중심으로 보급기반 구축(構築)

(4) 2000년대 : 신·재생에너지 기술의 성숙기(成熟期)

① '01.2「대체에너지 개발·보급 기본계획 수립」
② '02.2「대체에너지 개발 및 이용·보급촉진법」 개정
  - 대체에너지 사용 의무화로 초기시장 창출
③ '04.12「신에너지 및 재생에너지 개발·이용·보급 촉진법」 개정

8. 기술개발 지원실적

'88년부터 '05년까지 685 과제에 5,060억원을 투자하였으며 그 중 약 64%인 3,230억원을 정부에서 지원하였다. 다음 [표 4.2]는 신·재생에너지 기술분야별 지원현황을 나타낸다.

〔표 4.2〕 신·재생에너지 기술분야별 지원현황

분야	과제수	사업비(백만원)		
		정부	민간	계
태양열	69	17,483	5,871	23,354
태양광	92	50,572	25,225	75,797
바이오	98	28,778	14,395	43,173
폐기물	56	24,132	20,931	45,036
석탄이용	42	22,380	13,697	36,077
소수력	7	2,718	1,055	3,773
풍력	35	33,763	16,150	49,868
수소·연료전지	86	95,350	81,290	176,640
해양	4	1,960	574	2,534
지열	17	6,584	2,764	9,348
기타	179	39,321	1,063	40,384
합계	685	323,041	182,970	506,011

* 실용화 평가사업 포함
* 기타에는 정책, 학술진흥사업 등 167과제 포함

9. 주요 기술개발 성과

다음 [표 4.3]은 신·재생에너지의 분야별 기술개발의 주요성과를 나타낸다. 여기서 태양광발전, 태양열 온수급탕(溫水給湯), 바이오, 폐기물 소각 및 폐열회수(廢熱回收) 기술 등은 상용화(常用化) 내지 실용화(實用化) 단계로 평가하고 있다.

〔표 4.3〕 신·재생에너지의 분야별 기술개발 주요성과

분 야 별	주 요 성 과
연 료 전 지	• 199kW급 용융탄산염형 연료전지 개발 및 가정용 연료전지(RPG)시스템 실증단계
태 양 광	• 결정질 실리콘계는 상용화 단계
풍 력	• 블레이드, 발전기 등 요소기술 개발 및 759KW급 시스템 개발
태 양 열	• 평판형 및 진공관형 집열기 개발, 급탕기술 상용화
바 이 오	• 바이오디젤 생산공정 실용화 단계
폐 기 물	• 중소형 단순 폐기물 소각기술은 상용화, RDF(폐기물고형연료, Refuse derived fuel)는 제조기술개발 완료
석 탄 이 용	• 석탄가스화기 설치 및 시험운전 중(3T/D)
지 열	• 부하추종형 고효율 지열 히트펌프 시스템 개발 추진중
소 수 력	• 중·저 낙차 프란시스수차 국산화 개발 추진중.
기 타	• 수소, 해양, 지열 등은 기초연구 수행중

3.8 전문인력 양성사업

1. 개 요

신·재생에너지 강국(强國)으로 도약(跳躍)하기 위한 산업체 R&D인력 수요(需要)를 충족하고 핵심연구(核心硏究) 인력의 자질(資質)을 고도화(高度化)하기 위한 사업이다.

2. 인력양성사업의 세부내용

(1) 핵심기술연구센터

① 정부출연연구소, 지역별 테크노파크, 대학 등에 산·학·연이 공동 활용 가능한 핵심장비(核心裝備)를 갖춘 연구센터를 구축하여 공동 연구개발 및 산업체 기술인력의 재교육을 실시한다.

② 지원규모 : 15억원 내외 * 5년

③ 산업체 제조기술지원단 운영

각 분야별 핵심 기술연구센터 내에 구축하여 운영한다.

기 능	각 분야별 제조기술지원단
• 신 · 재생에너지 창업컨설팅 및 기술지도 • 국내 전문가 네트워크 연결 • 홈페이지를 통한 온라인 기술상담 및 정보제공 • 초급 수준의 교육 무상 제공 • 전문가 활용 및 단순실험 경비 무상지원 등	• 연료전지(DEMFC) : 한국에너지기술연구원 • 연료전지(DMFC) : 전북 테크노파크 • 태양광 : 한국에너지기술연구원 • 풍력 : 한국기계연구원

(2) 특성화 대학원

① 전국 4년제 대학 중 교육여건이 우수한 이공계 대학원에 신·재생에너지 다학제(多學制) 협동과정을 개설하여 분야별 전문 석·박사 고급인력을 양성한다.

② 지원규모 : 5억원 내외 * 5년 (1차년도는 과정개설을 위해 2.5억원 지원)

(3) 최우수 실험실

① 연구개발 성과 및 산·학 협력실적이 탁월한 신·재생에너지분야 이공계 대학원 실험실을 선정하여 참여기업과의 애로기술(隘路技術) 공동연구개발을 지원한다.

② 지원규모 : 1억원 내외 * 3년

3. 신·재생에너지 인력양성 계획

2010년까지 총 1,888명의 신·재생에너지 인력을 양성하여 배출할 계획이다.

구 분		'06	'07	'08	'09	'10	배출인력
특성화 대학	R&D인력	–	–	–	60	100	160
최우수실험실		–	36	36	108	108	288
핵심기술연구 센 터		–	20	40	50	50	160
	기술인력	–	160	320	400	400	1,280
합 계		–	216	396	618	658	1,888

* 특성화 대학원(2개대학 * 연 20명), 최우수 실험실(6개소 * 6명)
* 핵심기술연구센터(2개대학 * [R&D인력 연 10명, 기술인력 : 연 80명])

3.9 융자(融資) 지원제도

1. 개 요

신·재생에너지 시설 설치자 및 생산자를 대상으로 장기저리(長期低利)의 융자 지원을 통해 초기 투자비를 경감하여 사업적 경제성을 확보하여 신·재생에너지 설비 및 관련 산업을 보급 및 육성하기 위한 제도이다.

2. 자금 지원 대상

(1) 시설자금 : 신·재생에너지를 이용하기 위한 시설을 설치하고자 하는 사업주가 신청하는 자금이다.

예) 태양광발전설비, 풍력발전설비, 태양열설비, 지열설비 등의 시설 설치자금

(2) 생산자금 : 신·재생에너지 설비의 부품 또는 제품을 생산하는 공정(工程) 라인을 설치하고자 하는 사업주가 신청하는 자금이다.

예) 태양광 모듈 생산라인, 풍력발전 터빈 생산라인 등의 생산시설 설치자금

(3) 운전자금 : 신·재생에너지 관련 사업을 운영하는 사업주가 운영자금 확보를 통한 원활한 자금 유동성(流動性) 확보를 위해 신청하는 자금이다.

3. 자금지원 조건

<table>
<tr><th colspan="2">자 금 분 류</th><th>이 자 율</th><th>대출기간</th><th>지원한도액</th></tr>
<tr><td rowspan="3">시설자금</td><td>신·재생에너지 시설설치 지원</td><td rowspan="5">3.75%[1]
(분기별
변동금리)</td><td rowspan="4">5년거치 10년
분할상환[2]
(3년거치 5년
분할상환)</td><td>40억원(30억원)이내[3]</td></tr>
<tr><td>신·재생에너지설비 등 공용화 품목지원</td><td rowspan="2">5억원이내</td></tr>
<tr><td>신·재생에너지 기술사업화지원</td></tr>
<tr><td colspan="2">생 산 자 금</td><td>70억원이내</td></tr>
<tr><td colspan="2">운 전 자 금</td><td>1년거치 2년
분할상환</td><td>5억원이내</td></tr>
</table>

* 1) 2008년 2/4분기 기준
2) 바이오 및 폐기물 분야 시설은 3년거치 5년분할 상환
3) 발전부문 시설은 40억원 이내, 바이오 및 폐기물 분야 시설은 30억원 이내

4. 융자지원 흐름도

[그림 4.1]은 융자지원(融資支援) 절차와 관련 내용을 설명하는 흐름도이다.

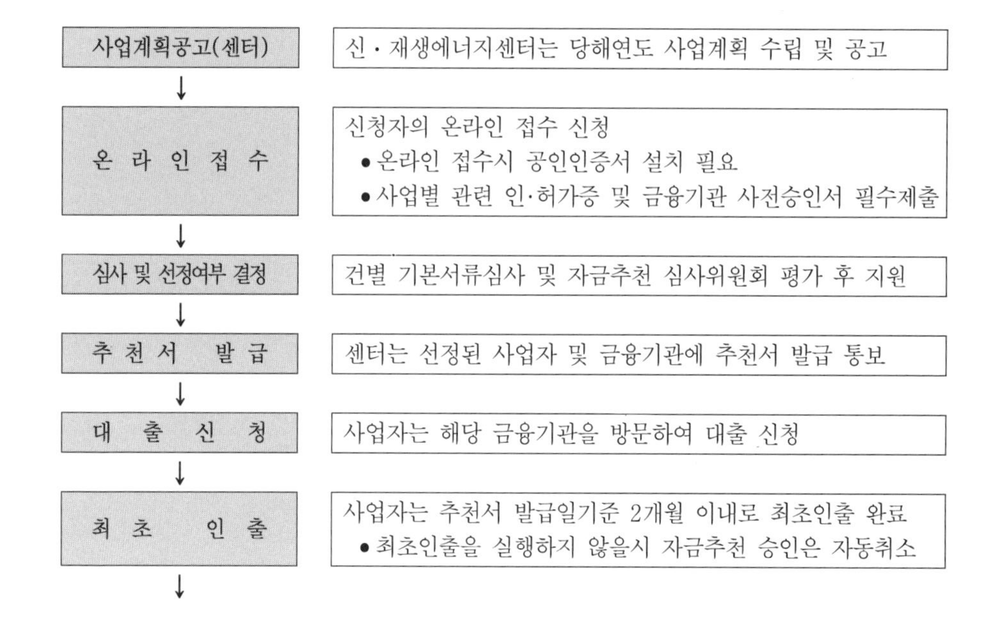

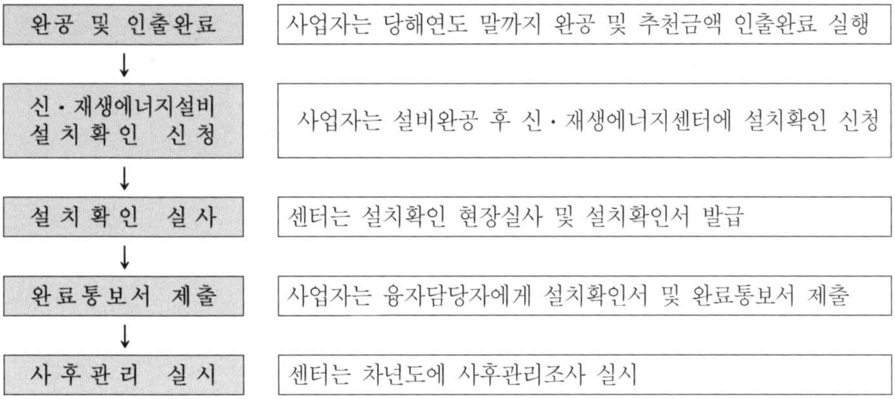

완공 및 인출완료	사업자는 당해연도 말까지 완공 및 추천금액 인출완료 실행
↓	
신·재생에너지설비 설치확인 신청	사업자는 설비완공 후 신·재생에너지센터에 설치확인 신청
↓	
설치확인 실사	센터는 설치확인 현장실사 및 설치확인서 발급
↓	
완료통보서 제출	사업자는 융자담당자에게 설치확인서 및 완료통보서 제출
↓	
사후관리 실시	센터는 차년도에 사후관리조사 실시

〔그림 4.1〕 융자 지원 흐름도

부 록 (Appendix)

1. 그리스문자

대문자	소문자	발음	대문자	소문자	발음
Α	α	알파(alpha)	Ν	ν	뉴우(nu)
Β	β	베에타(bata)	Ξ	ξ	크사이(xi)
Γ	γ	감마(gamma)	Ο	ο	오미크론(omicron)
Δ	δ	델타(delta)	Π	π	파이(pi)
Ε	ε	이프실론(epsilon)	Ρ	ρ	로우(rho)
Ζ	ζ	제에타(zeta)	Σ	σ	시그마(sigma)
Η	η	에에타(eta)	Τ	τ	타우(tau)
Θ	θ	시이타(theta)	Υ	υ	유우프실론(upsilon)
Ι	ι	이오타(tota)	Φ	φ	화이(phi)
Κ	κ	카파(kappa)	Χ	χ	카이(chi)
Λ	λ	람다(lambda)	Ψ	ψ	프사이(psi)
Μ	μ	뮤우(mu)	Ω	ω	오메가(omega)

2. 원소명과 원소기호

원소명	원소기호	원자번호	원소명	원소기호	원소번호	원소명	원소기호	원자번호
Aluminium	Al	13	Cadmium	Cd	48	Dysprosium	Dy	66
Antimony	Sb	51	Calcium	Ca	20	Erbium	Er	68
Argon	Ar	18	Carbon	C	6	Europium	Eu	63
Arsenic	As	33	Cerium	Ce	58	Fluorine	F	9
Barium	Ba	56	Cesium	Ca	55	Gadolium	Gd	64
Beryllium	Be	4	Chlorine	CI	17	Gallium	Ga	31
Bismuth	Bi	83	Chromium	Cr	24	Germanium	Ge	32
Boron	B	5	Cobalt	Co	27	Gold	Au	79
Bromine	Br	35	Copper	Cu	29	Hafnium	Hf	72
Helium	He	2	Nioblum	Nb	41	Strontium	Sr	38
Holmium	Ho	67	Nitrogen	N	7	Sulfur	S	16
Hydrogen	H	1	Osmium	Os	76	Tantalum	Ta	73

원소명	원소 기호	원자 번호	원소명	원소 기호	원소 번호	원소명	원소 기호	원자 번호
Indium	In	49	Oxygen	O	8	Tellurium	Te	52
Iodine	I	53	Palladium	Pb	46	Terbium	Tb	65
Iridium	Ir	77	Phosphorus	P	15	Thallium	Tl	81
Iron	Fe	26	Platinum	Pt	78	Thorium	Th	90
Krypton	Kr	36	Potassium	K	19	Thulium	Tm	69
Lanthanum	La	57	Praseodymium	Pr	59	Tin	Sn	50
Lead	Pb	82	Rhenium	Re	75	Titanium	Ti	22
Lithium	Li	3	Rhodium	Rh	45	Tungsten	W	74
Lutetium	Lu	71	Rubidium	Rb	37	Uranium	U	92
Magnesium	Mg	12	Ruthenium	Ru	44	Vanadium	V	23
Manganese	Mn	25	Samarium	Sm	62	Xenon	Xe	54
Mercury	Hg	80	Scandium	Sc	21	Ytterbium	Yb	70
Molybdenum	Mo	42	Selenium	Se	34	Yttrium	Y	39
Nedymium	Nd	60	Silicon	Si	14	Zinc	Zn	30
Neon	Ne	10	Silver	Ag	47	Zirconium	Zr	40
Nickel	Ni	28	Sodium	Na	11			

3. 단위환산표

(1) 길　이

Units	cm	m	in	ft	yd	mile
1 cm	1	0.01	0.3937	0.0328	0.0109	6.2137×10^{-5}
1 m	100	1	39.37	3.2808	1.0936	6.2137×10^{-4}
1 in	2.54	0.0254	1	0.0833	0.0278	1.5783×10^{-5}
1 ft	30.48	0.3048	12	1	0.333	1.8939×10^{-4}
1 yd	91.44	0.9144	36	3	1	5.6818×10^{-4}
1 mile	1.6093×10^{5}	1609.3	63360	5280	1760	1

(2) 면 적

Units	cm^2	m^2	in^2	ft^2	yd^2	$mile^2$
1 cm^2	1	0.0001	0.1550	1.0764×10^{-3}	1.196×10^{-4}	0.3861×10^{-10}
1 m^2	10000	1	1550.00	10.7639	1.196	0.3861×10^{-6}
1 in^2	6.4516	6.4516×10^{-4}	1	6.9444×10^{-3}	0.0007716	0.2491×10^{-9}
1 ft^2	929.03	0.0929	144	1	0.111111	0.0359×10^{-6}
1 yd^2	8361.27	0.8361	1296	9	1	0.3228×10^{-6}
1 $mile^2$	2.59×10^{10}	2.59×10^{6}	4.0145×10^{9}	3.0976×10^{6}	3.0976×10^{6}	1

(3) 부 피

Units	m^3	liter	ft^3	미(U.S)	영(U.K)	bbl
1 m^3	1	1000	35.3147	264.172	219.969	6.2898
1 liter	0.001	1	0.03531	0.2642	0.21997	0.00629
1 ft^3	0.0283	28.3168	1	7.4805	6.2288	0.1781
1 미(U.S)	0.00379	3.7854	0.1337	1	0.8327	0.02381
1 영(U.K)	0.004546	4.5461	0.1605	1.2009	1	0.02859
1 bbl	0.158988	158.988	5.6144	41.9985	34.9713	1

(4) 무 게

Units	kg	metric ton	oz	lb	short ton(미)	long ton(영)
1 kg	1	0.001	35.274	2.2046	1.1023×10^{-3}	984.2065×10^{-6}
1metric ton	1000	1	3527396	2204.623	1.1023	984.2065×10^{-3}
1 oz(avdp)	0.02835	28.35×10^{-6}	1	62.5×10^{-3}	31.25×10^{-6}	27.9018×10^{-6}
1 lb(avdp)	0.4536	453.59×10^{-6}	16	1	500×10^{-6}	446.4286×10^{-6}
1 ton(U.S)	907.1847	0.9072	32000	2000	1	892.8571×10^{-6}
1 ton(U.K)	1016.05	1.0160	35840	2240	1.12	1

(5) 에너지

Units	J	kcal	Btu	kWh	hp-hr	ft-lb(wt)
1 J	1	238.846×10^{-6}	947.82×10^{-6}	277.78×10^{-9}	372.57×10^{-9}	0.7376
1 kcal	4186.8	1	3.968	1.16×10^{-3}	1.56×10^{-3}	3088.025
1 Btu	1055.06	251.996×10^{-3}	1	293.07×10^{-6}	393.02×10^{-6}	778.169
1 kWh	3.63×106	859.845	3412.142	1	1.341	2.655×10^{6}
1 hp hr	2684520	641.187	2544.434	745.7×10^{-3}	1	1.98×10^{6}
1 ft-lb(wt)	1.3558	323.832×10^{-6}	1.285×10^{-3}	376.62×10^{-9}	505.05×10^{-9}	1

4. 단위의 배수

접두어	기호	배수	접두어	기호	배수
yotta	Y	10^{24}	deci	d	10^{-1}
zetta	Z	10^{21}	centi	c	10^{-2}
exa	E	10^{18}	milli	m	10^{-3}
peta	P	10^{15}	micro	μ	10^{-6}
tera	T	10^{12}	nano	n	10^{-9}
giga	G	10^{9}	pico	p	10^{-12}
mega	M	10^{6}	femto	f	10^{-15}
kilo	k	10^{3}	atto	a	10^{-18}
hecto	h	10^{2}	zepto	z	10^{-21}
deca	da	10^{1}	yocto	y	10^{-24}

5. 신·재생에너지 환산 기준

에너지원	세부구분	환산계수	비 고
태 양 열		0.064 toe/m²·년	시스템효율 44%
태 양 광	사업용 자가용	실제 발전량(MWh) 0.34 toe/kW	– 이용율 15.5%
바 이 오	바이오가스 매립지가스(전기) 매립지가스(열) 바이오디젤 우드칩 성형탄 임산연료	실제 발생열량(Gcal) 실제 발전량(MWh) 실제 발생열량(Gcal) 9,200 kcal/L 실제 발생열량(Gcal) 0.42 toe/ton 2,800 kcal/kg	– – – 경유 발열량 기준 – 평균 발열량 기준 신탄 발열량 기준
풍 력	사업용 자가용	실제 발전량(MWh) 0.438 toe/kW	– 이용율 20%
수 력	사업용 자가용	실제 발전량(MWh) 실제 발전량(MWh)	– –
연료전지	사업용 자가용	실제 발전량(MWh) 2.0805 toe/kW	– 이용율 95%
폐 기 물	폐가스 산업폐기물 폐목재 생활폐기물 대형도시쓰레기 시멘트킬른보조연료 RDF/RPF 정제연료유	539,000 kcal/ton 539,000 kcal/ton 539,000 kcal/ton 539,000 kcal/ton 실제 발생열량(Gcal) 7,650 kcal/kg 실제 발생열량(Gcal) 9,900 kcal/L	증기발생량 기준 증기발생량 기준 증기발생량 기준 증기발생량 기준 – 폐타이어, 폐고무 등 – 벙커 C유 기준
지 열	냉방 난방	0.174 toe/RT 0.444 toe/RT	부하율 60% 부하율 70%

주1) 전기의 석유환산계수 : 0.25 toe/MWh (구발열량 기준)

주2) 열량의 석유환산계수 : 10^7kcal/toe

6. 연도별 발전량

(단위 : MWh)

	'96	'97	'98	'99	'00	'01
총 발 전 량[주1)]	205,493,554	224,444,599	215,300,419	239,324,733	266,399,508	285,223,757
양 수 발 전	2,776,967	2,589,533	1,819,618	1,906,973	1,600,269	1,820,814
신재생공급비중(%)	0.04%	0.04%	0.05%	0.05%	0.04%	0.04%
신재생 총발전량	84,299	93,711	114,181	118,902	103,794	102,508
태 양 광	2,556	3,100	3,796	4,572	5,284	6,184
바이오(LFG)	–	–	–	–	–	–
풍 력	348	808	1.475	5.839	16.685	12.590
수 력[주2)]	81,395	89,803	108,910	108,491	81,825	83,734
1 M W 이 하	8,702	10,670	16,465	19,608	18,825	18,163
1~10MW이하	72,693	79,133	92,445	88,883	63,361	65,571
10MW 초과	–	–	–	–	–	–
연 료 전 지	–	–	–	–	–	–
용도별 발전량						
사 업 용[주3)]	81,395	89,803	109,713	113,390	90,910	95,392
태 양 광	–	–	–	–	–	–
바이오(LFG)	–	–	–	–	–	–
풍 력	–	–	803	4,899	9,085	11,658
수 력	81,395	89,803	108,910	109,491	81,825	83,734
1 M W 이 하	8,702	10,670	16,465	19,608	18,464	18,163
1~10MW이하	72,693	79,133	92,445	88,883	63,361	65,571
10MW 초과	–	–	–	–	–	–
연 료 전 지	–	–	–	–	–	–
자 가 용	2,904	3,908	4,468	5,512	12,884	7,116
태 양 광	2,556	3,100	3,796	4,572	5,284	6,184
풍 력	348	808	672	940	7,600	932
수 력	–	–	–	–	–	–
1MW 이하	–	–	–	–	–	–
연 료 전 지	–	–	–	–	–	–

	'02	'03	'04	'05	'06
총발전량[주1)]	306,474,064	322,451,697	342,147,967	364,639,331	381,180,709
양수발전	2,078,269	2,001,406	1,550,355	1,515,588	1,751,083
신재생공급비중(%)	0.07%	1.56%	1.33%	1.08%	1.02%
신재생 총발전량	203,287	5,035,156	4,533,603	3,950,000	3,899,369
태양광	7,044	7,752	9,872	14,399	31,022
바이오(LFG)	70,783	100,193	146,927	129,595	154,521
풍력	14,881	24,865	47,442	129,888	238,911
수력[주2)]	110,579	4,902,346	4,329,362	3,674,015	3,468,233
1MW이하	25,685	31,681	18,989	30,658	34,171
1~10MW이하	84,894	155,931	146,990	148,524	151,120
10MW 초과	–	4,714,734	4,163,383	3,494,833	3,282,942
연료전지	–	–	–	2,103	6,681
용도별 발전량					
사업용[주3)]					
태양광	196,009	5,025,178	4,514,382	3,928,781	3,862,083
바이오(LFG)	–	–	13	595	5,666
풍력	70,783	100,193	146,927	129,595	154,521
수력	14,757	22,749	38,103	125,291	234,047
1MW이하	110,469	4,902,236	4,329,339	3,673,300	3,467,538
1~10MW 이하	25,575	31,571	18,966	29,943	33,476
10MW 초과	84,894	155,931	146,990	148,524	151,120
연료전지	–	4,714,734	4,163,383	3,494,833	3,282,942
자가용	–	–	–	–	311
태양광	7,278	9,978	19,221	21,219	37,286
풍력	7,044	7,752	9,859	13,804	25,356
수력	124	2,116	9,339	4,597	4,864
1MW이하	110	110	23	715	695
연료전지	110	110	23	715	695
	–	–	–	2,103	6,370

주1) 총발전량은 양수발전 포함한 수치임.
주2) 수력발전의 용량범위는 발전소 단위로 구분함(양수제외).
주3) 사업용발전량은 한국전력통계를 기준으로 작성함.

7. 용 어 풀 이

▣ 가스화 복합발전(가스化 複合發電 : Integrated gasification combined cycle): 석탄이나 중질잔사유 등의 저급원료를 고온, 고압하에서 가스화시켜 일산화탄소(CO)와 수소(H_2)가 주성분인 가스로 만들어 정제한 후 가스터빈이나 증기터빈을 구동하는 발전기술이다

▣ 개질기(Reformer) : 화석연료인 석탄, 석유, 천연가스, 메탄올 등을 수소연료로 바꾸는 장치이다.

▣ 과전류 검출기능 : 태양광발전시스템의 내부 사고로 인하여 과전류 발생 시 이를 검출하여 시스템을 신속히 정지시키는 기능이다.

▣ 관세 경감 : 신·재생에너지 생산용 및 이용 기자재(동 기자재 제조용 기계 및 기구를 포함)에 대하여 관세 부과 금액의 일정액을 경감하는 것을 의미한다.

▣ 광전효과(光電效果 : Photoelectric effect) : 어떤 종류의 금속이나 반도체 등에 빛을 비추면 전자(電子)를 방출하거나 전기저항이 변화하거나 기전력(起電力)을 발생하는 현상이다

▣ 그린 빌리지(Green village) : 신·재생에너지로 필요한 에너지를 자급자족하는 약 50호 규모의 환경 친화적인 시범 마을이다.

▣ 녹색가격제도(Green pricing) : 소비자가 신·재생에너지를 사용함으로써 발생되는 추가적인 에너지 비용을 자발적으로 부담하는 제도이다.

▣ 단위전지(Unit cell) : 연료전지의 단위전지(Cell)는 전해질(電解質)이 함유된 전해질 판, 연료극(anode), 공기극(cathode), 이들을 분리하는 분리판 등으로 이뤄진다.
이 단위전지에서는 통상 0.6~0.8V 전압이 생성된다.

▣ 매립지(埋立地)가스(Land fill gas : LFG) : 쓰레기 매립지에 매립된 폐기물 중 유기물질이 혐기성(嫌氣性 : 세균 따위가 산소를 싫어하여 공기 속에서 잘 자라지 못하는 성질) 분해과정에 의해 분해되어 발생되는 가스이다.
그 성분은 주로 메탄(CH_4, 40~60%)과 이산화탄소(CO_2, 30~50%)로 구성된다.

▣ 바이오가스(Biogas) : 혐기성 소화작용에 의해 바이오매스에서 생성되는 메탄과 이산화탄소의 혼합 형태의 기체이다. 이러한 혼합기체로부터 분리된 메탄을 바이오 메탄가스라고 한다.
이것 외에 바이오가스의 형태로서 퇴비가스, 습지가스, 폐기물 등으로부터 자연적으로 생성되는 가스 등이 있다.

▣ 바이오디젤(Biodiesel) : 자연에 존재하는 각종 지방과 기름 성분을 물리적 또는 화학적 처리과정을 거쳐 석유계 액체연료로 바꾼 것이다. 식물유로 만드는 대용 디젤유이다.

▣ 바이오에너지(Bioenergy) : 동물, 식물 또는 파생(派生) 자원(바이오매스)을 직접 생·화학적, 물리적 변환과정을 통해 액체, 기체, 고체연료나 전기에너지, 열에너지 형태로 이용하는 것이다.
연료용 알코올, 메탄가스, 매립지가스(LFG), 바이오디젤 등을 생산하여 에너지원으로 활용하는 기술로서 차량용, 난방용 연료 및 발전분야 등에 이용이 가능하다.

▣ 바이오에탄올(Bioethanol) : 에탄올은 화학적 합성도 가능하지만 생물공정으로도 생산되는데, 이러한 생물공정(生物工程)에 의해 생산되는 에탄올(Ethanol)을 말한다. 술을 제조하는 공정에서와 마찬가지로 당을 생성하는 작물로부터 추출된 당을 효모나 박테리아로 발효(醱酵)를 통하여 생산한다.
옥수수와 같은 전분을 원료로 하는 경우에는 산이나 아밀라아제로 불리는 효소가 먼저 전분을 포도당으로 전환하여 발효시킨다.

▣ 발전차액 지원제도 : 신·재생에너지에 의한 발전전력 기준가격 지원제도이다. 신·재생에너지 설비의 투자 경제성 확보를 위해, 신·재생에너지 발전에 의하여 공급한 전기의 전력거래 가격이 주무장관이 정하여 고시한 기준가격보다 낮은 경우, 기준가격과 전력거래가격과의 차액(발전차액)을 지원해주는 제도이다.

■ 배럴(Barrel) : 배럴이란 보물섬에서 나오는 "가운데에 배가 나온 나무통"을 의미하며 기호는 bbl을 사용한다.
영국과 미국에서 쓰는 부피의 단위로서 액체, 과일, 야채 따위의 부피를 잴 때도 쓴다. 1배럴은 영국에서는 36갤런으로 약 163.5리터에 해당하고, 미국에서는 액체의 부피를 잴 때는 31.5갤런으로 약 192.4리터이며 야채나 과일의 부피를 잴 때는 156.3리터에 해당한다.
석유의 부피를 잴 때는 42갤런으로 약 159리터에 해당한다.

■ 부생(副生)가스 : 석탄에 열을 가했을 때 부산물로 생성되는 이산화탄소, 수소 등이 포함된 혼합가스이다.
제철소에서 석탄을 덩어리로 굽는 코크스 공정이나 철광석과 코크스를 고로에 넣고 쇳물을 녹여내는 과정 등에서 나오는 가스이다.

■ 분산형(分散形) 전원(Distributed generation system) : 원자력이나 화력 등과 같이 집중적이고 대용량이 아닌 소용량의 전력저장시스템이나 발전시스템을 일컫는다.
태양광, 풍력, 바이오, 수력 등과 같은 신·재생에너지의 전원이나 소용량의 열병합발전시스템 등을 이용한 전력저장시스템을 예로 들 수 있다.
기존의 전력회사의 대규모 중앙집중형(中央集中型) 전원과는 달리 소규모로서 소비지 근방에 분산배치가 가능한 전원이다.

■ 블레이드(Blade) : 바람의 에너지를 회전운동 에너지로 변환시켜 주는 장치로 풍력발전기의 날개 부분이다.

■ 산업 폐기물(産業廢棄物 : Industrial waste) : 산업활동에 따라서 발생되는 폐기물이다. 사업장 폐기물이라고도 한다. 유해성(有害性)의 유무에 따라 유해 폐기물과 일반 폐기물로 구분된다.
폐기물의 90% 이상은 일반 폐기물이지만 유해 폐기물은 그 유해성으로 인하여 취급과 처리에 있어서 특별한 법적 규제를 받고 있다.

■ 생활 폐기물(生活廢棄物 : Municipal waste) : 인간의 모든 생활에서 사용되었으나 그 필요성을 잃어 사용치 않고 버리게 된 산업 폐기물 이외의 물질이다.

▣ 석탄액화기술(石炭液化技術) : 고체상태인 석탄을 휘발유나 디젤유 등의 액체연료로 전환시키기 위하여 고온(약 430~460℃) 및 고압(약 100~ 280기압)의 반응조건 하에서 수소를 첨가시켜 생성물의 수소 대 탄소비를 14.5~5.0 정도로 증가시킴으로써 에너지 밀도가 높고 수송 및 보관이 용이한 청정 인조원유를 제조하는 기술이다.
석탄을 직접 녹여 액화시키는 직접액화기술과 가스화한 후 액화시키는 간접액화기술로 분류된다.

▣ 성형탄(成形炭) : 톱밥이나 왕겨 등 바이오매스를 가공(加工), 압착(壓搾)시켜 만든 고체연료이다.

▣ 소수력(小水力 : Small hydropower) : 일반 수력발전 규모 이하의 전기를 생산할 수 있는 수력자원을 일컫는 용어이다.
국제적으로는 15,000kW 용량 이하를, 국내에서는 10,000kW 용량 이하를 소수력이라 한다. 이것은 다른 신·재생에너지원에 비해 에너지밀도가 높고 경제성이 우수한 에너지원이다.
소수력발전시스템은 수차, 발전기 및 전력변환장치 등으로 구성된다.

▣ 수력발전(水力發電 : Hydro power) : 물의 위치에너지와 운동에너지를 이용해서 전기를 얻는 발전방식이다.

▣ 수소(Hydrogen) : 원소기호는 H이며 가장 가볍고 우주에서 가장 풍부한 원소이다. 일반적으로 분자상태로 존재하며, 물이나 유기물의 형태로 존재한다. 수소는 지구상에서 가장 쉽게 구할 수 있는 자원이며 이산화탄소(CO_2)를 발생시키지 않는다. 수소는 영원히 마르지 않는 연료로서 이미 많은 분야에서 실용화 단계로의 진입을 맞이하고 있다.
수소는 제3세계의 빈곤을 해방시키고 에너지를 둘러싼 국가간 패권구조에도 큰 변화를 가져오게 할 수 있으며 검은 황금을 둘러싼 석유의 정치학을 종식시킬 수 있다. 그러나 수소는 그저 얻게 되는 것이 아니라 인간의 창의성에 의해 얻어지는 지식에너지인 것이다.

▣ 수소경제(水素經濟 : Hydrogen economic) : 현재의 석유중심의 화석경제체제가 무공해(無公害), 무한정(無限定) 에너지원인 수소중심의 경제체제로 전환된 것을 일컫는다(Jeremy rifkin, The hydrogen economic, 2002).

▣ 수소 스테이션(Hydrogen station) : 수소·연료전지 차량의 연료인 수소를 충전(充塡)할 수 있게 수소를 제조 및 주입하는 수소충전소(水素充塡所)이다. 차량에 수소를 충전할 수 있는 소형의 수소 제조, 저장, 분배 장치 등으로 이뤄진다.

▣ 수소에너지(Hydrogen energy) : 석유나 석탄의 대체(代替)에너지원으로서의 수소에너지를 의미한다. 이 에너지는 원료가 무한정이며, 연소 후 생성물(生成物)이 물뿐이므로 깨끗하고 자연의 순환을 교란(攪亂)시키지 않는다. 열원(熱源)으로서의 이용 이외에 자동차 연료, 항공기 연료 등으로 이용분야가 넓다.

▣ 수소저장합금 : 수소와 반응하여 수소를 수소 화합물의 형태로 대량으로 흡수하는 합금이다. 온도나 압력을 바꾸면 수소의 흡수와 방출을 가역적(可逆的)으로 되풀이할 수 있다. 수소의 저장과 수송용으로 이용할 수 있을 뿐 아니라 수소가 방출할 때의 가스압과 반응할 때의 열을 에너지원으로 이용할 수 있다.

▣ 순단(瞬短), 순저(瞬低)시험 : 사고 등의 원인으로 배전선의 전압이 순간적으로 없어지거나(瞬短), 저하하는(瞬低) 경우가 있다. 태양광발전시스템의 작동을 확인하는 시험이다.

▣ 스택(Stack) : 원하는 전기출력을 얻기 위해 단위전지(Unit cell)를 수십장 혹은 수백장 직렬로 쌓아 올린 연료전지의 본체를 말한다.

▣ 스터링엔진(Sterling engine) : 연료를 실린더 밖에서 연소시키는 "외연기관"의 일종으로 미리 실린더 내에 주입된 동작가스가 재생기라 불리는 축열체와의 사이에서 열을 주고받으며 가열, 냉각을 반복하고 동작가스의 팽창, 수축에 의해 동력을 발생한다. 고효율성, 저공해성, 연료 다양성 등의 특징이 있다.

▣ 신·재생에너지(New and renewable energy) : 우리나라에서 신·재생에너지는 『신에너지 및 재생에너지 개발·이용·보급 촉진법』 제2조에 의해 기존의 화석연료를 변환시켜 이용하거나(신에너지) 햇빛, 바람, 지열, 강수, 생물유기체(生物有機體) 등을 포함하는 재생 가능한 에너지를 변환시켜 이용하는 에너지(재생에너지)이다. 태양, 풍력, 바이오, 수력, 연료전지, 석탄 액화·가스화 및 중질잔사유 가스화, 해양, 폐기물, 지열, 수소 등 11개 분야가 있다.

- 신(新)에너지 : 연료전지, 석탄액화·가스화 및 중질잔사유 가스화, 수소에너지 등 3개 분야
- 재생(再生)에너지 : 태양열, 태양광, 바이오, 풍력, 수력, 지열, 해양, 폐기물 등 8개 분야

▣ 신·재생에너지 인증제도(認證制度) : 신·재생에너지 설비의 품질을 보장하고 소비자의 신·재생에너지에 대한 신뢰성을 제고하기 위하여 신·재생에너지 설비에 대해 인증(認證)을 하는 제도이다. 인증심사 기준에 따른 일반심사(공장확인)와 설비심사(성능검사)를 실시한다.

▣ 신·재생에너지 전문기업 : 신·재생에너지 시설에 대한 전문적 지식과 시공(施工) 능력을 가지고 전문적으로 사업을 하는 기업으로서, 신에너지 및 재생에너지 개발·이용·보급 촉진법 제2조의 기준을 갖추어 등록한다.

▣ 역조류(逆潮流) : 코제너레이션(co-generation) 설치의 수용가(受用家)등의 구내에서 전력계통에 계속적으로 유효전력을 송출하는 경우에 그 전력을 나타낸다.

▣ 역변환장치 : 직류전력을 전력용 반도체소자의 스위칭(Switching)작용을 이용하여 교류전력으로 변환하는 장치로서 인버터(Inverter)라고 한다.
연료전지(Fuel cell)나 태양전지(Solar cell) 등의 직류출력을 교류로 변환하는 경우에 이용된다.

▣ 연료전지(燃料電池 : Fuel cell) : 연료(주로 수소)와 산화제(酸化劑, 주로 산소)를 전기화학적으로 반응시켜 그 반응에너지를 전기로 바꾸는 직류발전장치이다.

■ 온도차 발전(溫度差 發電) : 해양 표면층(表面層)의 온수(溫水, 25~30℃)와 심해(深海) 500~1,000m 정도의 냉수(冷水, 5~7℃)의 온도차를 이용하여 열에너지를 기계적에너지로 바꾸어 발전하는 기술이다.

■ 우드칩(Wood chip) : 산림을 솎아내어 베어낸 간벌재(間伐材)를 잘라 3*4cm 크기로 나눈 조각들이다.

■ 의무구매제도(Feed-in tariff; FIT) : 전력판매사가 정부가 정한 기준가격으로 신·재생에너지 전력을 의무 구매하고, 이를 전기요금에 흡수하는 제도이다.

■ 인버터 브릿지(Inverter bridge) : 인버터 브리지는 반도체소자 6개로 구성되며 3상 교류전력을 출력하는 최소단위이다.

■ 전해질(電解質 : Electrolyte) : 물 등의 극성 용매에서 이온화(Ion化)되어 전기전도(電氣傳導)를 하는 물질이다. 용액 속에서 양이온과 음이온으로 무질서하게 해리(解離)되며 이와 같은 용액 속에 전극을 넣고 전압을 가하면, 양이온은 음극으로, 음이온은 양극으로 끌려서 이동하여, 결과적으로는 용액을 통해서 전류가 생긴다.
이온으로 해리(解離)하는 전리도가 높은 것일수록 전기 전도성이 좋은데 이것을 강한 전해질(電解質)이라 하고, 그 반대의 것을 약한 전해질이라고 한다.

■ 조력발전(潮力發電) : 조석(潮汐)을 동력원으로 하여 해수면의 상승, 하강운동을 이용하여 전기를 생산하는 발전 기술이다.

■ 조류발전 : 조류(조수의 흐름)를 이용해 전기를 생산하는 기술이다.

■ 중질잔사유(重質殘渣油): 원유를 정제하고 남은 최종 잔재물로서, 감압증류 과정에서 나오는 감압 잔사유 및 아스팔트와 열분해 공정에서 나오는 코크스, 타르, 피치 등을 말한다.

■ 지열(地熱)에너지(Geothermal energy) : 지구표면으로부터 수km 깊이에 존재하는 물과 암반, 토양 등에 저장된 땅이 가지고 있는 에너지이다.

■ 채광(採光) : 거울이나 볼록렌즈 등을 이용하여 햇빛을 한곳으로 모아, 건물내부, 지하실 등 평소 햇빛을 받지 못하거나, 햇빛이 직접 도달하지 않

는 임의의 장소 등에 낮 시간 동안 햇빛을 공급하는 것을 말한다.

▣ 탄소 나노튜브(Carbon nanotube) : 하나의 탄소원자가 3개의 다른 탄소원자와 결합된 육각형 벌집모양의 튜브이다. 탄소 원자가 만드는 원통형의 결정으로 직경은 2~20㎚(1㎚는 1/1,000,000,000m)이고 길이는 수백~수천㎚이다. 일본전기회사(NEC) 기초연구소의 이지마 스미오 수석연구원이 1991년 탄소 60개를 포함하고 있는 최초의 풀러린(탄소로만 이루어진 분자)인 C60을 연구하는 과정에서 발견했다. 반도체 및 초전도 등 다양한 성질을 가지며 그 안에 다른 원소를 투입하면 전혀 다른 성질을 나타내기 때문에 차세대 반도체 소재로 각광받고 있다.

▣ 태양광 : 태양광발전시스템을 이용하여 태양광을 직접 전기로 바꾸는 기술이다.

▣ 태양광 모듈(Photovoltaic module) : 태양전지를 직병렬 연결하여 장기간 자연환경 및 외부 충격에 견딜 수 있는 구조로 만든 것이다. 태양전지 모듈 또는 PV모듈이라고도 한다. 앞면에는 투과율이 좋은 강화유리를 뒷면에는 테들러(Tedlar)를 사용한다.

▣ 태양광발전(太陽光發電; Solar photovoltaic) : 태양광을 흡수하여 기전력을 발생시키는 광전효과(Photoelectric effect)를 이용하여 태양광에너지를 직접 전기에너지로 바꾸는 발전방식이다.

▣ 태양열(Solar thermal) : 태양열의 흡수, 저장, 열변환 등을 통하여 냉난방과 급탕, 온수 등에 활용하는 기술분야이다.

▣ 태양열 온수급탕(溫水給湯; Solar water heating) : 태양열을 집열(集熱)하여 물을 가열 또는 예열하는 시스템이다. 주로 가정용으로 널리 보급되어 있는데 이를 가정용 온수급탕시스템이라 한다.

▣ 태양열발전소(Solar thermal power station) : 태양열을 열매체에 전달하여 수집된 열에너지를 전기에너지로 바꾸는 발전시설이다.

▣ 태양열 타워 발전소(Solar tower power station) : 태양열을 집열하기 위한 타워을 세우고 다수의 거울로 태양광을 타워에 반사시켜 집열된 고온의 열에너지를 전기에너지로 바꾸는 태양열 발전소의 한 형태이다.

▣ 태양열(太陽熱)에너지(Solar thermal energy) : 태양으로부터 방사되는 복사(輻射)에너지를 흡수, 저장 및 열변환 등의 방법을 통해 얻어지는 무공해, 무한정의 청정 에너지원이다. 태양열 에너지를 이용하는 장치를 태양열 이용시스템이라 하는데 이것은 집열부, 축열부, 이용부로 구성된다.

▣ 태양열 집열기(Solar collector) : 태양으로부터 오는 에너지를 흡수하여 열에너지로 전환하여 열전달매체에 전달될 수 있도록 고안된 장치이다.

▣ 태양전지(Solar cell) : 광전효과(Photoelectric effect)를 이용하여 태양에너지를 직접 전기에너지로 변환할 수 있는 소자(素子)이다.

▣ 특성화대학(特性化大學) : 신·재생에너지분야의 교과과정, 교재개발, 교원확보 등의 교육 인프라를 구축하여 석박사급 인력양성을 지원하기 위해 설치된 이공계 특성화 대학원이다.

▣ 파력발전(波力發電) : 입사하는 파랑에너지를 터빈 같은 원동기의 구동력으로 변환하여 발전하는 기술이다.

▣ 폐기물(廢棄物)에너지(Waste energy) : 사업장이나 가정에서 발생되는 가연성(可燃性) 폐기물 중 에너지함량이 높은 폐기물을 열분해, 고형화 등의 가공처리 과정을 통해 고체연료, 액체연료, 가스연료, 폐열 등으로 바꾸어 생산 활동에 다시 이용하는 것이다.

▣ 풍력(Wind power) : 풍력발전시스템을 이용하여 바람의 힘을 회전력으로 바꾸어 발생되는 전기를 전력계통이나 수요자에게 공급하는 기술이다.

▣ 풍력발전(風力發電 : Wind power generation) : 바람의 힘을 회전력으로 전환시켜 전기를 생산하는 기술이다. 풍력발전시스템은 풍차, 동력전달장치. 발전기, 축전지 및 전력변환장치 등으로 구성된다.

▣ 풍황(風況) : 풍력자원 개황(槪況)의 줄임말로, 풍황을 나타낼 때에는 연평균 풍속, 풍력에너지 밀도, 풍향, 풍속분포 등을 표시한다.

풍력발전기를 설치하는데 적절한 지역 선택과 특정 장소에 적합한 발전기 용량 선정 시 중요한 자료로 쓰인다.

▣ 프란시스(Francis) 수차 : 수력발전소용 수차의 하나로서, 미국 수력기술자 J.B. 프란시스가 고안한 수력발전소용의 반동형 수차이다.
물이 소용돌이형의 도관을 지나 안내날개로 들어간 다음 임펠러로 가서, 날개에 반동작용을 주어 임펠러를 돌리고, 임펠러를 나온 물은 중심부에 모여 흡출관을 거쳐 방수주로 나온다.
안내날개는 임펠러의 바깥쪽에 있으며 조속기구(調速機構)에 의해 일정한 각도로 회전할 수 있게 되어 있다.

▣ 프로젝트형(Project type) 사업 : 중장기적 정책목표 달성을 위해 기술개발 – 상품화 – 보급단계 등의 모든 내용이 포함되어 정부 주도로 진행되는 사업이다. 신·재생에너지분야에서는 선진국과의 기술 격차가 적고 시장 잠재력이 큰 태양광, 풍력, 수소/연료전지 등 3대 분야이다.

▣ 해양에너지(Ocean energy) : 조석, 조류, 파랑, 해수 수온, 밀도차 등 여러 가지 형태로 해양에 부존(賦存)하는 에너지원이다. 해수면의 상승, 하강운동을 이용한 조력발전과 해안으로 입사하는 파랑에너지를 이용하는 파력발전, 해저층과 해수표면층의 온도차를 이용하여 열에너지를 기계적 에너지로 바꾸는 온도차 발전 등이 있다.

▣ 핵심기술개발센터 : 핵심기술에 대한 산학연 공동연구를 위해 연구 기자재, 시험평가장비, 시험생산설비등을 구축한 연구센터(Test bed center)이다.

▣ 히트펌프(Heat pump) : 냉동기와 같이 기계적인 일을 가할 수 있으며 저온물체에서 열을 빼내어 고온물체에 방출할 수 있다. 이것은 보통의 액체용 펌프가 낮은 곳에서 높은 곳으로 물 등을 끌어올리는 것과 같은데 이것을 반대로 작용시켜 열을 이동시키는 것을 총칭해서 열펌프 또는 히트펌프라 한다. 히트펌프는 냉각이나 가열 어느 쪽이나 작동시킬 수 있다.
히트펌프의 원리는 1850년 켈빈에 의해 제창되어, 1934년 미국에서 냉난방용으로 실용화되었다. 이러한 원리를 응용하면 지열(地熱)이나 배열(排熱)과 같은 저온의 열원으로부터 열을 흡수하여 일상생활에서 이용이 가능한 유효에너지로 승온시키거나, 건물에서 발생하는 열을 저온열원으로 배출하여 에너지 절약을 위한 냉난방을 할 수 있다. 이때 열을 빼앗긴 저온측은 여름철 냉방(冷房)에. 열을 얻은 고온측은 겨울철 난방(煖房)에 이용할 수 있는 설비이다.

■ AM(Air mass) : 대기질량 정수이다. 태양광이 지상(地上)에 도달하기 까지 대기의 통과량이다.

■ APEC(Asia-pacific economic cooperation : 에이펙) : 아시아, 태평양 경제협력체이다. 아시아, 태평양지역의 경제협력 증대를 위한 역내 각료들의 협의기구이다.

■ BOS(Balance of system): 주변기기이다. 시스템의 구성기기 중에서 태양광발전모듈을 제외한 가대, 개폐기, 축전기, 출력조절기, 계측기 등의 주변기기를 통털어 부른다.

■ CERT(Committee on energy research & technology) : IEA(국제에너지기구) 산하 에너지연구기술위원회이다. 화석연료 실무위원회(FFWP), 신·재생에너지 실무위원회(REWP), 최종이용(에너지절약) 실무위원회(EUWP), 핵융합 기술조정위원회(FPCC) 등 4개 그룹을 산하에 두고 있다.
CERT에서는 40개의 실행합의서(I.A. : Implementing agreement)가 수행되고 있으며, 우리나라는 현재 PVPS(Photovoltaic power system), Wind(Wind energy sys tem) 등 12개 프로그램에 가입하여 활동 중이다.

■ CP(Capacity payment) : 전력구입비의 일부인 용량 가격이다.
일반발전기 용량 정산금으로 가용 가능한 발전설비에 대하여 실제 발전 여부와 관계없이 미리 정해진 수준의 요금이다.

■ CPC(Compound parabolic collector)형 집열기 : PTC형 집열형태를 가진 모듈을 여러 개 합쳐 놓은 형태의 집열기로 300℃ 이하의 중온용 집열 시스템에 사용된다.

■ DENA(German energy agency) : 독일 에너지 공사이다. 에너지 이용 합리화와 신·재생에너지 자원개발을 목표로 2000년 베를린에 설립되었다.

▣ Dish형 집열기 : 기하학적 구조가 접시형인 집열기로 효율이 높아 300℃ 이상의 고온용 집열시스템에 사용된다.

▣ DME(Dimethyl ether) : 디메틸 에테르는 에테르의 일종으로 가장 단순한 화합물이다. 저온상태에서 메탄올을 황산으로 탈수하면 얻을 수 있다. 최근 화석연료를 대체하기 위한 대안으로 이 DME가 활발히 연구되고 있다. 분자식은 C_2H_6O이며 일반적으로 메탄올이 탈수반응(脫水反應)을 거쳐 생성되지만, 석탄에서 얻어지는 합성가스와 천연가스로부터 DME 생산이 가능하다. 최근 수송에너지로서 각광을 받고 있는데. 특히 수송연료의 관점에서 DME 활용은 기존의 가솔린과 디젤연료에 비해 질소산화물과 이탄화수소의 배출가스가 현저히 낮게 배출되어 새로운 ULEV(Ultra low emission vehicle)의 환경 규제치를 만족할 수 있기 때문에 청정에너지 중의 하나로 거론되고 있다.

▣ DOE(Department of Energy, USA) : 미국의 에너지부이다.

▣ ETDE(Energy technical data exchange) : 미국, 일본 등 회원국 20개국이 자국내에서 생산된 에너지관련 기술정보를 수집, 분석하여 운영기관인 미국의 DOE/OSTI 에 보내면, OSTI는 이를 취합하여 DB화하고 회원국에게 배포하여 공동 활용하기 위하여 1987년에 설립된 국제에너지 기구(IEA)의 국제협력사업이다.

▣ FIT(Feed-in tariff) : 기준가격 의무 구매제이다. 이것은 현재 가장 보편적으로 시행되고 있는 시장확대 정책 수단으로서 많은 국가와 지역 및 지자체에서 실시 중이다. 미국에서 처음으로 도입된 연방 기준가격 의무제도(PURPA, 1978)는 1990년대 초기에 유럽으로 건너가 독일, 스위스, 이탈리아, 덴마크, 인도, 스페인, 그리스 등지에서 꽃을 피웠고 2005년에는 37개국이 이를 도입하였으며 이중 16개국이 법률로 의무화 하였다.
이 기준가격 의무구매제는 국가별로 여건에 따라 다르게 적용되며 대부분 원별(源別), 기술별로 상이한 발전 비용을 감안하여 차별화된 기준가격을 적용한다. 보통 적용년수는 15~20년 정도로 한다.

■ Green energy : 석유, 석탄, 원자력 등 환경공해의 주요인이 되고 있는 '하드 에너지(Hard energy)'와는 달리 태양열, 태양광, 풍력, 지열, 바이오, 조력, 파력 등 환경을 더럽히지 않는 청정한 자연의 소프트 에너지(Soft energy)를 말한다.

■ Green village : 신·재생에너지로 필요한 에너지를 자급자족하는 약 50호 규모의 환경 친화적인 시범마을을 의미한다.

■ IEA(International energy agency) : 국제에너지기구이다. 국제에너지프로그램(IEP: International energy program)을 수행하기 위하여, 1974년 9월에 경제협력개발기구(OECD: Organization for economic cooperation and development)내에 설치된 자율적 기관이다. OECD 회원국을 중심으로 26개국이 참여하여 에너지 문제의 해결 및 협력에 관한 포괄적인 프로그램을 수행한다.

■ IGCC(Integrated gasification combined cycle : 가스화 복합발전) : 석탄, 중질잔사유 등의 저급원료를 고온, 고압 하에서 가스화시켜 일산화탄소(CO)와 수소(H_2)가 주성분인 가스를 제조하여 정제한 후 가스터빈 및 증기터빈을 구동하는 발전기술이다.

■ IPHE(International partnership for the hydrogen economy) : 수소경제 국제파트너쉽이다. 2003년 11월, 미국 주도로 수소경제로의 조기 이행을 위한 효과적 실행방안을 수립하고자 구성하였다.
한국, 미국, 독일, 영국, 일본 등 15개국이 참여하고 있으며 수소·연료전지 분야의 공동 연구개발, 표준화, 안전규정 마련 및 정보교류를 추진 중에 있다.

■ MEA(Membrane electrode assembly) : 연료전지시스템 중 핵심 부품으로 전해질(또는 분리막), 전극, 촉매 등이 일체화되어 있는 복합체이다.

■ MPPT(Maximum power point tracking) : 인버터가 일사량과 온도의 변화에 따라 최대전력을 출력할 수 있도록 순시적으로 연산하고 추적하는 기능이다.

■ NREL(National renewable energy laboratory) : 미국의 국립 재생에너지 연구소이다. 1977년 태양에너지연구소로 운영을 시작하였고 1991년 9월에 DOE의

국립연구소로 지정되면서 NREL로 명칭이 변경되었다.

▣ NEDO(New energy and industrial technology development organization, Japan) : 일본의 신에너지 산업기술 개발기구이다.

▣ PCS(Power conditioning system) : 태양전지 어레이(Solar cell array)로부터 발전된 직류전력을 교류로 변환하는 장치이다.
직류를 교류전력으로 바꿔 주는 기본적인 기능 이외에 시스템 보호나 안전 및 전력품질을 확보하는 기능 등을 갖는 장치이다.

▣ Pellet(펠릿) : 나무와 목재를 딱딱한 입자상으로 성형(成形) 연료화한 것으로 사용법과 연소제어가 간단하다.

▣ Power park : 태양광과 풍력 및 연료전지가 결합된 청정(淸淨)에너지 단지이다.

▣ PPA(Power Purchase Agreement) : 한국전력과의 전력구매계약이다.

▣ PTC(Parabolic trough solar collector)형 집열기 : 집광형태의 기하학적 구조가 평판형을 포물선 모양으로 구부려 놓은 형태의 집열기로 300℃ 이하의 중온용 집열시스템에 사용된다.

▣ PURPA(Public utility regulatory policy act : 공익사업 규제정책법) : 미국에서 소규모 독립형 발전(신·재생에너지 발전 등)의 보급을 촉진하기 위해 제정된 법으로서 이들 회사에 의해 발전된 전력은 전력사가 일정요금으로 의무 구매하도록 되어있다.

▣ RD&D(Research, development & demonstration) : 연구, 개발 및 실증의 약어이다.

▣ RDF(Refuse derived fuel : 폐기물 고형연료) : 종이, 나무, 플라스틱 등의 가연성(可燃性) 폐기물을 파쇄, 분리 , 건조, 성형 등의 공정을 거쳐 제조한 고체연료이다.

▣ REA(Renewable energy association, UK) : 영국의 재생에너지 협회이다.

▣ REEEP(Renewable energy and energy efficiency partnership) : 재생에너지 및 에너지 효율 파트너십을 뜻한다. 2003년 10월 지속발전 세계정상회의(WSSD)의 후속 조치로 영국에서 조직되었다.

미국, 독일, 한국, 일본, 중국 등 22개국이 참여 중이다.
이 기구에서는 재생에너지 및 에너지효율에 관한 지식의 공유와 우수사례/경험 전파, 시장 확대 등을 위한 정책과 규정, 재원조달 등을 다루고 있다. 남아프리카, 동·중부 유럽, 북미, 남미, 동아시아 등 지역별로 운영되고 있으며 우리나라는 2005년 3월 공식 참여하여 동아시아 지역에서 활동 중이다.

▣ RPA(Renewable portfolio agreement : 재생에너지 공급 협약) : 대형 에너지공급사를 대상으로 중장기 재생에너지 개발 공급계획을 수립하여 정부와 협의 한 후 협약을 체결하고 시행한다.

▣ RPF(Refuse plastic fuel) : 폐플라스틱 고형연료 제품이다. 가연성 폐기물(지정 폐기물 및 감염성 폐기물은 제외)을 선별, 파쇄, 건조, 성형 등의 공정을 거쳐 일정량 이하의 수분을 함유한 고체상태의 연료로 만든 것이다.
중량 기준으로 폐플라스틱의 함량이 60% 이상 함유된 것을 말한다.

▣ RPG(Residential power generator) : 가정용 연료전지 시스템을 의미한다.

▣ RPS(Renewable portfolio standards) : 신·재생에너지 발전 의무 비율 할당제이다. 1997년 미국의 매사추세츠주에서 처음 도입한 제도로서 2005년에는 38개의 국가나 지자체에서 적용하고 있다. 발전사업자의 총 발전량 그리고 판매사업자의 총 판매량의 일정비율을 신·재생에너지원으로 공급 또는 판매하도록 의무화하는 제도이다. 2001년 이후 호주, 이탈리아, 영국, 일본, 스웨덴, 폴란드, 태국 등의 7개국에서 도입하여 국가 RPS 제도를 법제화 하여 운영하고 있다. 대부분의 RPS 제도에서 의무 비율 목표치는 5~20%의 범위를 보이고 있고 목표연도도 2010년과 2012년으로 설정하고 있다.

▣ RT(Ton of refrigeration : 냉동톤) : 단위시간에 냉각하는 냉각열량(kcal/hr)을 나타낸다. 냉동능력을 나타내는 단위로서, 1RT는 0℃의 물 1톤(1,000kg)을 24시간 동안에 0℃의 얼음으로 만드는데 필요한 열량이다.

▣ SMP(System marginal price : 계통한계가격) : 각 시간대별로 필요한 전력수요를 맞추기 위해 가동한 발전원 중 비용이 가장 비싼 발전원의 운전비용이 계통 한계가격이 된다.

▣ TOE(Tonnage of oil equivalent : 석유환산톤) : 에너지를 나타내는 단위이다. 1석유환산톤(TOE)은 석유 1톤이 연소할 때 발생하는 에너지로서 10^7kcal 혹은 전기 4,000KWh에 해당된다. 열량의 비교를 위한 것으로 타 연료의 열량을 원유 기준 환산한 양으로 원유 1kg=10,000kcal로 환산하여 기준한 것이다.

▣ Wind farm(Wind park) : 풍력발전단지를 의미한다.

참 고 문 헌

- 산업교육연구소, "태양광발전분야별기술·시장분석과사업화전략세미나" (2007~2018), 산업교육연구소, 2007
- 신·재생에너지센터 국회 신·재생에너지 정책연구회, "2005년 신·재생에너지백서", 신·재생에너지센터, 2006
- 에너지관리공단, "2007 신·재생에너지 전문가 연수(태양광)", 에너지관리공단, 2007
- 에너지관리공단, "2007 신·재생에너지 전문가 연수(태양열)", 에너지관리공단, 2007
- 에너지관리공단 신·재생에너지센터, "2007년 신·재생에너지통계", 신·재생에너지센터, 2007
- 에너지관리공단 신·재생에너지센터, "2006년 신·재생에너지의 이해", 신·재생에너지센터, 2007
- 李淳炯, "태양광발전 시스템의 계획과 설계", 기다리, 2008
- 인인숙, "그림으로 보는 연료전지", 교보문고, 2007.6
- 장태익, 정영관, "신·재생에너지공학", 북스힐, 2007
- 한국전력기술인협회, "태양광발전설비기술세미나", 한국전력기술인협회, 2008
- 호남대학교 전기공학특성화사업단, "제3회 지역혁신산업정책 연구회 및 산학교류협의회", 2008
- 에너지관리공단 신·재생에너지센터, "신재생에너지 RD&D전략 2030[태양광]", 2007.11
- 에너지관리공단 신·재생에너지센터, "신재생에너지 RD&D전략 2030[풍력]", 2007.11
- 에너지관리공단 신·재생에너지센터, "신재생에너지 RD&D전략 2030[수소·연료전지]", 2007.11
- Claudia luling저, 이응직역, "건축과 태양광발전", 도서출판 세진사, 2005
- Frano Barbir 원저, 조영일, 남기석 공역, "고분자연료전지공학" (주)북스힐, 2007
- 혼마 다큐야 지음, 윤실, 정해상 옮김, "연료전지의 활용", 전파과학사, 2007
- 구또 데쓰이찌外 2명 공저, 윤창주역, "연료전지", 겸지사, 2007

저자 | **유춘식**

약력 | 해군사관학교 졸업(이학사)
한국해양대학원 졸업(공학박사)
전, 해군사관학교 교수
현, 호남대학교 교수(전기전자공학과), 해군사관학교 명예교수

저서 | 전기전자공학총론, 박용내연기관공학개론,
박용보조기계, 박용내연기관개설 등 다수

그린에너지의 이해와 태양광발전시스템
: 신재생에너지 · 이론 · 설계 · R&D · 시장동향 · 지원정책

초판 1쇄 발행 | 2009년 3월 19일
초판 2쇄 발행 | 2009년 8월 26일
저 자 | 유춘식
발행인 | 이정수
발행처 | 연경문화사

출판등록 1-995호
서울시 마포구 서교동 465-7
전 화 : (02)332-3923 팩스 : (02)332-3928
이메일 : ykmedia@korea.com

정가 20,000원
ISBN : 978-89-8298-103-6 (93560)